国务院侨务办公室立项

彭磷基人才培养改革基金资助

MPR 出版物链码使用说明

本书中凡文字下方带有链码图标"=="的地方，均可通过"泛媒关联"App 的扫码功能，获得对应的多媒体内容。

您可以通过扫描下方的二维码下载"泛媒关联"App。

"泛媒关联"App 链码扫描操作步骤：

1. 打开"泛媒关联"App；

2. 将扫码框对准书中的链码扫描，即可播放多媒体内容。

水污染控制工程

Water Pollution Control Engineering

叶林顺◎编著

暨南大学出版社
JINAN UNIVERSITY PRESS

中国·广州

图书在版编目（CIP）数据

水污染控制工程/叶林顺编著 . —广州：暨南大学出版社，2018. 10（2021. 1 重印）
ISBN 978 - 7 - 5668 - 2353 - 3

Ⅰ. ①水…　Ⅱ. ①叶…　Ⅲ. ①水污染—污染控制　Ⅳ. ①X520. 6

中国版本图书馆 CIP 数据核字（2018）第 060932 号

水污染控制工程
SHUIWURAN KONGZHI GONGCHENG
编著者：叶林顺

出 版 人：张晋升
责任编辑：古碧卡　姚晓莉
责任校对：王燕丽　苏　洁　叶佩欣
责任印制：汤慧君　周一丹

出版发行：暨南大学出版社（510630）
电　　话：总编室（8620）85221601
　　　　　营销部（8620）85225284　85228291　85228292　85226712
传　　真：（8620）85221583（办公室）　85223774（营销部）
网　　址：http：//www.jnupress.com
排　　版：广州市天河星辰文化发展部照排中心
印　　刷：佛山市浩文彩色印刷有限公司
开　　本：787mm×1092mm　1/16
印　　张：20. 5
字　　数：496 千
版　　次：2018 年 10 月第 1 版
印　　次：2021 年 1 月第 2 次
定　　价：68. 00 元

（暨大版图书如有印装质量问题，请与出版社总编室联系调换）

前　言

"水污染控制工程"是相关专业大学生比较难掌握的一门课程，这门课程要求学生背景知识广，既要有学科背景理论知识又要有本学科的技术工程知识。学生比较难把握这门学科知识的系统性、科学逻辑性和技术脉络。本书以水处理流程、处理单元方法和去除对象为线索进行章节架构，读者可以发现本书有如下特点：

（1）注意处理单元之间、前后内容的关联和学科逻辑，增强可读性；

（2）力求理论与技术相结合，注重对概念、原理和技术的解释，具体内容上有许多简练易懂的新阐述；

（3）注意本学科与背景学科的联系；

（4）每章均配备相关习题；

（5）读者可用手机下载"泛媒关联"App 扫描浏览每一章的 PPT 课件及习题中的扩充阅读，这些扫码内容是本书内容的很好补充。

少数带"＊"的内容可供有兴趣深入学习的读者参考。

本书终于与读者见面了，希望读者在使用本教材时有所收获，并欢迎提出宝贵意见和建议。邮件地址：tyels@ jnu. edu. cn。

暨南大学环境学院潘涌璋教授提出了宝贵的修改意见，暨南大学环境学院李梦萱老师提供了及时的帮助，叶陶然为书中插图做了许多工作，王雅妮细致地校正书稿，在此对他们致以衷心的感谢。本书曾经作为自编教材使用，得到部分学生对本书的反馈意见，在此表示感谢。

本书编写获得了国务院侨务办公室立项，由彭磷基人才培养改革基金资助，暨南大学环境学院提供了部分经费支持，特此感谢。

叶林顺

2017 年 12 月于暨南园

重印说明

    本教材自 2018 年出版以来，广受读者欢迎。现需要重印，本次重印除了纠正个别错误外，最主要的是在书中一些重要位置插入了共 47 个微课和视频。微课由编者完成，是对知识点的总结和延伸。为了让读者在学习时即刻获得比较好的视频资源，编者从网络上精选了一些公开视频资源，并对部分原视频进行了必要的处理。这些视频资源只用于改善读者阅读体验，不做商业之用，不体现在图书定价上。在这里编者对原视频的制作者致以衷心感谢，若有版权争议，请联系编者处理。

    希望以上工作对本书有一定改进。期待本书第二版做进一步的提升。一字之师在我国古代传为美谈，在此热忱欢迎读者就本书提出宝贵意见。邮箱：tyels@ jnu. edu. cn。

编　者

2021 年 1 月 12 日

1

目　录

1

绪 论

1. 水的基本价值和水处理的意义

水是生命之源，也是文明之源。它滋养着地球和地球上的万物生灵。水文化蕴意深刻、丰富多彩。水可以秀丽万分，被人们无限地赞美；显微镜下的水是那样的纯洁和美丽。但是水也可能被污染，因此还原水的本色、治理水污染是一种高尚的事业。

从水中去除其他物质不是易事，因为不同污染物的性质及浓度常常千差万别、水质水量又往往存在变化等，所以需要从业者借助各种技术手段以及付出不懈的努力才能经济、稳定、高效地去除水中污染物以达到出水水质要求。

2. 水污染控制工程的主要任务

水污染控制工程控制的"水"包括所有受到污染的水，如生活污水、农业生产污水、工业废水、地表水、地下水或饮用水、海水和降水。本书主要讨论生活污水、工业废水的处理，偶尔也讨论其他水的问题。在本书中常见到表述"水处理"，这里的"水"包括生活污水、工业废水等。为了叙述方便也将待处理的生活污水、工业废水等统称为原水或进水，工业废水和生活污水有时也分别简称为废水和污水。

概括地讲，水污染控制工程的主要任务是将受污染的水经过处理使水质达到各种排放标准或使用标准的法定值，并防控二次污染。在符合经济学原则下出水回用并回收有用资源，保护我们赖以生存的水环境。

水处理工程执行的排放标准有很多，如：①《污水综合排放标准》（GB8978—1996）及其他部分替代标准，表1列出了第一类污染物最高允许排放浓度。②《污水排入城镇下水道水质标准》（GB/T31962—2015）。③《城镇污水处理厂污染物排放标准》（GB18918—2002），表2列出了该标准基本控制项目的最高允许排放浓度。④国家地表水环境质量标准（GB3838—2002）。

表1 污水综合排放标准中第一类污染物最高允许排放浓度

序号	污染物	最高允许排放浓度（mg·L^{-1}）	序号	污染物	最高允许排放浓度（mg·L^{-1}）
1	总汞	0.05	6	总砷	0.5
2	烷基汞	不得检出	7	苯并（a）芘	0.000 03
3	总镉	0.1	8	总铍	0.005
4	总铬	1.5	9	总银	0.5
5	六价铬	0.5	10	总α放射性	1Bq·L^{-1}

（续上表）

序号	污染物	最高允许排放浓度（mg·L^{-1}）	序号	污染物	最高允许排放浓度（mg·L^{-1}）
11	总镍	1.0	13	总β放射性	10Bq·L^{-1}
12	总铅	1.0			

🖥 视频链接

表2　城镇污水处理厂基本控制项目最高允许排放浓度（日均值）　单位：mg·L^{-1}

序号	基本控制项目		一级标准		二级标准	三级标准
			A标准	B标准		
1	化学需氧量		50	60	100	120
2	生化需氧量		10	20	30	60
3	悬浮物		10	20	30	60
4	动植物油		1	3	5	20
5	石油类		1	3	5	15
6	阴离子表面活性剂		0.5	1	2	5
7	总氮		15	20		
8	氨氮		5（8）	8（15）	25（30）	
9	总磷	2005年12月31日之前建设	1	1.5	3	5
		2006年1月1日之后建设	0.5	1	3	5
10	色度（稀释倍数）		30	30	40	50
11	pH		6~9			
12	大肠杆菌（每升水中大肠杆菌数）		10^3	10^4	10^4	

注：括号外数值为水温>12℃时的控制指标，括号内数值为水温≤12℃时的控制指标。

3. 学习任务和学习方法

（1）学习任务。

学习水处理的原理、方法、工艺、设计和运行管理的基础知识，获得一定的设计和运行管理能力。

所需要的知识背景：无机化学、有机化学、分析化学、物理化学、化工原理、高等数学、大学物理、微生物学、环境监测、环境影响评价、水力学、系统论等课程。本课程的背景知识包含多学科的内容。凡事预则立，学习这门课程的"预"就是要求学习者要有良好的背景知识，因此需要学习者为之努力。

（2）学习方法。

①污染物去除的基本途径是分离和分解。

它们的分离或分解总是按一定规律进行的，学习根据每一个或某一类污染物的性质把握处理方法，根据污染物去除顺序和单元处理方法把握处理流程。每一个单元处理总是在一定条件下进行的，这些条件包括进水的预处理、污染物去除过程中的条件控制、设施设备控制参数和构筑物的结构参数。

②将处理单元的去除对象、进水要求、出水水质和处理单元结合起来。

针对各种废水、污水特点和处理要求，熟悉各种处理方法，建立合理的处理流程。

掌握和调查各种进水的污染物成分、浓度和变化，水量变化，各种影响因素和变化，以及各种影响因素的关联和因素链；在设计和管理上怎样面对这些问题，在学习上如何理解这些互相关联的问题。

③掌握思维特点，建立起本课程的思维方法。

认识由监控系统和管道连接的反应器或构筑物构成的处理单元和处理系统。注意几个物质流即水流、污染物流、污泥流、气体流、新生的物质流、外加物质流、能量流。了解这些物质流的来龙去脉、它们之间的作用及污染物的去除过程。

建立抽象思维，运用背景学科知识并结合水处理技术、污染物去除过程，建立起各个单元处理和水污染控制工程的思维方法。

④了解水污染控制工程的材料和设施。

去除水中污染物用到许多材料和设施，材料如生物膜附着的载体、分离膜、分散空气的多孔扩散板、过滤用到的滤料等；药剂如浮选剂、混凝剂、吸附剂、消毒剂、污泥脱水调理剂、氧化剂、还原剂、沉淀剂、催化剂等；物理性粒子流如光、声、电；生物性物质如细菌、真菌、霉菌、藻类、植物甚至动物等。设施包括设备和构筑物。用到很多能量输送设备、物质输送设备和水处理特殊设备，如鼓风机、曝气头、压滤机、电机、泵、离心机、搅拌机、管道、臭氧发生器等。涉及许多构筑物，如处理池、塔或罐。这些材料和设施如何建造、制造、制备、产生或获得，属于这个课程的广义内容，不完全在本课程的学习范畴。但是要了解材料、设备和构筑物在去除污染物中直接应用或产生的作用和影响。

⑤学会应用背景知识。

本课程有自身的学科规律，需把握好与基础学科内容的连贯性与不同点，不能生搬硬套背景学科知识，因为知识运用的要求、目的、过程等都有所不同。

⑥在处理系统中把握处理单元方法的联系。

国内外学者通常以单元处理法来讨论该课程。每一个单元的内容基本上都是从去除对象、去除过程和速度、设备、构筑物、处理效果、影响因素、稳定性等方面来展开的。在学习时要常常思考各种单元处理法是怎样联系在一起的，需要到处理系统中把握处理单元方法的联系。那么，处理系统又是如何建立起来的呢？这需要从处理水量和进水的水质、各种单元的去除对象和在处理系统中的合理性、处理要求、经济学分析等方面来考虑。也可以撇开具体的流程系统抽象地分析各个单元处理的广泛联系，比如处理系统中的空间联系、后一个单元对前一个处理单元的处理结果的要求、前面处理单元对后面处理的影响。

⑦多问问题。

正如《问说》所言："君子之学必好问。问与学，相辅而行者也。非学无以致疑，非问无以广识；好学而不勤问，非真能好学者也。"

"What"：这个处理方法或单元可以去除什么污染物？影响因素有哪些？去除这些污染物或这个污染物有什么方法？

"How"：污染物是怎样去除的？这些因素是怎样影响处理效果的？这个处理单元或处理系统怎样才能达到良好的处理效果？

"Where"：进水中的各种污染物是在哪里去除的？

"Why"：处理这种废水为什么可以用这个流程？这个工艺流程或工艺为什么有这些优点或缺点？为什么会出现这个现象？

总结起来就是"四 W"。

总之，学习中会遇到很多问题，肯学习、善思考的人总会提出许多问题。善于提问是求学的一把钥匙。

第1章 水处理方法和处理系统概论

1.1 处理水量

污染源的污水排放量或进入水处理系统的流量 Q 也许是水处理的第一个问题，它与许多问题相关。首先是与污水在有效容积 V 的构筑物内的停留时间有关，称为平均水力停留时间 t_h 或 HRT（Hydraulic Retention Time），三者关系是：

$$t_h \text{ 或 } HRT = \frac{V}{Q} \tag{1-1}$$

有效容积指构筑物在实际运行中可容纳水的体积。如果污染物在构筑物内一直是随水流动，HRT 也是污染物在构筑物内的平均停留时间；如果在构筑物内装有填料，而且污染物在填料上停留，则这些污染物的停留时间与水力停留时间不同。

假设污水中各种污染物的浓度是 c_i，单位时间进入处理系统的污染物量是 Qc_i，那么各种污染物必须在相应的构筑物内停留一定时间才能被去除，达到出水水质要求。因此水量 Q 是影响污水处理系统出水水质的基本因素之一。t_h 随流量 Q 的波动而变化。引起污水流量 Q 波动的最主要因素可能是降水、下水的收集和输送。

城区应采用分流制排水系统将污水和降水分别各自独立地经管道收集，污水输送至污水处理厂处理后达标排放至收纳水体。雨水经雨水管道收集后，通过雨水泵站提升排入收纳水体。要保证分流制排水系统的两种下水收集系统各自独立安全运行。否则可能造成无法挽回的损失。近些年，城市内涝甚至城区"洪水"每年都在不少城市上演。如果大量降水进入下水系统，会导致进入水厂的水量水质发生很大波动，严重威胁水处理厂的稳定运行。

在工业企业中，用管道将厂内各车间及其他排水口所排出的不同性质的废水收集起来，送至废水回收利用和处理构筑物。特别需要注意废水的分类收集，以利于分类处理。科学合理评估合并处理。经回收处理后的水可再利用或达标排入受纳水体，或达标排入城市排水系统。

1.2 水质指标

学习者要知道原水水质指标和水质特征、指标值的内涵，降低这些污水指标的方法以及对去除别的污染物的影响，甚至要追索这些污染物的来源。要了解、掌握每个单元和处理系统的进出水和处理过程中这些指标的变化。

水中污染物的分散尺度有溶解离子或分子态、胶体态、细小悬浮物和较大颗粒悬浮物。悬浮物有液态和固态之分。理论上来说，凡是排放源用到的化学物质、生物性物质在进水中都有可能存在。

通过分离或分解污染物，在水中可能产生新的污染物，也可能产生新的气体或固体物质，产生新的污染；分离后的污染物要妥善处理处置。

1. 物理性指标

水中污染物有感官性物理指标，如温度、色度、浊度等。

（1）温度。

水处理过程中，温度是一个很重要的影响因素。一般污染物去除过程都是在常温下进行的，有些处理法需加温，如中温和高温厌氧处理、高温化学氧化等。要控制水温和掌握水温变化规律，需要分析各方面的因素，如反应器的水温要求、加热、进水水温、季节变化、隔热措施、污染物发生的化学或物理化学变化引起的能量变化，因此在科研、设计、管理中都要研究和注意温度的影响。至于温度对污染物去除的物理过程、化学过程和生物化学过程具体会产生什么影响，则需要在后续的学习中不断总结，并需要结合背景知识来理解有关现象。

（2）色度。

水的色度来源于某些金属化合物或有机化合物。要处理的原水颜色常常是多种有色物质的混合色。进水颜色对与光有关的处理法影响大。

（3）嗅和味。

水的异臭来源于还原性硫和氮的化合物、挥发性有机物、消毒剂和消毒副产物。处理过程中需要预防臭气污染和进行臭气净化。

（4）溶解性固体和悬浮物。

悬浮物有固态和液态之分。固体悬浮物（Suspended Solids，SS）有两个来源：来自进水和产自污染物去除过程中。浊度是细小悬浮物的指标。去除固体悬浮物的方法大多是分离，具体来说有截留、沉降、气浮、过滤、混凝，因此需要了解它们的大小、比重、表面亲水疏水性、表面化学基团。除了 SS 的分离，需指出的是第 6 章的厌氧水解酸化也能去除有机 SS。

在非沉降处理单元，可能出现悬浮物的沉降，需要排除这些沉降下来的悬浮物，否则会减小反应器的有效容积。悬浮物对其他污染物去除的影响主要涉及传质以及可能引起堵塞（包括管道、布气布水装置、填料、滤料、膜材料、多孔材料等），因此许多处理单元对进水中的 SS 浓度有相应的要求。

悬浮物在水处理中一般是以污泥形式去除，最终需要妥善处理处置。

有些进水含有悬浮性脂肪油或石油类物质，这类物质常以化学性指标表示。

（5）浊度。

按定义水中颗粒分散尺度大于 1nm 时就会呈现浑浊，浊度表示的是水中细小悬浮物与胶体颗粒对光线透过时呈现的阻碍程度（或发生的散射现象），是一种间接性和笼统性水质指标，与水中所含悬浮物的量和颗粒大小、形状、色泽、表面反射性等有关。

2. 化学性指标

（1）有机物。

①生化需氧量（Biological Oxygen Demand，BOD）。

生化需氧量是在规定条件下微生物氧化分解水中有机物所需要的溶解氧量，间接反映了在有氧的条件下，水中可生物降解的有机物的量。有机污染物的好氧微生物氧化分解的过程，一般可分为两个阶段：第一个阶段主要是有机物被转化成二氧化碳、水和氨；第二个阶段主要是氨被转化为亚硝酸盐和硝酸盐。污（废）水的生化需氧量通常只指第一个阶段有机物生物氧化所需的氧量，全部生物氧化需要 20～100d 完成。实际工作中，常以 5d 作为测定生化需氧量的标准时间，称 5 日生化需氧量（BOD_5）。通常以 20℃ 为测定的标准温度。需要注意测定 BOD 的微生物除非经过有效的培养驯化，否则对难降解有机污染物测出的 BOD 并不高。$BOD_5/COD < 0.3$ 的有机物属于难降解有机物。大多不用 BOD_5 而用 COD 来衡量厌氧处理的有机物量。

②化学需氧量（Chemical Oxygen Demand，COD）。

化学需氧量指用化学氧化法分解污（废）水水样中有机物所消耗的氧化剂量折合的氧量（O_2）。有两种氧化法：重铬酸钾（$K_2Cr_2O_7$）法（简称 COD_{Cr}）和高锰酸钾（$KMnO_4$）法（简称 COD_{Mn} 或 OC）。高锰酸钾法指在酸性条件下，用硫酸银作为催化剂，该方法氧化性最强，水中无机的还原性物质同样被氧化。COD 既可以衡量厌氧处理的有机物量，也可以衡量好氧处理的有机物量。

③总有机碳（Total Organism Carbon，TOC）和总需氧量（Total Oxygen Demand，TOD）。

TOC 指在 950℃ 高温下，以铂作为催化剂，使水样气化燃烧，然后测定气体中的 CO_2 含量，从而确定水样中碳元素总量。测定中应该扣除无机碳含量。

TOD 指在 900～950℃ 高温下，将水中能被氧化的物质（主要是有机物，包括难分解的有机物及无机还原物质），燃烧氧化成稳定的氧化物后，测量载气中氧的减少量，称为总需氧量（TOD）。

④油类污染物。

如果油的浓度超过其溶解度，对好氧生化反应或许多物理化学或一般的化学处理会产生一些不利影响（具体讨论见后面相关章节），因此这些处理构筑物对进水油的浓度有最高限值。

⑤酚类污染物。

酚的毒性可抑制水中微生物的自然生长速度，有时甚至使其停止生长。酚能与消毒饮用水的传统氯类消毒剂反应产生氯酚，具有强烈异臭（$0.001mg \cdot L^{-1}$ 即有异味）。

⑥其他特殊污染物。

其他特殊污染物，如多环芳烃［如苯并（a）芘］、多氯联苯等。有机污染物的去除量常用 BOD、COD、TOC 等笼统性指标来衡量，比如进水 COD 或 BOD 是 $100mg \cdot L^{-1}$，去除率是 90%，剩下的 10% 即 $10mg \cdot L^{-1}$ 的 COD 中究竟是什么有机物值得深究，可能是非常值得关注而没有降解的特殊有机物。

（2）无机性指标。

①无机阴离子，如 SO_4^{2-}、NO_2^-、NO_3^-，各种形态的磷酸根等。

②pH 值：一般要求处理后出水的 pH 值在 6~9 之间。pH 值是各种化学法、物理化学法和微生物法、污泥脱水和污泥消化的重要影响因素。pH 值的变化来自两个途径：进水和污染物去除过程中。单纯的酸性废水或碱性废水需要单独处理。对于进水的 pH 值波动可在调节池中完成 pH 值调节。污染物去除过程中，pH 值是升高还是降低，需要写出反应方程式来判断。注意控制 pH 值变化在合理范围内。

③金属离子：轻金属离子和重金属离子。作为微量金属元素，有些重金属是微生物的必需元素。重金属对微生物的主要危害：具有生物毒性，抑制微生物生长。金属离子在水处理中有三大化学性质要关注，即带正电，络合和形成化学沉淀。

④溶解氧：溶解氧（Dissolved Oxygen，DO）是好氧微生物处理法和以氧为化学氧化剂的重要因素。在厌氧处理中要控制包括 DO 在内的一切氧化性物质在很低浓度以维持厌氧条件。缺氧条件是指不含 DO，而含有含氧酸盐（如硝酸盐、亚硝酸盐、硫酸盐等）的条件。

（3）生物性指标。

①细菌总数：水中细菌总数反映了水体有机污染程度和受细菌污染的程度。常以每毫升细菌个数来表示。

②大肠菌群：大肠菌群的值可表明水样被粪便污染的程度，间接表明有肠道病菌存在的可能性。

③其他微生物指标。

如来自生活污水的肠道传染病、肝炎病毒、SARS、寄生虫卵等；来自制革、屠宰等工业废水的炭疽杆菌、钩端螺旋体等；来自医院污水的各种病原体。

1.3 处理单元和处理系统概要

1.3.1 处理单元概要

同一种或同一类污染物可以用不同的方法或工艺来去除，同一种或同一类方法或工艺可以去除不同的污染物。有些单元方法对去除某类污染物在浓度变化上也有针对性，见下表。如何选择污染物去除方法和工艺呢？这就要求我们要充分掌握进水中污染物的成分、性质和浓度、出水要求、熟悉各种处理方法和流程、出水水质要求（受纳水体、回用与否），也需要从整个处理系统去考虑。

去除主要污染物的单元操作或单元工艺

序号	污染物	单元操作或单元工艺
1	大尺度固态漂浮物	格栅、筛网
2	比重大的小颗粒	沉砂、离心
3	小颗粒固体悬浮物	物理沉淀、澄清、气浮、化学混凝、过滤、厌氧水解酸化、污泥微生物消化

（续上表）

序号	污染物	单元操作或单元工艺
4	高浓度有机物	厌氧生物法
5	中低浓度有机物	好氧生物法
6	难生物降解有机物	高级氧化、膜过滤、厌氧处理、特殊微生物降解法
7	中低浓度胶体、微生物	微滤、超滤
8	溶解性分子和离子	纳滤和反渗透，电渗析只用于去除离子
9	中低浓度溶解性成分	吸附、离子交换
10	高或较高浓度胶体颗粒	化学混凝
11	较高或高浓度溶解性重金属和某些阴离子	化学沉淀法
12	高浓度氨	吹脱、化学沉淀
13	中低浓度氨	微生物硝化/反硝化、选择性化学氧化到氮气
14	硝酸根	离子交换、微生物反硝化、吸附、选择性还原到氮气
15	磷	微生物除磷、化学沉淀、化学混凝、离子交换
16	氮、磷	微生物脱氮除磷
17	微生物污染物	消毒
18	挥发性有机物	吹脱、化学氧化
19	高浓度可回收成分	萃取
20	油	隔油、气浮、厌氧、离心等
21	酸碱	中和处理

1.3.2　处理系统构筑及构筑原则

处理系统流程是由各个处理单元构筑物、管道、仪表、进水出水、外加物质所构成的，处理系统流程的构筑原则从以下几方面考虑：①原水的水量大小和水质特征，比如污染物浓度高低、性质、有机物的生物降解难易、可回收的价值和回收的难易等；②单元处理的功能和特点；③出水的归宿；④技术的成熟度；⑤投资成本和运行成本。

1. 处理系统构筑原则

（1）各单元处理前后有序，相得益彰。

去除水中污染物总是根据先易后难的顺序进行，每一个单元都是在一定的条件下进行设计的，前面的单元都要为后一个单元创造合适的条件。经济原则、功能原则、效率原则、先后有序原则是单元选用的依据。

如果高浓度无机废水或有机废水中有可回收的高价值成分，必先回收，比如萃取等。高浓度有机废水必须预先用厌氧处理，这也是有机物的一种间接回收。如果高浓度无机废水中的成分难以回收或不合算，对易形成沉淀的重金属、阴离子，化学沉淀或混凝沉淀是预先处理的常用方法。有些处理方法适合去除某种浓度比较低的污染物。

（2）比较原则。

确定下来的处理系统至少是从两个合理设计方案中优选出来的。

（3）权衡成本和污染物去除效果，出水达到要求。

（4）预防二次污染。

2. 处理系统

一般我们将处理系统看作由预处理（也有称作前处理）、主体单元处理、后续处理、附属处理构成。如果主体单元处理是生物法，它又称作二级处理，二级处理之前的处理称作一级处理。如果需要进一步去除二级处理没有或难以去除的污染物，那么就需要三级处理或深度处理，如膜分离、吸附、离子交换、高级氧化等。预处理包括截留、沉砂、初次沉淀、水质和水量调节、厌氧酸化、pH调节、气浮等。

生物法常常用于去除目前认为可生物降解的有机污染物，前提条件是它的进水浓度不是太低。生物法也可去除含N、P、S等无机污染物。

任何单元处理方法都不是万能的，也不是完美无缺的。它的选用或运行都是有条件的，都是承前启后的。污水处理是一个系统工程，我们需要用系统思想的方法，从系统要素相互关系的观点，从系统与要素之间、要素与要素之间，以及系统与外部环境之间的相互关联和相互作用中来学习。对一个系统要有时间观念、经济观念、稳定观念、有序观念，掌握系统中的物质流（水流、污泥流、污染物流、气体流、外加药剂流）、能量流、信息流。

1.3.3　处理单元和处理系统的评价

1. 污染物去除程度 E 和出水浓度 c_e

污染物去除程度 E 和污染物初始浓度 c_0、出水浓度 c_e 这三者的关系如下：

$$E = \frac{c_0 - c_e}{c_0} \times 100\% \tag{1-2}$$

从上式可以看出这两个评价参数的关联。污染物去除程度是针对单元处理的主要去除对象或处理系统的综合处理效果来说的。处理系统的最后出水需达到排放标准或出水使用标准，最后出水水质取决于整个处理系统设计的合理性和运行的稳定性。整个处理系统中的处理单元对污染物去除是有序进行的，每个单元处理"各司其职"，并不同程度地为后续单元处理创造合适的条件。污染物去除程度和出水浓度这两个参数不可割裂，低浓度和高浓度下达到相同去除率，前者的难度可能更高。

2. 去除污染物的用时和去除污染物的速度

达到一定处理效果所需要的时间取决于进出水水质和采用的处理方法或工艺的污染物去除速度（表示为 dc/dt，c 为污染物浓度，t 为时间）。一个处理系统对污染物的去除程度、出水浓度取决于每一个处理单元去除某污染物的去除速度和污染物在反应器（或构筑物）内的停留时间、处理方法和流程系统组合的合理性、有效运行管理、进水水质和水量的波动是否在原来的设计预期之中、污染物初始浓度、反应器（或构筑物）等。污染物在不装填料的反应器（或构筑物）中的平均停留时间基本上与水力停留时间相同。污染物在装有填料的反应器（或构筑物）中的平均停留时间与水力停留时间、污染物在填料上的停留时间等有关。这需要我们深入理解掌握污染物在构筑物内发生的变化规律。

3. 占地

工艺简洁、去除污染物速度快、集成化程度高的处理系统紧凑而占地少。

4. 稳定性高低、抗冲击负荷能力

处理单元和处理系统的出水稳定性取决于进水水质、水量及外界影响因素的变化程度、自身的抗冲击负荷能力、设计合理性等。所谓冲击负荷指单位时间施加到处理单元和处理系统的水量以及需要去除的污染物量的变化。所谓负荷在后面会涉及其丰富的含义。

5. 投资

这是一个比较复杂的评价指标，涉及多个方面，如处理水量、污染物去除难易、浓度高低、出水要求、处理系统构成、市场因素等。

6. 运行成本

运行成本意指处理单位水量或去除单位重量污染物的货币量。它与进水水质、污染物去除难易、工艺流程系统设计的合理性、出水要求、市场因素、工程运行的维护等相关。污染物去除后总会产生大量的回收成本不合算的污泥或浓缩液，其中处理处置污泥是城市污水处理厂运行成本的主要构成之一。

1.4　污染物去除动力学及其相关因素

污染物去除受许多因素影响，控制其他因素在一定的稳定状态下，污染物去除随时间的变化就是去除速度问题，即各种污染物经过物理变化或物理化学变化或化学变化或生物化学变化的速度。因此要探索污染物去除速度就要研究污染物发生的变化及其规律。后面的内容常围绕污染物去除速度、出水水质、运行稳定性来扩展分析各种因素的影响。

去除污水中的污染物看起来似乎是在水相，其实去除污染物的相关作用不仅发生在液相，大多也涉及气相、固相，极少涉及油相，因此需要注意污染物及其他物质流在相内和相间的传质和变化。在污染物去除过程中，水无处不在地起作用，少数情况下，水会直接发生化学变化，参与到污染物的去除过程。水的化学性质、各种物质在水中的溶解性、水的极性、水化作用、水在固体表面的吸附、氢键、水/气界面、水/固界面、黏度、剪切力等会在污染物的去除过程中表现出其影响。

污染物的去除速度受多因素影响。污染物常常历经多步骤才得以去除，污染物去除速度由速度最慢的步骤控制，而且控制步骤可能会发生变化。针对控制步骤就可以定性或定量讨论各个影响因素与污染物去除速度、出水水质、运行稳定性等问题的关系。

下面对污染物去除速度作基本论述。

1.4.1　处理单元构筑物或反应器和水流流态

污染物总是在各种形状的构筑物或反应器内有序地去除，构筑物或反应器的影响表现在许多方面。处理单元构筑物或反应器的几何形状有圆形、正方形、长方形的池子、塔、柱或反应床。对构筑物或反应器的容积大小的认识需从科学、技术和经济等角度来看。从式（1-2）可以看出构筑物或反应器的有效容积和进水流量是决定平均水力停留时间 HRT 的基本因素。所需要的水处理时间取决于处理水量、所采用的处理技术去除污染物的速度、污染物去除程度、进出水污染物的浓度、构筑物内是不是装有填料等。污染物实际停留时间与平均水力停留时间还是有出入的，水在构筑物或反应器内的分布并不均匀，再加上构筑物的构造等因素，水在其中的流态和流速不尽相同，这会影响到流体的输送和传质。水流流态有完全混合态、理想推流态和介于两者之间的流态。

所谓完全混合态就是进水与构筑物或反应器内的水完全混合，构筑物或反应器内条件基本相同，因此污染物在构筑物或反应器内的去除速度处处一样，出水水质与构筑物内的水质也一样。这种流态是污染物分解过程的常见流态之一，在物理处理法中没有这种流态。需要注意的是由于进水立即与构筑物或反应器内的水完全混合并很快流出，因此总有少部分水的停留时间比平均水力停留时间短得多。

理想推流态指在流体流动方向上没有前后混合，在流动方向的垂直截面上流速处处相同，其停留时间等于平均停留时间。污染物从进水端到出水端逐渐去除，浓度逐渐降低。推流式可以是从一侧向另一侧的平流推流，也可以是从上向下或从下向上的竖流推流。

实际上水的流态介于两者之间，但是表现出推流式特征或完全混合特征。推流式特征的流态是污染物去除过程中最常见的流态，各种处理单元中都有。

构筑物或反应器的几何形状、容积、内部构造也会影响水流流态。

构筑物或反应器内进出水不均、内有填料被堵塞、异重流等，造成实际停留时间小于 HRT，这种现象称作短流。有短流就有慢流同在，短流区内污染物去除时间短，比较多的进入出水，慢流区没有持续高效地起到污染物去除的作用。

1.4.2　污染物去除动力学

污染物快速去除是人们所孜孜追求的，因为可以减小构筑物的容积、减少投资。污染物去除的基本途径有分离和转化，不管污染物是以分子水平还是以颗粒水平去除，不管是物理法还是化学法或生物法，都可以研究污染物的去除速度与浓度等因素的函数关系，这就是污染物去除动力学。

简单的去除速度关系如：

（1）污染物去除速度为零。

这种情况出现在短流或某处理单元构筑物失去处理能力的场合。

（2）污染物去除速度为常数。

对污染物 A 而言，去除速度 v_A：

$$v_A = \frac{\mathrm{d}c_A}{\mathrm{d}t} = -k_0 \qquad (1-3)$$

积分上式得：

$$c_A = c_{A0} - k_0 t \qquad (1-4)$$

c_{A0} 和 c_A 是污染物的初始浓度和 t 时间的浓度，k_0 是污染物零级去除速率常数，常用单位如 $\mathrm{g \cdot L^{-1} \cdot min^{-1}}$。根据初始浓度和去除速度常数，就可以计算出经过 t 时间残留的污染物浓度。

（3）污染物去除速度是浓度的一级关系。

对污染物 A 而言，去除速度 v_A：

$$v_A = \frac{dc_A}{dt} = -k_1 c_A \qquad (1-5)$$

积分上式得：

$$c_A = c_{A0} e^{-\frac{k_1 t}{2.303}} \qquad (1-6)$$

$$\lg(c_A) = \lg(c_{A0}) - \frac{k_1 t}{2.303} \qquad (1-7)$$

c_{A0} 和 c_A 是污染物的初始浓度和 t 时间的浓度，k_1 是污染物一级去除速率常数，单位是（min^{-1}）。

（4）污染物去除速度是浓度的二级关系。

对污染物 A 而言，去除速度 v_A：

$$v_A = \frac{dc_A}{dt} = -k_2 c_A^2 \qquad (1-8)$$

积分上式得：

$$\frac{1}{c_A} = \frac{1}{c_{A0}} + k_2 t \qquad (1-9)$$

c_{A0} 和 c_A 是污染物在初始浓度和 t 时间的浓度，k_2 是污染物二级去除速率常数，单位是 $L \cdot g^{-1} \cdot min^{-1}$。

如果以去除污染物 A 为目的，加入药剂 B，去除 A 的速度可能与 A、B 浓度的乘积有关：

$$v_A = \frac{dc_A}{dt} = -k_{2(AB)} c_A c_B \qquad (1-10)$$

以上仅是简单的关系。由于进水污染物成分多、影响因素多、水量大，污染物去除速度方程常常很复杂。从以上各关系式看到去除速度的两个相关因子：浓度和速度常数。影响速度常数的因素有很多，如果去除污染物是通过需要活化能的过程实现，如化学反应，速度常数 k 与温度、污染物性质有关。速度常数 k 与温度的关系可用阿伦尼乌斯（Arrhenius）公式表示：

$$k = A \exp\left(\frac{-E_a}{RT}\right) \qquad (1-11)$$

式中 E_a 为表观活化能，单位为 $J \cdot mol^{-1}$；R 为气体常数，为 $8.314 J \cdot mol^{-1} \cdot K^{-1}$；$T$ 为绝对温度 K；A 为指数前因子。对上式取自然对数得：

$$\ln(k) = \ln(A) - \frac{E_a}{RT} \qquad (1-12)$$

如果求得各温度下的速度常数 k，作图 $\lg(k) \sim 1/T$，由斜率可求得表观活化能 E_a。对上式微分得：

$$\frac{d\ln(k)}{dT} = \frac{E_a}{RT^2} \qquad (1-13)$$

1.5 污染物去除过程的平衡状态*和稳态

污染物去除过程分为可逆过程和不可逆过程。可逆过程就会有平衡及其平衡常数 K，平衡常数 K 与该过程的自由能变化 ΔG^0 关系如下：

$$\Delta G^0 = -RT\ln(K) \tag{1-14}$$

ΔG^0 的单位是 $J \cdot mol^{-1}$。

自由能与该过程的焓变 ΔH^0、熵变 ΔS^0 关系如下：

$$\Delta G^0 = \frac{\Delta H^0}{T} - \Delta S^0 \tag{1-15}$$

如果污染物去除过程是自发过程，自由能变化 $\Delta G^0 < 0$，否则自由能变化 $\Delta G^0 > 0$。

实际污染物去除过程中平衡状态很少见，但是处理单元和处理系统的稳态运行是对每个处理单元和处理系统的基本要求。水处理系统与普通化工、生物化工很大的不同是进料的流量有可能很大而且波动也大，进料的成分多，性质相差大，成分和浓度也有波动。水处理系统通常在常温常压下运行，易受外部气温气压影响。反应器或构筑物、仪器仪表的运行性能既与自身有关，也会受到外来因素的影响。要保证处理单元或处理系统的出水水质达到排水要求，就必须使其去除污染物的速度总是一定程度上大于进水中污染物的输入速度。

习题

1. 在污染物去除过程中除均相水相外，还涉及哪些相和相间？

2. 与环境监测中的水质指标比较，水污染控制工程中对水质指标的认识有何不同？举例说明。

3. 你怎么阐述处理系统中每个单元处理都是承前启后、前后有序、相得益彰的关系？怎么评价处理单元和处理系统？

4. 根据目前情况谈谈影响 HRT 的因素。

第 2 章　物理处理法

物理处理法主要是去除尺度大于胶体颗粒的悬浮物的方法。这里的"物理"的含义是指污染物只发生物理变化。去除悬浮物的目的有三个：减轻后续处理的负荷、满足一些处理单元对悬浮物固体 SS 进水低浓度要求、达到出水悬浮物固体浓度的排放要求。SS 有两个来源：原水或在污染物去除过程中新产生的，因此，去除细小 SS 的单元处理常出现在处理系统的前部和后部。这里需要特别预先指出的是去除小颗粒悬浮物除了物理法外，还有混凝沉淀法（将在第 3 章化学处理法学习）、厌氧水解酸化法（将在第 6 章厌氧处理法学习）、气浮法（将在第 4 章物理化学处理法学习），甚至个别膜分离法（第 4 章）。水质和水量的调节也属于物理处理法。

2.1　截留

格栅和筛网可截留可能堵塞水泵机组及管道、阀门的较大悬浮物，如毛发、树叶、布片、纸片等，以保证后续处理设施正常运行。

2.1.1　格栅和筛网

1. 格栅

（1）格栅的作用。

普通格栅由金属栅条、塑料构件或金属筛网、框架及相关装置构成，倾斜安装于进水泵房集水井的进口渠道。泵前格栅的栅条间距与 PW 或 PWL 型号污水泵（P——杂质泵；W——污水；L——立式）有一定的对应关系，比如当使用 6PWL 型号（数字是吐口口径毫米数被 25 除所得值）污水泵时，栅条间距应≤70mm，读者可参阅有关设计手册。但是栅条间距还要保证管道等设备不堵塞，一般栅条间距不大于 40mm。当栅条间距为 16 ～ 25mm 时，每立方城市污水格栅截留物的体积为 5 ～ 100L。

按清渣方式，格栅有人工格栅和机械格栅之分。每天隔渣量大于 $0.2m^3$ 时宜用机械格栅，机械格栅比较普遍。

（2）人工格栅。

人工格栅指人工清渣的格栅，如图 2 - 1 所示。倾角 $\theta = 45° ～ 60°$。这个倾斜角不能保证要求设计的水过栅面积是进水管渠有效面积的 2 倍，因此人工格栅过流宽度应比进水管渠宽度大，这样可以减少人工清渣频率。一般设有溢流旁流通道，以备格栅堵塞时，水流也可流过。具体设计可参阅有关设计手册。

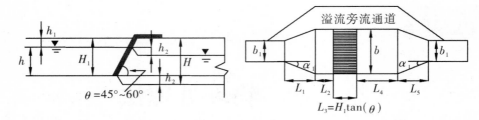

图中主要尺寸：h 栅前水深；h_1 栅前超高；H_1 格栅垂直高度；h_2 格栅水头损失和栅后水头损失补偿；H 栅后总高；b_1 进水沟渠宽度；L_3 格栅水平投影长度；b 格栅宽度；α_1 放射角。

图 2-1　人工格栅示意图

（3）机械格栅。

如图 2-2 所示，其倾角为 60°~70°，设计的水过栅面积是进水管渠有效面积的 1.2 倍。水流流速通常为 0.4~0.9m·s^{-1}，以防砂砾沉落渠底。格栅间隙的水流流速应为 0.6~1.0m·s^{-1}，以防截留物被水流带过格栅。

图 2-2　机械格栅

格栅的设计包括栅条材料选择、栅条形状和尺寸、间隙宽度、进水水量和水质、栅条框架尺寸和安装的倾角、通过格栅的水头损失等。

（4）转鼓细格栅。

由电机带动，内部安装的螺旋杆将落下的截留物向上旋送到传送带，如图 2-3 所示。

图 2-3　转鼓细格栅

2. 筛网

更细的悬浮物可由过水孔眼更细的筛网来去除，如振动筛网、水力自流筛网、水力旋转筛网。下面介绍后面两种。

水力自流筛网是不锈钢楔形条缝焊接而成的弧形筛面或平面过滤筛面。待处理的水通过溢流堰均匀分布到倾斜的筛面上，固态物质被截留，过滤后的水从筛板缝隙中流出，同时在水力作用下，固态物质被推到筛板下端排出，从而达到分离的目的。如图 2 - 4 所示是水力自流筛网的侧面图。

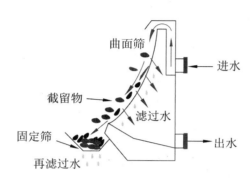

图 2 - 4 水力自流筛网

水力旋转筛网的运动筛网呈截顶圆锥形，中心轴呈水平状态，锥体则呈倾斜方向。这种筛网依靠进水的水流作为旋转动力，因此在水力筛网的进水端一般不用筛网，而用不透水的材料制成壁面，必要时还可在壁面上设置固定的导水叶片。原水进水管的位置与出口的管径亦要适宜，以保证进水有一定的流速射向导水叶片，利用水的冲击力和重力作用使筛网做旋转运动。污水从圆锥体的小端进入，水流在从小端到大端的流动过程中，纤维状污染物被筛网截留，水则从筛网的细小孔中流入集水装置。由于整个筛网呈圆锥体，被截留的污染物沿筛网的倾斜面卸到固定筛网上，以进一步滤去水滴。如图 2 - 5 所示。

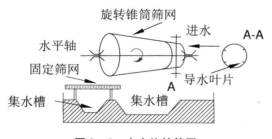

图 2 - 5 水力旋转筛网

格栅（筛网）截留物的处置方法有：填埋、焚烧（820℃以上）以及堆肥等，也可将栅渣粉碎后再返回污水处理系统，作为可沉固体进入初沉污泥。大的破布和织物在粉碎前应先去除。

2.1.2 影响截留的因素

影响截留的因素有栅条（筛网丝）宽度、间隙宽度、网孔几何形状、格栅（筛网）的构造、过水流速、截留物性质（大小、形状等）和单位过水面积截留量、单位过水面积过水流量、格栅倾角等。

2.2 进水的提升和调节

2.2.1 进水的提升

为了保证水流在整个处理系统的流畅，应合理设计将进水第一次提升到设计高程要求，尽量利用地形地势实现水流自流。设计高程是水管、泵站和合理埋深的各处理单元构筑物的水力损失总和，需要结合地形地势和受纳水体水位分析。关于高程设计在本书最后一章还会讨论。

城市污水的提升常在粗格栅之后，提升方式有自吸泵提升和潜污泵提升。腐蚀性强的废水适宜自吸泵提升。潜污泵提升可省去进水提升泵房，但是维修不便。见图 2 - 6、图 2 - 7。

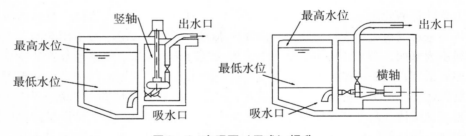

图 2 - 6 自吸泵（干式）提升

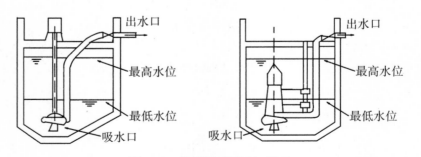

图 2 - 7 潜污泵（湿式）提升

2.2.2 水质和流量的调节

生活污水的水质和水量随生活作息而变化。城区各功能区的运作时差、下水管网对城区的生活污水流量都有均量效果，再加上泵站的调配，因此不对城区的生活污水流量作特别的调节。但是对于未接入城市下水管网远离城市的楼盘小区来说，流量调节还是必要的。

有一个参数可以衡量城市污水水量变化，称作总变化系数 K_z：

$$K_z = K_1 K_2 \qquad\qquad (2-1)$$

式中：K_1 为城市污水日变化系数，K_1 = 最大日污水量/平均日污水量；K_2 为时变化系数，K_2 = 最大日最大时污水量/最大日平均时污水量。城市污水总变化系数 K_z 与水量的关系如下：

表 2 - 1　城市污水总变化系数与水量的关系

K_z 数值	2.3	2.0	1.8	1.7	1.6	1.5	1.4	1.3
平均日流量（L·s⁻¹）	5	15	40	70	100	200	500	≥1 000

工业废水的水质和流量随时波动较大，一般说来工业废水的波动比城市污水大，中小型工厂的波动更大。净化设备和反应器去除污染物的能力与流量和水质有关，因此要对水质、水量实施调节。虽然调节本身没有去除污染物的作用，但是如果不对水质和流量科学合理地予以设计考虑，出水将难以达标。

调节池的作用：调节流量、均和水质、贮存事故水。

调节池的功效：防止流量和水质波动影响处理效果；均质均量的废水有利于控制处理系统均匀投加药剂；有些工厂间断排水，调节池可以适应废水处理的连续运行；减轻毒物对生物处理的冲击；控制 pH 值。

如果进水含有较多的 SS，为了有利于调节池的运行，宜在调节池前设置沉淀池。如果进水需要设置格栅，调节池应设置在其后。也可以考虑与沉淀池合建。

1. 污水泵站流量调节和流量调节池的计算

（1）泵站调节污水流量。

①线内调节池。

线内调节池进水一般采用重力流，出水用泵调节流量并提升，如图 2 - 8 所示。流量调节池实际上是一座变水位的贮水池。为防淤泥，宜设混合和曝气装置。混合所需功率为每立方池容 40 ~ 80 W。每分钟每平方米池表面积所需曝气量为 0.01 ~ 0.015 立方米空气。出水流量即水泵的流量参数，近似为日时平均流量。贮水池的容积必须足够大，以保证储存进水流量大于水泵流量时的盈水，并保证在进水流量小于水泵流量时池内有水。

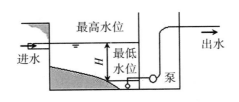

图 2 - 8　线内调节池

②线外调节池。

调节池设在旁路上，如图 2 - 9 所示。

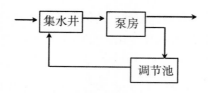

图 2-9 线外调节池

当污水流量过高时多余污水用泵打入调节池，当污水流量低于设计流量时再从调节池回流至集水井，送去后续处理。线外调节池与线内调节池相比，前者不受进水管高度限制，但调节的水量需要两次提升，动力消耗大。

前面这两种水量调节对浓度调节作用不大。生活污水水质比较稳定，不设水质调节设备。

（2）流量调节池的容积计算。

式（2-2）是在足够长的调查时间周期内某日最大的日时平均流量 Q_h，即 24 小时内总流量 $\sum Q_i$ 的时平均值：

$$Q_h = \frac{\sum Q_i}{24} \tag{2-2}$$

图 2-10 中的曲线是该日累计流量 Q 与时间的变化曲线，直线 OA 就是平均累积流量 Q_m 随时间的变化，斜率为 $\sum Q_i/24$，这个数值就是水泵的流量。B 点和 C 点分别是实际累积流量与平均累积流量 Q_m 最大负偏差点和最大正偏差点。从这两个偏差点作横坐标的垂线与 OA 分别相交于 E 点和 D 点，偏差绝对值分别为 BE 和 CD。（$BE + CD$）就是流量调节池的最小容积。为了应对偶发的进水流量变化，设计容积是最小容积的 1.1~1.2 倍。

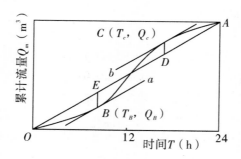

图 2-10 流量调节池的容积计算

调节池的水力停留时间的经验值为 4~12h，一般取 8h（连续进水取 4h，间歇进水取 12h）。污水只是在调节时间内得以调节，如果调查时间周期足够长，能够做到流量的稳定调节。

2. 工业废水水质调节和水质水量调节

水质调节（均质）的任务是将不同时间或不同来源（浓度和成分不同）的废水进行混合，使流出的水质比较均匀。水质水量调节简称为均化。

（1）外加动力调节水质。

外加动力就是采用外加叶轮搅拌、空气曝气搅拌及水泵循环等设备对水质进行调节。它的设备比较简单，运行效果好，但运行费用高，图 2-11 所示为空气曝气搅拌水质调节池。

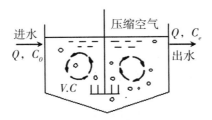

图 2-11　空气曝气搅拌水质调节池

（2）差流调节水质和水质流量综合调节。

所谓差流调节是指在池内实现不同时间的进水的混合，使出水包含不同时间进水，从而使水质得以调节。这种调节的水头损失小、能耗小，但设备较复杂。

差流方式的调节池类型很多，常用的有对角线长方体调节池，如图 2-12 所示，其中纵向隔板仅在平面图标示。这种调节池的特点是出水槽沿对角线方向设置。废水由长方体长的一侧进入，再由左右两侧进入池内。不同时间、浓度可能不同的进水在对角线出水槽内混合流出，水质达到一定程度的均衡。

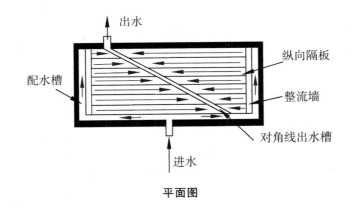

平面图

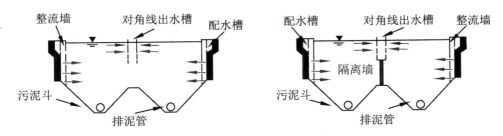

（a）没有隔离墙的对角线差流调节池　（b）有隔离墙的对角线差流调节池

剖面图

图 2-12　对角线长方体调节池

如果调节池采用堰顶溢流出水，则这种形式的调节池只能调节水质的变化而不能调节水量和水位波动。如果后续处理构筑物还要调节流量，有两种办法：①使调节池内出水槽的水位能够随着水流量变化而上下自由移动，从而保证出水流量稳定；②在调节池外设置水井，用泵输送。

折流调节池是另一种差流水质调节池，如图 2-13 所示。调节池的起端流量一般控制在进水流量的 1/3 ~ 1/4，剩余的流量通过设在调节池上部的配水槽的各投配口等量投入池内折流室内，废水在池内来回折流得以充分混合均衡。

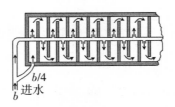

图 2-13 折流调节池

外加动力的水质调节池和折流调节池一般只能调节水质而不能调节水量，泵输送是常用的调节水量方法。

废水在调节池内的短路不利于均质，为此可以在池内设置若干控制池内水流方向的纵向隔板。废水中的悬浮物会在池内沉淀，因此应考虑设置沉渣斗，通过排渣管定期将污泥排出池外。如果调节池的容积很大，设置过多沉渣斗不妥，可考虑将调节池做成平底，用压缩空气搅拌的方法防止沉淀。空气用量为 $1.5 ~ 3m^3 \cdot m^{-2} \cdot h^{-1}$，调节池的有效水深取 1.5 ~ 2m，纵向隔板间距取 1 ~ 1.5m。

（3）均质池和均化池的计算。

经过水质调节池后某指标浓度在一定程度上得以均质。如果仅考虑两股水流 dQ 经过不同路径混合，其出水浓度是两者浓度平均值。如果出水是水流流量 Q_i 在各个不同时间段 dt_i 不同浓度 C_i 的水流混合，则调节后平均浓度 $\bar{C}$ 是：

$$\bar{C} = \frac{\sum Q_i dt_i C_i}{\sum Q_i dt_i} \tag{2-3}$$

水质调节要求越均匀，时间跨度越大，水质调节池容积越大。

可按前面的方法计算流量调节池。为了达到综合调节水质流量的目的，择其大者为综合调节池设计容积。

2.3 重力分离法

2.3.1 沉淀的基础理论

这里的沉淀不是化学沉淀，是细小悬浮物（大于 0.1mm）的自然沉淀。这里的"沉淀"也称作"沉降"。沉淀的使用场合有：

①含砂污水需沉砂预处理（其他的除砂方法见后面 2.4 节的水力旋流除砂器等）。

②有细小有机悬浮物的污水进入生化池前的初步处理（称作初沉池）（如果进水中水溶性有机营养物浓度比较低，如生活污水，为了后续某些生化处理的微生物营养需求，即使进水有细小有机悬浮物，这些处理系统也不设初沉池，在后面的第 7 章会讨论。）。

③生化处理后的固液分离（称作第二次沉淀池，简称二沉池）（某些生化处理后有其他的固液分离设施，因而不单独设二沉池）。

④污泥浓缩（污泥重力浓缩池。重力浓缩是污泥浓缩的主要方法之一）。

⑤化学沉淀反应或混凝之后的沉淀分离（当然这两个反应之后的固液分离除了沉淀还有其他方法）。这些问题将在后面学习。。

从沉降的颗粒物的形态变化和颗粒之间的影响来看，沉淀分为四类：

1. 自由沉淀

自由沉淀发生在水中悬浮物浓度不高而且它们之间没有凝聚作用的场合，有人认为浓度值应小于 $50\mathrm{mg} \cdot \mathrm{L}^{-1}$，这个数值是一个大概的分界值，还与颗粒物的分散度有关。沉淀过程中悬浮固体之间互不干扰，颗粒各自进行单独沉淀。假设颗粒的大小、形状和比重不变，它的沉降速度也不变。假设水流的水平流速不变，颗粒的水平分速等于水流流速。水平分速和垂直分速的合速度方向不变，因此不同水深的相同颗粒在沉降过程中的轨迹是平行的斜线。沉砂池中的沉淀和初沉池初期发生自由沉降。

自由沉淀的理论基础如下：

颗粒是下沉还是上浮取决于其重力和介质的浮力相对大小。重力大于浮力时，下沉；重力等于浮力时，相对静止；重力小于浮力时，上浮。

假设：①颗粒是球形；②颗粒的物理参数不变；③只有重力，没有器皿和其他颗粒的影响。当重力大于浮力时即下沉，这时颗粒与水之间存在摩擦力，因此颗粒下沉方向的受力有重力、反方向的浮力和摩擦力。

颗粒在开始下沉时重力与水的浮力之差 F_g：

$$F_g = F_w - F_f = V \cdot \rho_S \cdot g - V \cdot \rho_L \cdot g = V \cdot g \ (\rho_S - \rho_L) \tag{2-4}$$

式中：F_g——水中颗粒受到的作用力，N；V——颗粒的体积，m^3；ρ_S——颗粒的密度，$\mathrm{kg} \cdot \mathrm{m}^{-3}$；$\rho_L$——水的密度，$\mathrm{kg} \cdot \mathrm{m}^{-3}$；$g$——重力加速度，$9.8\mathrm{m} \cdot \mathrm{s}^{-2}$。

当颗粒沉降时，水对自由颗粒的黏滞阻力 F_D：

$$F_D = \lambda' \cdot A \cdot \ (\rho_L \cdot u_S^2 / 2) \tag{2-5}$$

式中：λ'——阻力系数；A——在自由颗粒运动方向上的界面面积，m^2；u_S——颗粒在水中的运动速度，即颗粒沉速，$\mathrm{m} \cdot \mathrm{s}^{-1}$。

如图 2 - 14 所示，当沉速越大时，水对自由颗粒的阻力越大，直到颗粒所受外力平衡，即

$$F_g = F_D$$

也即

$$V \cdot g \ (\rho_S - \rho_L) \ = \lambda' \cdot A \cdot \ (\rho_L \cdot u_S^2 / 2) \tag{2-6}$$

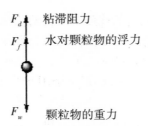

图 2-14 颗粒物在匀速沉降过程中的受力分析

将直径为 d 的球形颗粒的体积公式 V 和界面面积公式 A

$$V = \frac{1}{6}\pi d^3 , \ A = \frac{1}{4}\pi d^2$$

代入式（2-6），这时颗粒即以速度 u_S 匀速下沉：

$$u_S = \left[\frac{4g\ (\rho_S - \rho_L)\ d}{3\lambda'\rho_L} \right]^{1/2} \tag{2-7}$$

当颗粒粒径较小、沉速小，颗粒沉降过程中其周围的绕流速度亦小时，颗粒主要受水的黏滞阻力作用，颗粒的惯性力可忽略不计。雷诺数 Re 与水流态、阻力系数 λ' 有关：

$500 < Re < 2 \times 10^5$，处于 Newton 区，$\lambda' \approx 0.44$；

$2 < Re < 500$，处于 Allen 过渡区，$\lambda' = 10/Re^{1/2}$；

$10^{-4} < Re < 2$，处于层流。

处于层流状态流体中的颗粒，其 $\lambda' = 24/Re$，$Re = \rho_L \cdot u_s \cdot d \cdot \mu^{-1}$。代入式（2-7），得 Stokes 公式：

$$u_S = \frac{(\rho_S - \rho_L)\ gd^2}{18\mu} \tag{2-8}$$

式中：μ——水相的动力黏度，$Pa \cdot s$ 或 $kg \cdot m^{-1} \cdot s^{-1}$。

沉降速度 u_S 与下述因素有关：

①颗粒物和进水的比重相对大小决定颗粒的运动方向是向下、向上还是漂浮。当 $(\rho_S - \rho_L)$ 明显大于零时，用沉降分离；当 $(\rho_S - \rho_L)$ 明显小于零时，用气浮分离；当 $(\rho_S - \rho_L)$ 接近于零时，悬浮物在水中没有明显的运动方向。可改变颗粒性质使之向下或向上运动。

②颗粒越大越有利于它的运动，颗粒越大，去除率越大。

③黏度系数 μ 越大，沉淀速度越小。水温和进水水质是影响流体黏度系数的两个因素。温度下降，氢键增加，热运动减小，黏度系数增大，因此冬季颗粒沉淀速度下降。

这个公式的用处在于帮助理解影响沉淀速度的部分因素，不用于设计。在实际沉淀池中影响颗粒物沉降的因素还有更多，见后面的 2.3.6 节。

2. 絮凝沉淀

悬浮物的浓度虽然不高（即使浓度小于 $50mg \cdot L^{-1}$ 也可能发生絮凝现象。这个浓度值没有绝对分界线。如果悬浮物的浓度很高，就是下面要讨论的区域沉淀），但是颗粒间会发生絮凝作用（这个问题会在化学处理法中的混凝论述），颗粒数会变少。由于颗粒的大小、形状和比重发生变化，所以其沉淀速度是变化的。在絮凝过程中其尺度总体上是增大的。假设沉淀池内颗粒物的水平分速等于水流流速，那么颗粒的水平分速和垂直分速的合速度的方向是不断变化的，而且是逐渐向下的。

用式（2－8）计算絮凝颗粒的去除率是一个困难的工作，而实验是一个实用的方法，见第 3 章。

化学混凝后的沉淀池初期和生化处理后的二沉池初期属于絮凝沉淀。

3. 区域沉淀

区域沉淀也称成层沉淀、干涉沉淀或拥挤沉淀。区域沉降的悬浮物浓度较高（5g·L^{-1} 以上）。顾名思义，干涉沉淀或拥挤沉淀指颗粒的沉降受到周围其他颗粒的影响。区域沉降指颗粒的相对位置保持不变而形成一个整体下沉的现象。成层沉降指该沉降过程中会观察到悬浮物区与澄清水之间有清晰的界面。二沉池的后期、混凝中絮凝反应后的沉淀池后期和浓缩池均有区域沉淀发生。

4. 压缩沉淀

压缩沉淀发生在高浓度（最小大概不小于 5g·L^{-1}）的悬浮物颗粒沉淀过程中。下面的颗粒对上面的颗粒有承托，下层颗粒间的水在上层颗粒的重力作用下被挤出一部分，使污泥得以浓缩。污泥浓缩的程度取决于浓缩时间、污泥的浓缩性能、浓缩条件。二沉池污泥斗、絮凝后的沉淀池的污泥斗和浓缩池下部存在压缩沉淀。二沉池内经过压缩沉淀或浓缩池的污泥，考虑浓缩成本，最低含水率也有 96% 左右。

在静置沉降中同一颗粒的沉淀类型会发生变化，如从自由沉降向成层沉降，最后向压缩沉降变化。在连续流沉淀池内会同时发生由不同颗粒呈现的几种沉淀现象。二沉池同时存在絮凝沉淀、区域沉淀和压缩沉淀。生化处理系统中的浓缩池存在成层沉降和压缩沉降。絮凝反应后的沉淀池中存在絮凝沉降、成层沉降和压缩沉降。

2.3.2　理想沉淀池

沉淀池有平流式沉淀池、竖流式沉淀池、辐流式沉淀池和斜板斜管沉淀池，各种沉淀池的最基本原理是一样的，但是各有特点，有其特殊沉淀规律。下面分别讨论各种理想沉淀池，要将理想沉淀池得到的结果应用到实际情况需要修正。

1. 理想平流式沉淀池和一个重要参数推论

（1）理想平流式沉淀池。

理想平流式沉淀池的基本形状是一个长度按一定比例大于宽和高的长方体。它分四个区域：进水区、沉淀区、出水区、污泥区。不同的区域有不同的过程和功能。沉淀区最重要，它与其他三个区域互相关联。

理想平流式沉淀池如图 2－15 所示，假设：

①沉淀区过水断面上各点的水流速度均相同，水平流速为 v；

②不同沉速 u_i 的颗粒在沉淀区的沉速数值不变；

③在沉淀池的进水区域，水流中的悬浮物均匀分布在整个过水断面上；

④颗粒沉到底部不再浮起；

⑤水流不会上下波动，或者说水流只有平流没有湍流；

⑥常温且均匀。

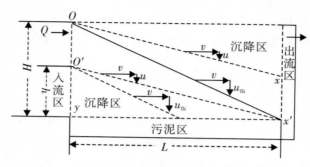

图2-15　理想平流式沉淀池示意图

每个颗粒物在沉降区的运动方式有两种：水平运动和沉降。颗粒物的水平运动是随水流而动的，其水平分速等于水流流速。由于颗粒物是均匀分布在进水断面Oy上的，颗粒的垂直分速与水平分速的矢量和决定了颗粒的运动轨迹，因此不同水深具有相同沉降速度的颗粒物的沉降轨迹是一组具有相同坡度的倾斜直线，如图2-15所示分别是沉降速度为u和u_{0i}的颗粒在沉降时的轨迹。

下面结合图2-15来讨论理想平流式沉淀池的沉淀规律和悬浮物的总去除率公式。

颗粒物在沉淀过程中最重要的性质是沉淀速度，沉速越大，去除率越大。图2-15中沉降速度u_{0i}是颗粒能够全部沉到yx'以下（即去除率为100%）所需的最小沉速。把去除率达到100%的颗粒的最小沉降速度称作指定沉降速度，显然当有效水深为H、水力停留时间为t_h（$t_h = V/Q$）时，指定沉降速度$u_{0i} = H/t_h$。指定沉降速度越小，去除率越大。

设沉速小于或等于指定沉降速度u_{0i}的颗粒占全部颗粒的比例为P_{0i}，沉速大于指定沉降速度的颗粒所占的比例为$1 - P_{0i}$，当$u > u_{0i}$时，这种颗粒无论在池中什么位置，都可全部去除。

对于沉速小于或等于u_{0i}的颗粒物，只有沉速等于u_{0i}的颗粒刚好完全去除，其他的颗粒物是部分去除。

当$u \leq u_{0i}$时，假设有n种不同沉速的颗粒［$u_j \leq u_{0i}$（$j = 1, 2, \cdots, n$）］，在停留时间t_h内，它们各自向下运动的距离是$h = u_j t_h$。除u_{0i}颗粒外，能运动到池底的只有它们中的一部分，在水深$h = u_j t_h$以下的颗粒全部去除，而在水深h以上的（即$H - h$部分内）沉速为u_j的颗粒则随水流出池外。因此小于u_{0i}的颗粒的去除比率是h/H，见图2-15。又假设每一个沉速的颗粒占全部颗粒的比例为ΔP_j，因此沉速小于或等于u_{0i}的某个沉速为u_j的颗粒的去除比例是$(h/H)\Delta P_j$。由于$h/H = u_j t_h / u_{0i} t_h = u_j / u_{0i}$，因此$(h/H)\Delta P_j = (u_j / u_{0i})\Delta P_j$。那么所有沉速小于或等于$u_{0i}$的颗粒的去除率是每个颗粒去除比例的加和：

$$\sum_{j=1}^{j=n} \frac{u_j}{u_{0i}} \Delta P_j \qquad (2-9)$$

总的去除率η就是：

$$\eta = 1 - p_{0i} + \sum_{j=1}^{j=n} \frac{u_j}{u_{0i}} \Delta P_j \qquad (2-10)$$

如果颗粒物的沉速数值 u 是连续的，那么 u 与 P 的函数可以表示为如图 2-16 所示的曲线。u_{0i} 是指定速度，P_{0i} 是 $u \leqslant u_{0i}$ 的颗粒在全部颗粒中所占的比例。长方形 $ABCD$ 的面积可以近似为图形 $A'B'CD$ 的面积，即 $\left[(u_j + u_{j-1})/2 \right] \times \Delta P_j$，这个数值除以 u_{0i} 近似为沉速为 u_j 和 u_{j-1} 之间的颗粒物的去除率。

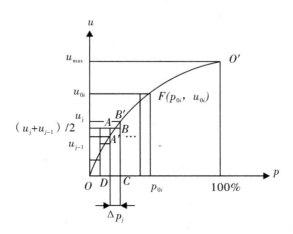

图 2-16　沉速小于 u_{0i} 的颗粒物的去除率计算图示

图形 OFP_{0i} 的面积近似为 m 个小矩形面积之和，每项除以 u_{0i} 得下式：

$$\sum_{j=1}^{j=m} \frac{(u_j + u_{j-1})/2}{u_{0i}} \Delta P_j \tag{2-11}$$

这个加和数值近似为沉速在 $0 < u \leqslant u_{0i}$ 之间的颗粒物的去除率。当 $n \to \infty$，$(u_j + u_{j-1})/2 \to u$，$\Delta P_j \to \mathrm{d}p$，改写式（2-11）为函数 $u(p)$ 对 p 的定积分：

$$\int_0^{p_{0i}} \frac{u}{u_{0i}} \mathrm{d}p \tag{2-12}$$

这个定积分就是沉速在 $0 < u \leqslant u_{0i}$ 之间的颗粒物的去除率。

因此理想平流式沉淀池总的去除率 η 为

$$\eta = 1 - p_{0i} + \int_0^{p_{0i}} \frac{u}{u_{0i}} \mathrm{d}p \tag{2-13}$$

由此可见去除率 η 与 p_{0i}、u_{0i} 和函数 $u(p)$ 有关。函数 $u(p)$ 没有什么规律可循，但是通过作图可以得到要处理的原水中悬浮物沉降速度与各自占比 p 的近似函数关系，然后可以积分求解，见本节第 5 点。

（2）u_{0i} 的含义延伸——平流式沉淀池的表面负荷率。

我们知道 $u_{0i} = H/t_h$ 和 $t_h = V/Q$，因此

$$u_{0i} = \frac{H}{V/Q} = \frac{QH}{V} = \frac{QH}{A_{水平} \times H} = Q/A_{水平} \tag{2-14}$$

$A_{水平}$ 指沉淀池的水平面积。$Q/A_{水平}$ 是反映沉淀池处理水量能力的参数，虽然是从理想平流式沉淀池得来的，但是对实际沉淀池具有一样的基本意义。一般称之为沉淀池的表面负荷率，或沉淀池的过流率或表面水力负荷，用符号 q 表示：

$$q = \frac{Q}{A_{水平}}$$

$$(2-15)$$

这个参数表示的是单位时间单位沉淀池的水平面积处理的水量，常用单位是 $m^3 \cdot m^{-2} \cdot h^{-1}$，与指定沉降速度 u_{oi} 的单位不同，但是数值相同。表面负荷率是一个非常重要的参数之一，以后在许多水处理单元中都会看到，这是衡量处理单元的构筑物处理水量能力的参数之一。

去除率 η 与 p_{0i}、u_{0i} 和函数 $u(p)$ 有关。由式（2-14）可知 u_{0i} 与 Q、$A_{水平}$ 有关，与池深 H 和体积 V 无关。由 $t_h = V/Q$ 可知只要处理水量 Q 不变，停留时间 t_h 会跟着体积 V 或池深 H 的变化发生相应倍数的变化，因此 u_{0i} 不变。既然这样，把池子做得很浅，也能够获得相同的悬浮物去除效果。不过由于其他原因不能用简单的浅平流式沉淀池，有关这个问题的讨论见 2.3.4 节。

2. 理想竖流式沉淀池

理想竖流式沉淀池由上部圆柱体和下部倒置的圆锥体组成，进水从中心管进入。在中心管的出水口下端，设置圆锥状的反射板，水流在这里改变为方向向上的水流。与前面的理想平流式沉淀池一样，理想竖流式沉淀池也分为沉降区、污泥区、进水区和出水区，如图 2-17 所示，假设如下：

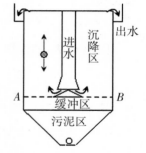

图 2-17
理想竖流式沉淀池示意图

①悬浮物均匀地分布在 AB 进水断面上；
②水流只有竖向流，均匀地向上流，流速为 v，$v = Q/A_{水平}$；
③进水面 AB 以下是缓冲区和污泥区，属于静置区。

在沉降区悬浮颗粒有以下三种运动状态：

当 $u > v$ 时，颗粒将以 $(u-v)$ 的差值速度向下沉淀，颗粒得以去除。

当 $u = v$ 时，则颗粒处于界面 AB，一旦进入静置区而被去除。在这里 $u = v = Q/A_{水平}$ 具有与前面相同的基本含义，即表面水力负荷，数值上等于颗粒物达到 100% 去除的最小沉速。

当 $u < v$ 时，颗粒将不能沉淀下来，会被上升水流带走。这一点与前面的理想平流式沉淀池的情况不同。这样来看，当颗粒属于自由沉淀类型时，在相同的表面水力负荷条件下，竖流式沉淀池的去除率要比平流式沉淀池低。当颗粒属于絮凝沉淀类型时，原来随水上升的沉淀速度小于水流速度 $Q/A_{断面}$ 的颗粒，由于它们相互间的接触、碰撞、凝聚作用，变成直径更大的颗粒，其沉降速度可能变得大于水流速度 $Q/A_{断面}$ 而继续下沉。在进水区沉降速度等于水流速度 $Q/A_{断面}$ 的悬浮层颗粒也会发生凝聚作用而变大，沉到污泥区。这层污泥甚至对沉降速度更小的颗粒也起到一定的拦截或过滤作用。因此在竖流式沉淀池中絮凝沉淀效果可能更好。

3. 理想辐流式沉淀池

辐流式沉淀池的基本构造为上部是直径很大的圆柱体，圆柱体下接圆锥体。直径比竖流式沉淀池的直径大得多。池内水流呈辐射状。其进水可以有多种方式，如中央进水周边出水（简称中进周出，如图 2-18 所示）、周边进水周边出水（简称周进周出，如图 2-19 所示）和很少用的中央进水中央出水。

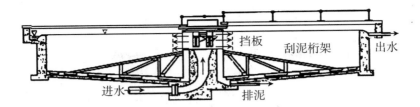

图 2 - 18　中央进水周边出水辐流式沉淀池剖面图

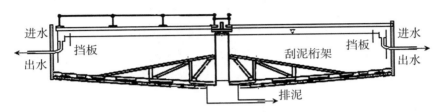

图 2 - 19　周边进水周边出水辐流式沉淀池剖面图

下面以中进周出辐流式沉淀池为例来讨论在辐流式沉淀池中达到 100% 去除的颗粒物最小沉降速度的含义，如图 2 - 20 所示，$ABCD$ 是沉降区，AB 以下是污泥区。中央进水管半径为 r_i，沉降区的辐射长度为半径 r_0，沉降区水深为 H_0。

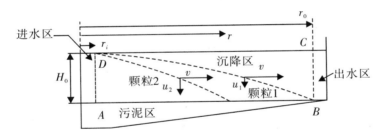

图 2 - 20　理想中央进水周边出水辐流式沉淀池示意图

假设水流从中央向四周平稳地流出，水流在垂直方向速度为零。过水断面面积为周长与有效水深 H_0 的乘积 $2\pi rH_0$，因此水流的水平流速 v_h 的表达式为：

$$v_h = \frac{Q}{2\pi rH_0} \tag{2-16}$$

随着 r 的增大，水流流速逐渐变缓。颗粒物在水平方向上是随水流动的，其水平运动速度等于水流速度。对于具有相同沉降速度的颗粒，其沉降轨迹是向下的抛物线。

下面分别讨论进水区水面 D 点的颗粒 1 和颗粒 2 的沉降情况。颗粒 1 正好沉到沉降区的右下角 B 点，进到污泥区。水面以下的颗粒 1 全部沉到污泥区。水力停留时间 t 内沉淀池的有效容积 V 为

$$V = \pi\left(r_0^2 - r_i^2\right)H_0$$

水面的颗粒 1 在水力停留时间 t 内向下沉降距离是 H_0，u_1 可表示如下：

$$u_1 = \frac{H_0}{t} = \frac{H_0}{V/Q} = \frac{H_0}{\pi(r_0^2 - r_i^2)H_0/Q} = \frac{Q}{\pi(r_0^2 - r_i^2)} = \frac{Q}{A_{水平}} \qquad (2-17)$$

$Q/A_{水平}$是表面水力负荷。由此可见辐流式沉淀池和平流式沉淀池中达到100%去除的颗粒物最小沉降速度的物理含义一样。

颗粒2的沉降速度u_2大于u_1，在相同的时间内，颗粒2早已沉到污泥区。沉速u小于$Q/A_{水平}$的颗粒也能够部分去除。

因此以上各种理想沉淀池都有表面水力负荷这个共同的概念。

4. 从理想沉淀池到实际沉淀池

在理想沉淀池中，如果确定u_{0i}（其在数值上等于表面水力负荷率$Q/A_{水平}$），可以计算出沉淀池的水平面积，按式（2-13）得到理想沉淀池中悬浮物去除率。但是在实际沉淀池中，有许多因素干扰悬浮物沉降，这些因素会导致偏离理想沉淀池得到的结果，或者说要得到理想沉淀池中的悬浮物去除率，就需要更小的表面负荷率$Q/A_{水平}$。根据经验，我们将理想沉淀池得到的表面负荷率$Q/A_{水平}$乘上一个系数（$1/1.25 \sim 1/1.75$）后用于实际沉淀池的设计。

5. 沉降柱模拟理想沉淀池

实验室里用沉降柱来模拟理想沉淀池，求出理想沉淀池中悬浮物总的去除率η与u的关系。

（1）沉降柱。

装置如图2-21所示。

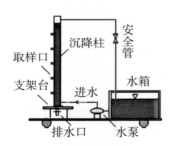

图2-21　沉降柱实验装置

由于自由沉降时颗粒去除率和沉降柱高度无关，因而可在一般沉降柱内进行。但其直径应足够大，一般应使$D \geqslant 100mm$，以免颗粒沉降受柱壁的干扰。用沉降柱来模拟理想沉淀池的依据有：

①沉降柱是静沉条件，而理想沉淀池既有颗粒沉降，也存在由水流推动的颗粒的水平运动。去除率η与p_0、u_{0i}和函数$u(p)$有关，因此只要u_{0i}一样，去除率η就一样。

②沉降柱可满足理想沉淀池的其他假设。

因此沉降柱内静沉实验结果可以模拟理想沉淀池的去除率规律。

（2）求$u - p$关系曲线。

按表2-2得到不同沉降时间t_i下的指定沉降速度u_{0i}及其对应的p。以u为纵坐标，p

为横坐标，作图得到类似于图 2 - 16 的图形，按式（2 - 10）求出总的去除率。如果可得到 u 与 p 的函数关系，可将其代入式（2 - 13）进行积分，求出颗粒总去除率。求出不同沉降时间和不同指定沉降速度下的去除率，从而可得出悬浮物总去除率与沉降时间、指定沉速的关系。

表 2 - 2　u 与 p 的数据

参数	数值			
沉降时间 t_i	t_1	t_2	t_i	t_n
沉速 u_{0i}	$u_{01} = H/t_1$	$u_{02} = H/t_2$	$u_{0i} = H/t_i$	$u_{0n} = H/t_n$
取样口的浓度	c_1	c_2	c_i	c_n
沉速小于 u_{0i} 的颗粒在总颗粒中占的比例	$p_{01} = c_1/c_0$	$p_{02} = c_2/c_0$	$p_{0i} = c_i/c_0$	$p_{0n} = c_n/c_0$

2.3.3　沉砂池

沉砂池的作用是去除比重大（大于 1.5）的悬浮颗粒，比重小的有机悬浮物留待初沉池或用气浮法来去除。砂子不要与有机悬浮物沉到一起，这样可以减少收集的砂质悬浮物发臭现象。进水中有砂类悬浮物必先除之，对于生活污水它紧跟格栅之后。

沉砂池的基本形式：平流式沉砂池、曝气沉砂池、竖流式沉砂池。

基本原则与主要参数：①设置沉砂池的场合；②池子的数目不少于 2 个；③设计流量 Q；④去除的砂子直径在 0.2mm 以上；⑤沉砂量和沉砂斗。

特点：池子浅，停留时间短。

下面仅介绍常用的平流式沉砂池和曝气沉砂池。

1. 平流式沉砂池

平流式沉砂池是常用的形式，具有截留无机颗粒效果较好、工作稳定、构筑简单、运行费用低廉和排砂方便等优点。其缺点是沉砂中含有 15% 的有机物，沉砂需及时处理。

主要设计参数（设计参数的出处有两个途径：设计手册或实验）：

①停留时间 30s ~ 60s；

②污水在池内的最大流速为 $0.3\text{m} \cdot \text{s}^{-1}$，最小流速为 $0.15\text{m} \cdot \text{s}^{-1}$。水流流速太大，会影响砂子去除。水流流速太小，有些有机悬浮物可能与砂子一起沉降；

③有效水深 0.25 ~ 1.2m，池宽不小于 0.6m。

平流式沉砂池的基本结构如图 2 - 22 所示，图中参数含义见下面的计算公式。

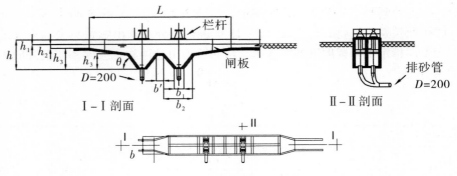

图 2 - 22　平流式沉砂池示意图

各个参数（如池的长度、宽度、高度、角度、坡度、面积和体积）的计算公式一般都很简单，但是要理解这些参数对去除效果的影响、水处理技术的要求和如何得到技术合理的数值。各计算公式如下：

①池的长度 L：

$$L = vt \qquad (2-18)$$

式中：v——最大设计流量时的水流流速，$\mathrm{m \cdot s^{-1}}$；t——最大设计流量时的停留时间，s。

②池的断面面积 $A_{断面}$：

$$A_{断面} = \frac{Q_{\max}}{v} \qquad (2-19)$$

式中：$Q_{\max}$——最大设计流量，$\mathrm{m^3 \cdot h^{-1}}$；$v$——最大设计流量时的水流流速，$\mathrm{m \cdot s^{-1}}$。

③池总宽度 B 和池的个数：

$$B = A_{断面}/h_2 \qquad (2-20)$$

式中：h_2——设计有效水深，m。

总宽度 B 除以每个池的宽度 b（如 $0.6\mathrm{m}$）即得到池子的个数。

④贮砂斗所需容积 V：

$$V = \frac{Q_{\max} X T}{k_z} \qquad (2-21)$$

式中：X——$1\mathrm{m^3}$ 的城市污水的沉砂量，包括含水量，一般采用 $30\mathrm{mL \cdot m^{-3}}$；$T$——排砂时间的间隔，$\mathrm{d}$；$k_z$——生活污水流量的总变化系数。

⑤贮砂斗各个部分尺寸的计算：

参看图 2 - 22，设贮砂斗底宽 $b_1 = 0.5\mathrm{m}$；斗壁与水平面的倾角为 $60°$；则贮砂斗的上口宽 b_2 为：

$$b_2 = \frac{2h_3{}'}{\tan 60°} + b_1 \qquad (2-22)$$

贮砂斗的容积 V_1 为：

$$V_1 = \frac{1}{3}h_3{}' \left(S_1 + S_2 + \sqrt{S_1 S_2} \right) \qquad (2-23)$$

式中：h_3'——贮砂斗高度，m；S_1，S_2——贮砂斗上口和下口的面积，m^2。

⑥贮砂室的高度 h_3：

设采用重力排砂，池底坡度 $i=6\%$，坡向砂斗，由图 2 - 22 得：

$$h_3 = h_3' + 0.06l_2 = h_3' + \frac{0.06\ (L-2b_2-b')}{2} \qquad (2-24)$$

式中：b'——贮砂室的上口间距。

⑦池总高度 h：

$$h = h_1 + h_2 + h_3 \qquad (2-25)$$

式中：h_1——超高，m；h_2——有效水深，m；h_3——贮砂室高度，m。

⑧核算最小流速 v_{min}：

$$v_{min} = Q_{min}/\ (n_1 A_{min}) \qquad (2-26)$$

式中：Q_{min}——设计最小流量，$m^3 \cdot h^{-1}$；n_1——最小流量时工作的沉砂池数目；A_{min}——最小流量时沉砂池中的水流断面面积，m^2。

2. 曝气沉砂池

为了使沉下来的砂子更干净，可用曝气沉砂池，如图 2 - 23 所示。如果沉砂池后是厌氧或缺氧反应池，则不用曝气沉砂池，否则会不利于形成厌氧或缺氧环境。

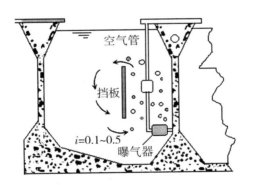

图 2 - 23 曝气沉砂池图解

曝气沉砂池有如下特点：①沉砂中的有机物含量少，沉砂中有机物的含量低于 5%；②具有预曝气、脱臭效果。

（1）曝气沉砂池的构造。

①曝气沉砂池是一个长形渠道，沿渠道壁一侧的整个长度上，距池底约 $60\sim90cm$ 处设置曝气装置，曝气管一侧设置挡板以便产生旋流。

②在池底设置沉砂斗，池底坡度 $i=0.1\sim0.5$，以保证砂粒滑入砂槽。

（2）曝气沉砂池的工作原理。

水在池中存在着两种运动形式：水平流动和旋转流动。整个池内水流产生螺旋状前进的流动形式。由于曝气以及水流的螺旋旋转作用，污水中悬浮颗粒相互碰撞、摩擦，并受到水流和气泡上升时的冲刷作用，黏附在砂粒上的有机悬浮物得以分开，沉于池底的砂粒较为纯净，长期搁置也不至于腐化。

（3）曝气沉砂池的设计参数。

①水平流速一般取 $0.08 \sim 0.12 \mathrm{m} \cdot \mathrm{s}^{-1}$。旋转流速一般为 $0.4 \mathrm{m} \cdot \mathrm{s}^{-1}$。

②污水在池内的停留时间为 $4 \sim 6 \mathrm{min}$；雨天最大流量时为 $1 \sim 3 \mathrm{min}$。如作为预曝气，停留时间为 $10 \sim 30 \mathrm{min}$。

③池的有效水深为 $2 \sim 3 \mathrm{m}$，池宽与池深比为 $1 \sim 1.5$，池的长宽比可达 5，当池长宽比大于 5 时，应考虑设置横向挡板。

④曝气沉砂池多采用穿孔管曝气，孔径为 $2.5 \sim 6.0 \mathrm{mm}$，并应有调节阀门。

2.3.4　沉淀池和设计

沉淀池去除的是有机悬浮物。去除有机 SS 的方法还有过滤、混凝沉淀、气浮，以及厌氧水解。厌氧水解去除有机 SS，是因为有机 SS 在酶催化下水解成溶于水的成分，本质上与其他方法不同。过滤、混凝沉淀、气浮和厌氧水解去除有机 SS 将在后面章节讨论。

按照沉淀池在生物处理法流程中所处的位置，沉淀池可分为初次沉淀池和二次沉淀池两种，偶尔也有所谓的中间沉淀池，不过本质上属于二沉池。之所以在许多处理系统中沉淀池出现两次，是因为原水进到生物反应构筑物之前常需要去除进水中的 SS，而生物法降解有机污染物同时繁殖的微生物最后需要与水分离。初次沉淀池一般设置在污水处理厂的沉砂池之后、曝气池之前。对于城市污水，初沉池约可去除 $20\% \sim 30\%$ 的 BOD（主要是悬浮性 $\mathrm{BOD_5}$）和 55% 的悬浮物，可改善生物处理构筑物运行条件并降低其 $\mathrm{BOD_5}$ 负荷。二次沉淀池设置在生化池之后、深度处理或排放之前。

需注意的是后面有些生化处理流程不设初沉池或不设二沉池。化学沉淀反应池或混凝反应池后面必须去除反应中生成的悬浮物，也可用沉淀池（这里的沉淀池不称作二沉池）。

沉淀池的形式：平流式沉淀池、竖流式沉淀池、辐流式沉淀池和斜板（斜管）沉淀池。

初沉池沉淀下来的悬浮物送到后面的污泥处理系统。

沉淀池的一般设计原则及参数：

①设计流量；

②池子的数目不少于 2 个，因为有时需要检修等；

③经验设计参数，见表 2-3；

④沉淀池的几何尺寸：超高、缓冲高度、长、宽、深、长宽比、长深比、面积、体积、污泥斗、池底坡度、污泥斗壁倾角；

⑤进水区和出水区保持水流平稳；

⑥贮泥斗的容积以两天计算，以防厌氧和污泥太多，排泥不畅；

⑦排泥部分：静水压力排泥和排泥泵。初沉池的静水头 $\not< 1.5 \mathrm{m}$。二沉池的排泥静水头为 $0.9 \sim 1.2 \mathrm{m}$。排泥管直径 $\not< 200 \mathrm{mm}$。

表 2－3　沉淀池经验设计参数

沉淀池类型	作用和位置	沉淀时间 t（h）	表面水力负荷（$m^3 \cdot m^{-2} \cdot h^{-1}$）	每人每日的纯污泥重量（g）	污泥含水率（%）
初沉池	单独沉淀	1.5～2.0	1.5～2.5	15～27	95～97
初沉池	二级处理前	1.0～2.0	1.5～3.0	14～25	95～97
二沉池	活性污泥法后	1.5～2.5	1.0～1.5	10～21	99.2～99.6
二沉池	生物膜法后	1.5～2.5	1.0～2.0	7～19	96～98

2.3.4.1　平流式沉淀池和设计参数

1. 平流式沉淀池的基本构造

常用于处理水量大于 15 000$m^3 \cdot d^{-1}$ 的污水处理厂，也可用于中小厂。实际的平流式沉淀池与理想平流式沉淀池很不一样。根据刮泥或集泥方式的不同，平流式沉淀池可分为行车式（如图 2－24 所示）、刮板式（链带式）（如图 2－25 所示）和多斗式。

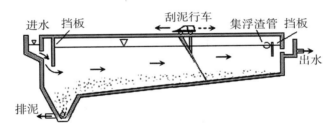

图 2－24　行车式平流式沉淀池剖面图

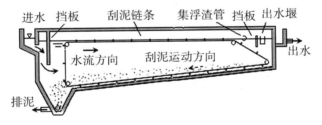

图 2－25　刮板式平流式沉淀池剖面图

从出水端到进水端，沉到污泥区的污泥逐渐增加，为了降低刮泥的负荷，行车式和刮板式沉淀池的污泥斗都应设置在进水一侧，而不应设在出水一侧。刮泥装置运行的同时将浮渣刮向出水端的集渣槽。

2. 平流式沉淀池的功能设计和计算公式

平流式沉淀池大多用于初沉池，很少用于二沉池。

（1）平流式沉淀池进水出水的配水方式。

①进水配水方式。

入流区设计的基本要求是使进水尽可能均匀地分布在沉降区的各个过流断面，以有利于沉降。紧靠池壁内侧是一条横向配水槽，其后的入流装置可以有三种不同组合，见图2-26。底孔应沿池宽等距离分布且大小相等；为了减弱射流对沉降的干扰，整流穿孔墙的开孔率应在10%~20%，孔口的边长或直径应为50~150mm，最上一排孔口的上缘应在水面以下0.12~0.15m处，最下一排的下缘应在泥层以上0.3~0.5m处；挡板需高出水面0.15~0.2m，淹没深度不小于0.2m，距离进水口0.5~1.0m。

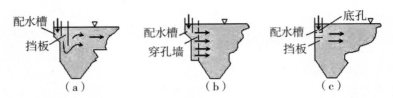

图2-26　几种进水整流设计

②出水配水方式。

集水槽的布置有三种基本方式，如图2-27所示。出流口常采用溢流堰和淹没潜孔。前者有水平堰，堰口要保持水平才能使水流平稳，很不易施工，比较少用；也可为锯齿形三角堰，堰口齿深通常为50mm，齿距为200mm左右，正常水面应当位于齿高的1/2处。堰口设置可调式堰板上下移动结构，在必要时可以调整，优于水平堰。出水堰的负荷要平稳与合理。溢流堰的负荷：初沉池不大于$2.9 L \cdot s^{-1} \cdot m^{-1}$，二沉池取$1.5 \sim 2.9 L \cdot s^{-1} \cdot m^{-1}$。有时也采用多槽出水布置。

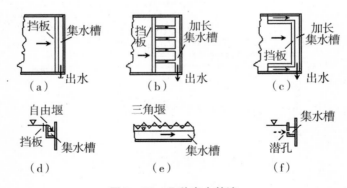

图2-27　几种出水整流

堰前设置挡板，用以稳流和阻挡浮渣，挡板淹没深度为0.3~0.4m，距溢流堰0.25~0.5m。出水溢流堰不仅控制着池内水面的高度，而且对水流的均匀分布和出水水质有重要影响。严格水平堰顶才能保证堰上负荷适中且各处相等。在采用淹没潜孔时，要求孔径相等，并应沿池子宽度均匀分布，淹没深度在0.15~0.2m。

堰长可根据堰上负荷计算得到，并在池内合理布置。

（2）沉降区的设计。

按沉淀时间和水平流速或表面水力负荷计算：

①计算表面积 $A_{水平}$：

$$A_{水平} = Q_{max}/q \qquad (2-27)$$

式中：Q_{max}——最大设计流量，$m^3 \cdot h^{-1}$；q——表面水力负荷，$m^3 \cdot m^{-2} \cdot h^{-1}$。

在进行构筑物设计时，单纯利用设计手册经验参数需要慎重，设计者需要清楚参数大小对设计成本和处理效果的影响，另外经验参数也只是给出一个范围。在经验参数不可靠时，就需要实验依据。比如确定表面水力负荷，必要时需做沉淀柱试验。将试验得到的表面水力负荷率数据乘上一个系数（1/1.75～1/1.25），最终得到设计表面水力负荷。

②水平流速和计算长宽。

沉降区长度 L 按公式 $L = vt$ 计算。v 为水流流速，一般取 $v \leqslant 5mm \cdot s^{-1}$；$t$ 为水在沉降区的停留时间，取值见表 2-3。水平流速是影响水流状态的一个重要因素，水流状态的重要判断参数是雷诺数 Re，其公式如下：

$$Re = \frac{vR_h}{\mu} = \frac{vA_{过水断面}}{\mu p_w} \qquad (2-28)$$

式中：v——水流水平流速，$m \cdot s^{-1}$；R_h——水力半径，m；$A_{过水断面}$——过水断面面积，m^2；μ——水动力黏度系数，$m^2 \cdot s^{-1}$；p_w——湿周，m。

平流式沉淀池的建议雷诺数 $Re < 2000$。

平流式沉淀池的合理长度一般为 30～50m，按 $b = A_{水平}/L$ 计算池总宽 b（m）。为了保证水流在池内分布均匀和处于平流状态，也为了减少短流现象，每个池的沉降区长 L 与沉降区宽 b' 之比按：

$$L/b' = 4～5 \qquad (2-29)$$

得单池或单格宽 b'（m）的近似尺寸。

由 $n = b/b'$ 确定沉淀池座数或分格数 n。在采用机械刮泥时，b' 值还必须与刮泥机的桁架宽度相匹配。

③计算深度，长度与深度之比不小于 8。

（3）污泥区的设计。

污泥斗的容积可由排泥周期内沉降的泥渣量确定。

对于生活污水，污泥区的总容积 V：

$$V = S_v NT \qquad (2-30)$$

式中：S_v——每人每日的含水污泥体积量；N——设计人口数；T——污泥贮存时间，d。

S_v 与前面表 2-3 的每人每日的纯污泥重量 S_w 的转换关系是：

$$S_v = \frac{S_w}{(1-p)\rho_{含水污泥}} \qquad (2-31)$$

式中：p——湿污泥含水的重量百分率；$\rho_{含水污泥}$——含水污泥密度。

沉淀池的总高度 h：

$$h = h_1 + h_2 + h_3 + h_4 \tag{2-32}$$
$$= h_1 + h_2 + h_3 + h_4' + h_4''$$

式中：h_1——沉淀池超高，m，一般取 0.3m；h_2——沉淀区的有效深度，m；h_3——缓冲层高度，m；无机械刮泥设备时，取 0.5m；有机械刮泥设备时，其上缘应高出刮板 0.3m；h_4——污泥区高度，m；h_4'——泥斗高度，m；h_4''——缓冲梯形区的高度，m。

污泥斗的容积 V_1：

$$V_1 = \frac{1}{3} h_4' \ (S_1 + S_2 + \sqrt{S_1 S_2}) \tag{2-33}$$

式中：S_1——污泥斗的上口面积，m^2；S_2——污泥斗的下口面积，m^2。

污泥斗以上梯形部分污泥区容积 V_2：

$$V_2 = \left(\frac{S_上 + S_下}{2}\right) h_4'' = \left(\frac{L_上 + L_下}{2}\right) h_4'' b' \tag{2-34}$$

式中：$S_上$——上底面积；$S_下$——下底面积；$L_上$——梯形上底边长；$L_下$——梯形下底边长。

以上公式和参数符号含义可结合后面沉淀池设计实例进一步了解。

2.3.4.2 竖流式沉淀池和设计参数

1. 竖流式沉淀池的构造

竖流式沉淀池的平面可为圆形、正方形或多角形。圆形竖流式沉淀池的上部为呈柱状的沉淀区，下部为呈截头锥状的污泥区，在两区之间留有缓冲层 0.3m，见图 2-28。

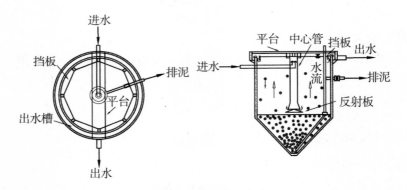

图 2-28 竖流式沉淀池

2. 竖流式沉淀池的设计参数

处理水量小于 20 000$m^3 \cdot d^{-1}$ 比较合理。竖流式沉淀池设计要点：

①水由设在池中心的进水管自上而下进入池内（管中流速不大于 30mm·s^{-1}），进水中心管出水口下设伞形挡板使污水在池中央均匀分布，沿整个过水断面缓慢上升，生活污水上升水流流速一般为 0.5 ~ 0.7mm·s^{-1}。沉淀时间采用 1 ~ 1.5h。

②池的直径或池的边长一般为 4 ~ 8m，也有超过 10m 的。

③竖流式沉淀池的直径（或正方形边）与有效水深之比一般不大于 3，通常取 2。

④水从中心管喇叭口与反射板间流出的速度一般不大于 20mm · s^{-1}。

⑤沉淀池的堰上最大出水负荷，初沉池不宜大于 2.9L · s^{-1} · m^{-1}。堰前应设置挡板，以阻拦漂浮物，或设置浮渣收集和排除装置。挡板应当高出水面 0.1 ~ 0.15m，浸没在水面下 0.3 ~ 0.4m，距出水口处 0.25 ~ 0.5m。

⑥中心管下口的喇叭口和反射板要求：如图 2 – 29 所示，反射板板底距泥面 ≥0.3m；喇叭口直径为中心管直径 d_0 的 1.35 倍，高度为中心管直径 d_0 的 1.35 倍；反射板直径为喇叭口直径的 1.3 倍；反射板表面与水平面的夹角为 17°；中心管下端至反射板表面之间的缝隙高为 0.25 ~ 0.5m，缝隙中心水流流速，在初次沉淀池中 ≤30mm · s^{-1}，在二次沉淀池中 ≤20mm · s^{-1}。

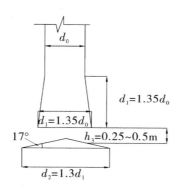

图 2 – 29　中心管和反射板的尺寸示意图

⑦排泥管下端距池底 ≤0.2m，管上端距水面 ≥0.4m。

⑧浮渣挡板距集水槽 0.25 ~ 0.5m，高出水面 0.1 ~ 0.15m，淹没深度 0.3 ~ 0.4m。

⑨沉淀池的其他几何尺寸：沉淀池超高不少于 0.3m；缓冲层高采用 0.3 ~ 0.5m；贮泥斗斜壁的倾角，方斗不宜小于 60°，圆斗不宜小于 55°；排泥管直径不小于 200mm。

2.3.4.3　辐流式沉淀池和设计参数

5）视频链接　　5）视频链接

1. 辐流式沉淀池的构造

池体的上部是圆柱体，下部是圆锥体，直径比竖流式沉淀池大得多，直径（或边长）为 7 ~ 60m，最大可达 100m，池周水深 1.5 ~ 3.0m，池中央水深2.5 ~ 5m。池的直径与有效水深的比值一般采用 6 ~ 12。池底坡度不宜小于 0.05。进水方式有中进中出、中进周出和周进周出。常用的是后两种（见图 2 – 18、图 2 – 19）。周进周出辐流式沉淀池用得最多。

辐流式沉淀池多采用回转式刮泥机收集污泥。沉降到池底的悬浮物，在刮泥装置刮泥下沿池底坡度进入污泥斗，再借静压或污泥泵排走。澄清水从池周溢出。为适应刮泥机的刮泥要求，辐流式沉淀池的池底坡度平缓。

优点：采用机械刮泥和排泥，设备有定型产品，运行较好，对水体搅动小，有利于悬浮物的去除。沉淀效果好。适用于大、中型污水处理厂。

缺点：对于中央进水，水流速度不稳定，受进水影响较大。底部刮泥和排泥设备复杂，施工要求高。

周进周出辐流式沉淀池的进水特点如下：

①进水槽断面较大，而槽底的孔口较小，布水时的水头损失集中在孔口上，故布水比较均匀。

②进水挡板的下沿深入水面约2/3深度处，距进水孔口有一段较长的距离，如图2－19所示，这有助于进一步把水流均匀地分布在整个入流渠的过水断面上，而且进入沉淀区的水流流速比中央进水方式的进水流速小得多，有利于悬浮颗粒的沉淀。

辐流式沉淀池一般用在二沉池，二沉池的详细内容将在第7章活性污泥法和第8章生物膜法中讨论。

2. 辐流式沉淀池的设计参数

①表面水力负荷 $\leqslant 2.5 m^3 \cdot m^{-2} \cdot h^{-1}$。

②沉淀时间 1～1.5h。

③池的直径与有效水深的比值一般采用 6～12。

④池径小于20m，一般采用中心传动的刮泥板。池径大于20m，一般采用周边传动的刮泥机。刮泥机的旋转速度一般为每小时 2～4r（周），外周刮泥板的线速度不能超过 $3m \cdot min^{-1}$，通常采用 $1.5 m \cdot min^{-1}$。

⑤机械刮泥时，缓冲层高上缘宜高出刮泥板0.3m。

⑥进水口周围整流墙的开孔面积为过水断面积的 6%～20%。

⑦排泥可用静水头排泥或机械泵（潜污泵、螺旋泵等）提升排出。池底坡度一般为 0.05～0.10。

⑧出水堰前应设置浮渣挡板，浮渣由装在刮泥机桁架一侧的浮渣刮板收集。

2.3.4.4　斜板（斜管）沉淀池和设计参数

1. 斜板（斜管）沉淀池的浅池原理

这种沉淀池的核心之一是改善颗粒物与水流分离的水力状态条件。在沉降区内，水流是处于层流状态还是湍流状态对悬浮物沉降影响很大，悬浮物在层流状态流体中沉得更好。下面对斜板（斜管）沉淀池和普通沉淀池的水流状态进行比较。

例：在水深 $h = 2.5 m$，宽度 $b' = 4.0 m$ 的平流式沉淀池内，水的流速 $v = 5 mm \cdot s^{-1}$，已知水的运动粘度 $\mu = 0.013 cm \cdot s^{-1}$。问水流处于什么运动状态？

解：平流式沉淀池内的水流类似于矩形明渠水流，池内雷诺数 Re 计算如下：

水力半径 R_h：

$$R_h = \frac{过水断面截面积}{过水断面湿周长} = \frac{h \times b'}{2h + b'} = \frac{2.5 \times 4}{2 \times 2.5 + 4} = 1.1 m$$

$$Re = \frac{v R_h}{\mu} = \frac{0.5 \times 110}{0.013} = 4\ 231$$

雷诺数 $Re < 2\,000$，层流；雷诺数 $Re > 4\,000$，紊流。显然在该沉淀池中存在稳定的湍流状态。相同的流体在半径为 100mm 的管道中的雷诺数为 192，管道内流体的流态处于稳定的层流状态。

设原平流式沉淀池池长为 L，池深为 H，水平面积为 A，进水流量为 Q，水力停留时间 $t_h = V/Q$。能够完全去除的颗粒物最小沉降速度 $u_{01} = H/t_h$。若用水平隔板，将该池子分成 3 层，每层层深为 $H/3$。这种池子的处理能力和去除率分三种情况讨论：

（1）除了沉淀池分为 3 层之外其他参数不变。处理水量不变，水力停留时间 t_h 不变，能够完全去除的颗粒物最小沉降速度 $u_{02} = (H/3)/t_h < u_{01}$，去除率增大。

（2）若处理水量增大 3 倍，则 $t_h' = V/3Q = t_h/3$，能够完全去除的颗粒物最小沉降速度 $u_{03} = (H/3)/t_h' = u_{01}$，去除率保持不变。

（3）若池长缩短为 $L/3$，处理水量不变，则 $t_h'' = (V/3)/Q = t_h/3$，$u_{04} = u_{01}$，去除率保持不变。但是总容积可减少到原来的 1/3。

这就是 20 世纪初哈真（Hazen）提出的浅池理论。为了使沉到隔板上的污泥自动移出隔板，可以将水平的隔板改为倾斜的平行板或平行管道（有时可利用蜂窝填料）分隔出一系列浅层沉淀层。在分隔的浅层沉淀层中水流状态处于稳定的层流状态，悬浮物在其中的沉淀效果大大改善。这就是斜板（斜管）沉淀池，根据其中污泥下沉和水流的相互运动方向，可分为逆（异）向流、同向流和侧向流三种不同的斜板（斜管）沉淀池，见图 2 - 30。同向流的斜板倾角可以小到 30°，但是由于出水与滑出斜板的污泥同向，会使污泥重新悬浮。侧向流的问题在于布水均匀性、板内停留时间均匀性和进水对污泥区的影响。水处理中多采用逆（异）向流，斜管用得更多。以下只讨论逆（异）向流。

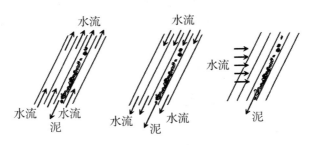

（a）逆（异）向流　（b）同向流　（c）侧向流

图 2 - 30　斜板（斜管）内水流和污泥的运动方向示意图

如图 2 - 31 所示，逆（异）向流斜板（斜管）沉淀池的进水经整流墙，使水流在池宽方向上布水均匀，从斜板（斜管）层的下部布水区进入，下部布水区的高度一般不小于 0.5m，布水区下部为污泥区。进水由下向上流经斜板（斜管）。斜板上端应向沉淀池进水端方向倾斜安装。悬浮颗粒沉降在斜板（斜管）底面，在积聚到一定程度后自行下滑至集泥斗由排泥管排出池外，上清液则在沉淀池水面由穿孔管收集、三角堰溢流或淹没潜孔而出。

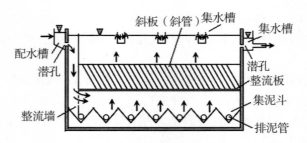

图 2 - 31　斜板（斜管）沉淀池剖面图

2. 斜板（斜管）沉淀池中完全去除的颗粒最小沉速 u_{min} *

在逆（异）向流斜板中水流和颗粒物的运动参数如图 2 - 32 所示，这里讨论在斜板中去除率达到 100% 的颗粒最小沉速 u_{min} 及其与没有斜板的普通平流式沉淀池的颗粒最小沉速的关系。最小沉速 u_{min} 为进水点 A 的颗粒沉降刚好落到 B 点所要求的沉速。水流流速为 v，把颗粒沉速 u_{min} 分解成水流方向和垂直于斜板方向的两个分速度，分别为 $u_{min}\sin\theta$ 和 $u_{min}\cos\theta$，颗粒在斜板方向的运动速度是 $(v - u_{min}\sin\theta)$。斜板长度为 L、斜板垂直间距为 d，因此颗粒在斜板内这两个方向上的停留时间 t 满足：

$$t = \frac{d}{u_{min}\cos\theta} = \frac{L}{v - u_{min}\sin\theta} \tag{2-35}$$

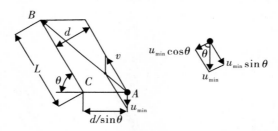

图 2 - 32　逆（异）向流斜板中水流和颗粒物的运动参数示意图

从上式求解出 u_{min}：

$$u_{min} = \frac{vd}{L\cos\theta + d\sin\theta} \tag{2-36}$$

假设斜板宽度为 b，斜板垂直间距为 d，斜板间距数为 n，斜板内过水断面面积为 nbd。水平间距就是 $AC = d/\sin\theta$，忽略斜板厚度不至于引起大的误差，可以认为池子的水平面积 $A_{水平} = nbd/\sin\theta$，则斜板内水流流速 v 为：

$$v = \frac{Q}{nbd} = \frac{Q}{\left(\frac{nbd}{\sin\theta}\right)\sin\theta} = \frac{Q}{A_{水平}\sin\theta} \tag{2-37}$$

从式（2 - 36）和式（2 - 37）得到：

$$u_{min} = \frac{Qd}{A_{水平}\sin\theta(L\cos\theta + d\sin\theta)} \tag{2-38}$$

式（2-38）中：

$$\frac{d}{\sin\theta(L\cos\theta + d\sin\theta)} = \frac{d/\sin\theta}{L\cos\theta + d\sin\theta} \qquad (2-39)$$

一般斜板的水平投影 $L\cos\theta$ 大于板间的水平间距 $AC = d/\sin\theta$，因此斜板沉淀池有：

$$u_{\min} = \frac{Qd}{A_{水平}\sin\theta(L\cos\theta + d\sin\theta)} < \frac{Q}{A_{水平}} \qquad (2-40)$$

因此对于相同的水量 Q 和相同的水平面积 $A_{水平}$，斜板沉淀池比前面的普通平流式沉淀池有更高的去除效果，即可以去除更小的颗粒物。需注意，在斜板（斜管）沉淀池中 $Q/A_{水平}$ 不具有前面所说的指定沉降速度的含义。

3. 逆（异）向流斜板（斜管）沉淀池的构造和设计参数

（1）斜板（斜管）的倾斜角。

斜板与水平方向的夹角称为倾角。倾角 θ 越小，从式（2-38）可知截留速度 $u_{\min}$ 越小，沉降效果越好，但 θ 值不能太小，否则沉泥下滑困难。对逆（异）向流斜板（斜管）沉淀池，θ 一般不小于 $55° \sim 60°$。

（2）斜板（斜管）的形状与材质。

斜板（斜管）截面的几何图形有正方形、长方形、正六边形和波纹形等。为了便于安装，一般将几个或几百个斜管组成一个整体，作为一个安装组件，然后在沉淀区安放几个或几十个这样的组件。

斜板（斜管）的材料要求质轻、坚牢、无毒、价廉。目前使用较多的有薄塑料板等。塑料板一般用厚 0.4mm 的硬聚氯乙烯板热压成形。

（3）斜板的长度与间距。

从式（2-38）可知斜板（斜管）的长度越长，沉降效率越高。但斜板（斜管）过长，制作和安装都比较困难，也易变形，而且长度增加到一定程度后，再增加长度对沉降效率的提高却是有限的。如果长度过短，进口过渡段（进口过渡段指水流由斜管进口端的紊流过渡到层流的区段）长度所占的比例增加，有效沉降区的长度相应减少。

根据经验，逆（异）向流斜板长度一般为 $0.8 \sim 1.0m$，不宜小于 $0.5m$，同向流为 $2.5m$ 左右。斜板间距或管径越小，越有利于层流，但斜板间距或管径过小，不仅加工困难，而且易于堵塞。目前在给水处理中采用的逆（异）向流沉淀池，斜板间距或管径大致为 $50 \sim 150mm$，同向流斜板沉淀池的斜板间距为 $35mm$。

（4）出水区。

斜板（斜管）出水要均匀，集水装置由集水支管和集水总渠组成。集水支槽有带孔眼的集水槽、三角锯齿堰、薄型堰和穿孔管等形式。

（5）沉降区的水流流速。

斜板间的水流速度比平流式沉淀池的水平流速大，一般为 $10 \sim 20mm \cdot s^{-1}$。当采用混凝处理时水流流速为 $0.3 \sim 0.6mm \cdot s^{-1}$。

（6）其他设计参数。

斜板（斜管）沉淀池一般采用集泥斗收集污泥，然后靠重力排泥，每日排泥 $1 \sim 2$ 次，或根据具体情况增加排泥的频率，甚至连续排泥。

初沉池水力停留时间一般不超过 $30min$。

斜板（斜管）沉淀池必须设置冲洗斜板（斜管）的设施，可以在检修或临时停运时放空沉淀池，用高压水对斜板（斜管）内积存的污泥彻底冲刷和清洗，防止污泥堵塞斜板（斜管），影响沉淀效果。

逆（异）流式斜板（斜管）沉淀池的表面水力负荷一般为 $3 \sim 6 m^3 \cdot m^{-2} \cdot h^{-1}$，比普通沉淀池的设计表面水力负荷高约一倍。

斜板（斜管）沉淀池具有沉淀效率高、停留时间短、占地少等优点，常应用于城市污水的初沉池和小流量工业废水的隔油等预处理过程，其处理效果稳定，维护工作量不大。比较少应用于污水处理的二沉池，因为经过生物处理的混合液中固体含量较大，使用斜板（斜管）沉淀池处理时，耐冲击负荷能力较差，效果不稳定，而且由于混合液溶解氧含量大，斜板（斜管）上容易滋生生物膜，运行一段时间后可能堵塞斜板（斜管）的过水面，清理起来非常困难。特别是第 7 章 7.9 节中将讨论的活性污泥处理法中可能发生的活性污泥沉降性能不佳的情况，将会对斜板（斜管）沉淀造成严重的不利影响。

2.3.4.5 沉淀池设计实例

1. 平流式沉淀池设计例题

某城市污水处理厂的最大设计流量 $Q = 0.2 m^3 \cdot s^{-1}$，设计人数 $N = 10$ 万人，沉淀时间 $t = 1.5 h$。采用链带式刮泥机，求平流式沉淀池各部分尺寸。

解：①池子的总表面积：

查表 2 – 3，取表面水力负荷 $q = 2 m^3 \cdot m^{-2} \cdot h^{-1}$

求得沉淀池的水平面积 $A_{水平} = Q/q = 0.2 \times 3\,600/2 = 360$（$m^2$）

②沉淀区有效水深 $h_2 = qt = 2 \times 1.5 = 3.0$（m）

③沉淀区有效容积 $V = Qt = 0.2 \times 1.5 \times 3\,600 = 1\,080$（$m^3$）

④求池长 L：

平流式沉淀池的设计水平流速，要求不大于 $5 mm \cdot s^{-1}$，取 $v = 4.5 mm \cdot s^{-1}$

$$L = 4.5 \times 1.5 h \times 3\,600/1\,000 = 24.3 \text{（m）}$$

⑤池子总宽度 b：$b = A_{水平}/L = 360/24.3 = 14.8$（m）

⑥池子个数，设每个池宽 $b' = 4.93 m$，$n = b/b' = 14.8/4.93 = 3$

⑦校核长宽比 L/b'、长深比 L/h_2：

长宽比：$L/b' = 24.3/4.93 = 4.93$，$4 < L/b' < 5$（符合要求）

长深比：$L/h_2 = 24.3/3 = 8.1$，不小于 8（符合要求）

⑧污泥部分所需的总容积 $V_{污泥}$：

污泥区的存泥时间不长于 2d，设 $T = 2d$。查表 2 – 3，取每人每天的干污泥重量为 25g，取湿污泥含水率为 95%，取湿污泥的密度 $\rho_{污泥}$ 近似为 $1 kg \cdot L^{-1}$。

每人每天的湿污泥体积量 S_v 近似等于每人每天的湿污泥重量，则

$$25 = S_v (1 - 95\%) \times \rho_{污泥} = S_v (1 - 95\%) \times 1\,000$$

$$S_v = 25/[(1 - 95\%) \times 1\,000] = 0.5 \text{（L）}$$

$$V_{污泥} = S_v NT/1\,000 = 0.5 \times 100\,000 \times 2/1\,000 = 100 \text{（m}^3\text{）}$$

⑨每个污泥池所需要的污泥斗容积为 $V' = 100/3 = 33$（m^3）

⑩污泥斗 V_1 容积校核，污泥斗所采用尺寸如图 2 – 33 所示，底部取边长为 0.5m 的正方形。污泥斗的侧壁的水平夹角为 60°。

污泥斗高度 $h_4'' = \left[\,(4.93 - 0.5)\,/2\,\right] \times \tan 60° = 3.84$ （m）

由前面的公式：

$$V_1 = \frac{1}{3}h''_4\,(S_1 + S_2 + \sqrt{S_1 S_2}) = \frac{1}{3} \times 3.84 \times (4.93^2 + 0.5^2 + \sqrt{4.93^2 \times 0.5^2}) = 34.6 \text{（m}^2\text{）}$$

稍大于每个污泥池所需要的污泥斗容积，合理。

⑪污泥斗以上梯形部分污泥区容积 V_2。

设污泥区的坡度为 0.01，出水槽宽度为 0.3m，污泥区底部斜坡部分高度为 h_4'：

$$h_4' = （池长 + 出水槽宽度 - 污泥斗上底边长）\times 0.01$$
$$= （24.3 + 0.3 - 4.93）\times 0.01$$
$$= 0.197 \text{（m）}$$

污泥斗以上梯形部分的上底长度 $L_上$：

$$L_上 = 池长 + 出水槽宽度 + 进水区宽度 = 24.3 + 0.3 + 0.5 = 25.1 \text{（m）}$$

上底面积 $S_上 = 25.1 \times 4.93 = 123.7$ （m^2）

污泥斗以上梯形部分的下底长度 $L_下 = 4.93$ （m）

下底面积 $S_下 = 4.93^2 = 24.3$ （m^2）

$$V_2 = （S_上 + S_下）h_4'/2 = \left[\,(123.7 + 24.3)\times 0.197\,\right]/2 = 14.6 \text{（m}^3\text{）}$$

⑫污泥斗和梯形部分污泥容积之和

$$V_1 + V_2 = 34.6 + 14.6 = 49.2 \text{（m}^3\text{）}$$

⑬池子总高度 H

设缓冲层高度 $h_3 = 0.5$m，超高 $h_1 = 0.3$m，池子总高度 H：

$$H = h_1 + h_2 + h_3 + h_4$$
$$h_4 = h_4' + h_4'' = 0.197 + 3.84 = 4.04 \text{（m）}$$
$$H = 0.3 + 3 + 0.5 + 4.04 = 7.83 \text{（m）}$$

计算结果如图 2 - 33 所示。

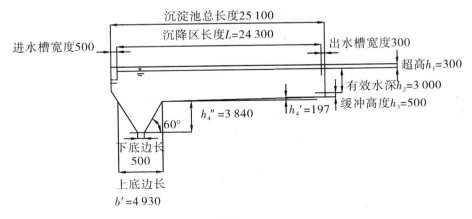

单位：mm

图 2 - 33　平流式沉淀池设计计算草图

2. 竖流式沉淀池设计例题

某城市人口 $N = 6$ 万人，$Q_{max} = 0.13 m^3 \cdot s^{-1}$，设计竖流式沉淀池，设计参数请见前面相关内容。

解：①中心管的面积 $S_{中心}$ 和直径 d_0：

中心管流速 v_0 不大于 $0.03 m \cdot s^{-1}$，设池子数为 4（可根据竖流式沉淀池的直径范围和沉降区水深估算沉淀区的容积，再根据平均水力停留时间估算每个池子处理的水量，从而估算出池子的个数），则每个池子的处理水量 q_{max}：

$$q_{max} = Q_{max}/4 = 0.13/4 = 0.032\ 5\ (m^3 \cdot s^{-1})$$

中心管的面积 $S_{中心}$：

$$S_{中心} = q_{max}/v_0 = 0.032\ 5/0.03 = 1.08\ (m^2)$$

中心管直径 d_0：

$$d_0 = \sqrt{\frac{4S_{中心}}{\pi}} = \sqrt{\frac{4 \times 1.08}{3.14}} = 1.17 m$$

②沉淀池有效过水面积：

设表面负荷 $q = 2.52 m^3 \cdot m^{-2} \cdot h^{-1}$，则上升流速 $v = q = 2.52 m \cdot h^{-1}$，沉淀池有效过水面积 $A_{过水}$：

$$A_{过水} = q_{max}/v = 0.032\ 5 \times 3\ 600 \div 2.52 = 46.4\ (m^2)$$

③沉淀池直径 D：

每个沉淀池总面积 $A = A_{过水} + S_{中心} = 46.4 + 1.08 = 47.48\ (m^2)$

$$D = \sqrt{\frac{4A}{\pi}} = \sqrt{\frac{4 \times 47.48}{3.14}} = 7.8\ (m)\ <\ 10\ (m)$$

④沉淀池有效水深 h_2：

设沉淀时间 $t = 1.5 h$，则 $h_2 = vt = 2.52 \times 1.5 = 3.78\ (m)$

⑤校核直径/有效水深：

$$D/h_2 = 7.8/3.78 = 2.06 < 3，符合要求。$$

⑥校核集水槽每米出水堰的过水负荷 q_0

$$q_0 = \frac{q_{max}}{\pi D} = \frac{0.032\ 5}{3.14 \times 7.8} \times 1\ 000 = 1.33\ (L \cdot m^{-1} \cdot s^{-1})\ <\ 2.9\ (L \cdot m^{-1} \cdot s^{-1})，合格。$$

⑦湿污泥体积 W：

设污泥排泥时间间隔为 $t_w = 2 d$，每人每天的湿污泥体积为 $0.5 L$，则：

$$W = 0.5\ Nt_w/1\ 000 = 60\ (m^3)$$

每池污泥体积 $W_t = W/n = 60/4 = 15 m^3$。

⑧池子圆锥部分的体积 V：

设圆锥底部直径 $d' = 1.0 m$，截锥高度 h_5，截锥侧壁倾角 $\alpha = 55°$，则：

$$h_5 = \frac{D - d'}{2}\tan\ (\alpha)\ = \frac{7.8 - 1}{2}\tan 55° = 4.86\ (m)$$

$$V = \frac{\pi h_5}{3}\ (R^2 + Rr + r^2)\ = \frac{4.86\pi}{3}\ (3.9^2 + 3.9 \times 0.5 + 0.5^2)\ = 88.56\ (m^3)\ >30\ (m^3)$$

足够容纳 2 日的污泥量。

⑨中心管喇叭口下缘至反射板的垂直距离 h_3：

喇叭口直径 d_1：

$$d_1 = 1.35d_0 = 1.35 \times 1.17 = 1.58 \text{（m）}$$

过缝隙污水流速 $v_1 = 0.02 \text{m} \cdot \text{s}^{-1}$，则：

$h_3 = q_{max}/\pi v_1 d_1 = 0.0325/\pi \times 0.02 \times 1.58 = 0.33 \text{（m）}$，在规定的 $0.25 \sim 0.5 m$ 范围，符合要求。

⑩沉淀池总高度 H：

超高 h_1 取 0.3m，h_4 取 0.3m，沉淀池总高度 H：

$$H = h_1 + h_2 + h_3 + h_4 + h_5 = 0.3 + 3.78 + 0.33 + 0.3 + 4.86 = 9.57 \text{（m）}$$

设计参数尺寸见图 2 − 34。

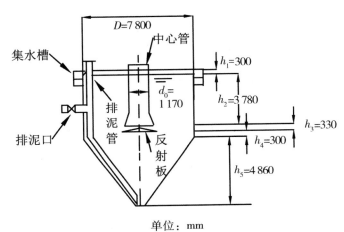

单位：mm

图 2 − 34　竖流式沉淀池设计草图

3. 辐流式沉淀池设计例题

某城市污水处理厂的最大设计流量 $Q_{max} = 2450 \text{m}^3 \cdot \text{h}^{-1}$，设计人口 $N = 28.4$ 万人，采用机械刮泥机，求辐流式沉淀池各部分尺寸。设计参数见前面相关内容。

解：①沉淀部分水面面积 $A_{水平}$：

设表面水力负荷 $q = 2 \text{m}^3 \cdot \text{m}^{-2} \cdot \text{h}^{-1}$，池子个数 $n = 2$，则池子的面积 $A_{水平}$：

$$A_{水平} = Q_{max}/nq = 2450/（2 \times 2）= 612.5 \text{（m}^2\text{）}$$

②池子直径 D：

$$D = \sqrt{\frac{4A_{水平}}{\pi}} = \sqrt{\frac{4 \times 612.5}{\pi}} = 27.9 \text{（m）}$$

③沉淀部分有效水深 h_2：

$$设 t = 1.5\text{h}，h_2 = qt = 2 \times 1.5 = 3 \text{（m）}$$

④沉淀部分有效容积 $V_{有效}$：

$$V_{有效} = \frac{Q_{max}}{n}t = \frac{2450 \times 1.5}{2} = 1838 \text{（m}^3\text{）}$$

⑤每个池的污泥部分所需容积 $V_{污}$：

设每人每天的湿污泥体积为 0.5L，污泥排泥间隔时间 $T=1d$，$V_{污}=0.5\,NT/1\,000n=71$（m^3）

⑥污泥斗容积 $V_{斗}$：

设污泥斗上底半径 $r_{上}=2m$，下底半径 $r_{下}=1m$，污泥斗壁的水平夹角 $\alpha=60°$，则污泥高度 h_3：

$$h_3=（r_{上}-r_{下}）\tan\alpha=（2-1）\tan60°=1.73（m）$$

$$V_{斗}=\frac{\pi h_3（r_{上}^2+r_{上}r_{下}+r_{下}^2）}{3}=\frac{3.14\times1.73\times（4+2\times1+1）}{3}=12.7（m^3）$$

⑦污泥斗以上圆锥体部分容积 $V_{斗}{}'$：

设池底径向坡度为 0.05，则 h_4：

$$h_4=（D/2-r_{上}）\times0.05=（14-2）\times0.05=0.6（m）$$

$$V_{斗}{}'=\frac{\pi h_4（R^2+R_{r上}+r_{上}^2）}{3}=\frac{3.14\times0.6\times（14^2+14\times2+2^2）}{3}=143.2（m^3）$$

⑧污泥斗总容积 $V_{总斗}$：

$$V_{总斗}=V_{斗}+V_{斗}{}'=12.7+143.2=156（m^3）>71（m^3）$$

⑨沉淀池总高度 H：

设超高 $h_1=0.3m$，缓冲高度 $h_5=0.5m$，沉淀池总高度 H：

$$H=h_1+h_2+h_3+h_4+h_5=0.3+3.0+1.73+0.6+0.5=6.13（m）$$

⑩径深比：

$D/h_2=28/3=9.3$，符合要求。

2.3.4.6　前面四种沉淀池的比较

前面介绍的四种沉淀池的特点与适用条件见表 2-4。

表 2-4　四种沉淀池特点与适用条件

池型	优点	缺点	适用条件
平流式	1. 对冲击负荷和温度变化的适应能力较强； 2. 施工简单，造价低	采用多斗排泥，每个泥斗需单独设排泥管各自排泥，操作工作量大，采用机械排泥，机件设备和驱动件均浸于水中，易锈蚀	1. 适用于地下水位较高及地质较差的地区； 2. 适用于大、中、小型污水处理厂，多用于初沉池
竖流式	1. 排泥方便，管理简单； 2. 占地面积较小	1. 池深度大，施工困难； 2. 对冲击负荷和温度变化的适应能力较差； 3. 造价较高	1. 适用于处理水量不大的小型污水处理厂； 2. 适用于地下水位较低的地区，可用于初沉池和二沉池

（续上表）

池型	优点	缺点	适用条件
辐流式	1. 采用机械排泥，运行较好，管理较简单； 2. 排泥设备有定型产品	1. 池水水流速度不稳定； 2. 机械排泥设备复杂，对施工质量要求较高	1. 适用于地下水位较高地区； 2. 适用于大、中型污水处理厂
斜板（斜管）式	相比上面三种沉淀池处理效能明显提高	1. 池构造复杂； 2. 不能用于进水悬浮物浓度很高的情况，不用于二沉池； 3. 斜板（斜管）可能会变形	常应用于城市污水的初沉池和小流量工业废水的隔油等预处理过程

2.3.5　油珠上浮分离

水中油必先除之，如果浓度高，首先回收。隔油可分离悬浮态油珠，气浮可除乳化油，高级氧化、厌氧消化等可除溶解油。水中油对许多处理方法都有不良影响：①在空气相和水相之间存在一层油膜，降低传氧效果；②在吸附剂、滤料的表面形成一层油膜阻碍传质；③引起膜污染。因此吸附、离子交换、膜分离、好氧生物处理等处理方法对进水中油的最高浓度有要求。

1. 含油废水的来源、油的状态

含油废水的来源：纺织工业的洗毛、轻工业的制革、石油开采及加工业、铁路及交通运输业、屠宰及食品加工、固体燃料热加工、机械工业中车削工艺的乳化液。

水中油有不同状态，除油方法与油的状态有关。

①悬浮状态的可浮油：油滴的粒径较大，粒径在 $60\mu m$ 以上，可以依靠油水密度差而从水中分离出来。对于石油炼厂废水而言，这种状态的油一般占废水中含油量的 $60\% \sim 80\%$。平流隔油池分离的油滴粒径为 $100 \sim 150\mu m$、斜板隔油池分离的油滴粒径在 $60\mu m$ 以上。

②乳化油：非常细小的油滴，由于其表面有一层由乳化剂形成的稳定薄膜阻碍油滴合并，所以不能用隔油法将其从废水中分离出来。若能消除乳化剂的作用，乳化油可转化为可浮油，称为破乳。乳化油经过高效破乳之后，就能用上浮法分离。当然破乳可能带来新的问题。细分散油粒的粒径为 $10 \sim 60\mu m$，乳化油的粒径小于 $10\mu m$。

③溶解油：油品在水中的溶解度非常低，每升只有几毫克。溶解油为 $5 \sim 15mg \cdot L^{-1}$。油的好氧可降解性比较低，可借助厌氧处理提高其可生化性。

2. 隔油池

类似于理想沉淀池中的指定最小沉降速度，不过这里是指在一定条件下的隔油池中达到完全去除的油滴最小上升速度，相应有最小的油滴粒径 r_0。粒径小于 r_0 的油滴也有不同程度的去除。

（1）平流式隔油池。

废水从池子的一端流入池子，以较低的水平流速流经池子。流动过程中，密度小于水的油粒上升到水面，密度大于水的颗粒沉于池底。链带式刮油装置运动方向如图 2 - 35 所示，并在池底部刮泥。隔油池的出水端设置集油管。集油管侧设置挡板，水从挡板底部流出，见图 2 - 35。

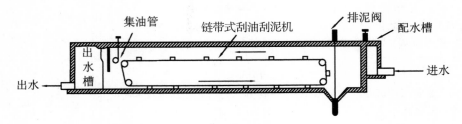

图 2 - 35　平流式隔油池的构造

其特点为：构造简单，便于运行管理，油水分离效果稳定。

平流式隔油池可去除的最小油滴直径为 $100 \sim 150 \mu m$，相应的理论上升速度 μ_0 可由下式计算：

$$u_0 = \frac{\beta \ (\rho_L - \rho_0) \ g d_0{}^2}{18 \mu} \qquad (2 - 41)$$

式中：β 为油滴上浮的阻力系数；ρ_L、ρ_0 分别是进水的密度、水中油的密度；g 是重力加速度；d_0 是假设为球形的油珠的直径；μ 是进水的黏度系数。

平流隔油池设计常用数据和措施：

①池内的停留时间 t，一般采用 $1.5 \sim 2h$。

②池内水流水平流速 v，一般采用 $2 \sim 5mm \cdot s^{-1}$。

③按表面水力负荷设计时，一般采用 $1.2 m^3 \cdot m^{-2} \cdot h^{-1}$。隔油池每格宽度 B 采用 2m、2.5m、3m、4.5m、6m。当采用人工清除浮油时，每格宽 $\leqslant 3m$。机械刮油常采用 4.5m，有定型设计。

④隔油池超高一般不小于 0.4m，工作水深为 $1.5 \sim 2.0m$。

⑤隔油池尺寸比例：单格长宽比 $\geqslant 4$；深宽比 $\geqslant 0.4$。

⑥刮板间距 $\geqslant 4m$，高度 $150 \sim 200mm$，移动速度 $10mm \cdot s^{-1}$。

⑦集油管管径为 $200 \sim 300mm$，纵缝开度为 $60°$，管轴线在水平面下 $0 \sim 50mm$。

⑧在寒冷地区，集油管内应设有直径为 25mm 的加热管，隔油池内也可设蒸汽加热管。

⑨隔油池的除油效率一般在 60% 以上，出水含油量为 $100 \sim 200mg \cdot L^{-1}$。若采用浮选法，出水含油量小于 $50mg \cdot L^{-1}$。

（2）斜板式隔油池。

这种隔油池内安装一定数量的平行斜板，斜板的倾斜角一般为 45° 和 60°。含油污水在各板间流过，每个板间的油滴上浮碰触到每块隔板的下板面，在下板面聚集并沿斜板向上移动，聚成更大油滴而浮升至水面。斜板式隔油池可去除的最小油滴直径比平流式隔油池去除的最小油滴直径小得多，大约为 $60 \mu m$。斜板式隔油池也有三种，即同向流、异向流和侧向流，常用的是异向流。异向流斜板式隔油池的构造如图 2 - 36 和图 2 - 37 所示。

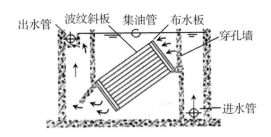

图 2 - 36　异向流斜板式隔油池的构造

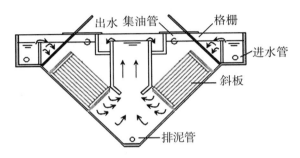

图 2 - 37　并联式异向流斜板式隔油池的构造

3. 乳化油及破乳方法

废水中的乳化油，其细小油滴是分散相，称水包油乳状液。

乳化油的主要来源：洗涤剂清洗受油污染的机械零件、油槽车等，含油（可浮油）废水在沟道与含乳化剂的废水相混合，受水流搅动而形成。

破乳的基本原理：破坏液滴界面上的稳定薄膜，使油、水得以分离。

破乳方法：

①投加盐类、酸类，使乳化剂失去乳化作用；

②投加某种本身不能成为乳化剂的表面活性剂，如异戊醇，从两相界面上挤掉乳化剂而使其失去乳化作用；

③剧烈的搅拌、振荡或转动，使乳化的液滴猛烈碰撞而合并；

④以粉末为乳化剂的乳状液，可以用过滤法拦截被固体粉末包围的油滴；

⑤改变乳化液的温度来破坏乳化液的稳定；

⑥某些乳化液必须投加化学药剂破乳，如钙、镁、铁、铝的盐类或无机酸、碱、混凝剂等。

由上可见，破乳并不容易，且有的方法会带来新的污染物。

2.3.6　重力分离效果的影响因素

1. 流体

（1）流态。

前面我们看到在平流式、竖流式和辐流式沉淀池中都存在稳定的湍流，这对悬浮物沉降有不利的影响。而在斜板（斜管）沉淀池中水流处于稳定的层流状态，有利于悬浮物沉降或上浮。

（2）短流。

短流是连续流的流体进入比较大的容器或构筑物中普遍存在的现象。由表达式 V/Q 求出的数值是流体在里面的平均停留时间，这是理想的情况。实际上由于各种原因致使流体的停留时间并不相同，一部分水的停留时间小于 V/Q，很快流出，这种小于平均停留时间的现象叫短流。在沉淀池里，短流使一部分水的停留时间缩短，得不到充分沉淀，降低了沉淀效率。另一部分水则停留时间大于 V/Q，甚至出现水流基本停滞不动的死水区，没有起到持续重力分离的作用，减少了池的有效容积。形成短流现象的原因有很多：①进入池的流速过高，消能效果不好；②出水堰的单位堰长流量过大或堰的位置错位；③池的进水区和出水区距离过近；④池的水面受大风影响或设计时对风的影响考虑不足；⑤出现异重流；⑥池内存在的柱子、导流壁和刮泥刮油设施等，均可造成短流现象。

（3）异重流。

在辐流式沉淀池中（如图 2-38 所示），异重流对悬浮颗粒沉淀过程的影响比较大。如果进水的比重比较小，进水会以表面流形式向水池出口推进，表面流流速比水平流速 $Q/A_{断面}$ 大，出现表面流短流，悬浮物得不到充分沉淀就流出，也使得沉淀池中部成为环流的死水区。如果进水的比重较大，进水会以潜流形式沿水平方向向水池出口推进，同样地，潜流流速比水平流速 $Q/A_{断面}$ 大，出现潜流短流。污泥区的悬浮物可能被冲刷到出水，使得沉淀池中部成为环流的死水区，严重影响沉淀池的处理效果。异重流在斜板（斜管）沉淀池中没有在其他沉淀池中严重。

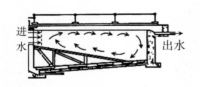 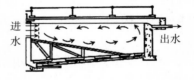

（a）进水比重小于池内水　　　　（b）进水比重大于池内水

图 2-38　沉淀池中的异重流

引起异重流的原因有：①温度。冰点以上，水温增减其密度也随之变化。固体悬浮颗粒每增加 $100\text{mg} \cdot \text{L}^{-1}$，则水的密度约增加 $0.062\ 3\text{kg} \cdot \text{m}^{-3}$。当进入沉淀池的水温低于池内水温时便出现密度较大的进水沉于池子下部，池中原来温度较高的水浮在池子上部的情况，即产生下异重流。反之，当进水的温度高时，则出现进水浮在池子上部的上异重流。②进水与池内水含悬浮物浓度不同所引起的密度差。这种情况在初沉池中不显著，但在二沉池中很严重。③其他因素进一步强化异重流的发生，比如平流式沉淀池，如果主导风向顺着沉淀池的水流方向则会加重异重流的作用，如图 2-39 所示。

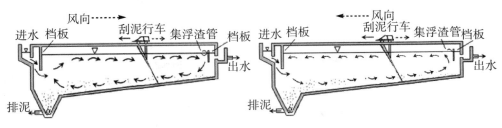

风向 ····▶
进水　档板　　刮泥行车　集浮渣管　档板
出水
排泥

◀···· 风向
进水　档板　　刮泥行车　集浮渣管　档板
出水
排泥

（a）进水比重小于池内水　　　　　　　（b）进水比重大于池内水

图 2 - 39　风会增强异重流的影响

控制池内异重流出现的办法有注意调节池的效果，设计时即需要注意预防，减小雷诺数 Re。

（4）水温。

冬季，水温降低，水的黏度增加，不利于悬浮物沉降；夏季，气温高，池表面水温较高，进水会比池上部的水温低。这都会导致异重流出现。

2. 悬浮物的性质

这里的悬浮物包括固体颗粒和油滴，它们的颗粒大小和分布、浓度等都会影响重力分离效果。

3. 池型和设计

这些重要因素包括池型、设计参数数值、设备移动、管理等。

2.4　离心分离

水处理中用到离心分离的分离对象是与水的密度差别大的 SS，如砂、油。

2.4.1　离心分离原理

图 2 - 40 所示是密度比水大的悬浮物颗粒 SS 在离心场的受力分析。

水和 SS 颗粒围绕中心做旋转运动时，SS 受到的离心力 F_S 为：

$$F_S = m\omega^2 r \qquad (2-42)$$

式中：m——SS 的质量，kg；ω——SS 做圆周运动时的角速度；r——SS 做圆周运动时的圆周半径，m。

相同质量的颗粒运动至最大离心场半径 r_{max} 处的离心力与其重力之比称为分离因子 P_r：

$$P_r = \frac{m\omega^2 r_{max}}{mg} = \frac{\omega^2 r_{max}}{g} = 2Dn^2 \qquad (2-43)$$

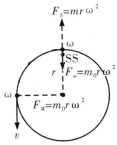

图 2 - 40　SS 在离心场的受力分析

式中：$\omega = 2\pi n$，n——SS 做圆周远动时单位时间的旋转次数，$r \cdot s^{-1}$；D——离心场的最大直径；m；g——重力加速度，9.81 m·s^{-2}。

相同体积的水相液滴 m_0 受到的向心力 F_W 为：

$$F_W = m_0 \omega^2 r \qquad (2-44)$$

SS 受到的净作用力为：

$$F = F_S - F_W = m\omega^2 r - m_0\omega^2 r = (m - m_0)\omega^2 r \tag{2-45}$$

如果 SS 是球形，其直径为 d。SS 的体积为 $\frac{1}{6}\pi d^3$。液滴 m_0 的体积与之相同。改写式（2-45）为：

$$F = \frac{1}{6}\pi d^3 (\rho_S - \rho_L)\omega^2 r \tag{2-46}$$

式中：ρ_S——颗粒的密度，$kg \cdot m^{-3}$；ρ_L——水相液滴 m_0 的密度，$kg \cdot m^{-3}$。

在层流条件下颗粒受到的黏滞阻力 F_D 为：

$$F_D = 3\pi\mu d u_s' \tag{2-47}$$

式中：μ——水相的动力黏度，$Pa \cdot s$ 或 $kg \cdot m^{-1} \cdot s^{-1}$；$u_s'$——颗粒受力未达到平衡的运动速度，$m \cdot s^{-1}$。

当 F 和 F_D 两者相等时，得到颗粒的匀速运动速度 u_s：

$$u_s = \frac{d^2 (\rho_S - \rho_L)\omega^2 r}{18\mu} = \frac{2\pi^2 d^2 (\rho_S - \rho_L) n^2 r}{9\mu} \tag{2-48}$$

如果颗粒密度大于液体密度，则固体颗粒将沿离心力的方向而逐渐远离中心。否则就向中心移动，如除油。经过一段时间的离心操作，就可以实现其有效分离。

如果 SS 受到的力一直没有达到平衡，则 SS 处于加速度运动状态。

2.4.2 水力旋流沉砂池和砂水分离器

从前面的式（2-48）可知，比水的密度明显大的砂类颗粒用离心分离很有效。

1. 旋流沉砂池

旋流沉砂池也称涡流沉砂池、钟式沉砂池。如图 2-41 所示，进水从切线方向进入池中，形成旋流，轴向搅拌机控制水流的流速与流态，在浆板搅拌剪切力下剥离夹带大量黏附有机物的砂，依靠砂的自身重力和旋流作用，沿池内壁向中心砂斗下沉，剥离的有机物和较小砂粒随上向轴向旋流流出，进入下一个处理单元。砂斗积聚的砂经空气提升泵或砂泵提升，与少量污水进入池外砂水分离器内。

图 2-41　水力旋流沉砂池系统

2. 池外砂水分离器

其基本原理与旋流沉砂池相同，构造也相近，有进料管、溢流管、溢流导管和沉砂口。主要差别是池外砂水分离器没有机械搅拌装置，旋流完全靠切向动力或重力。由构筑物（或金属管）上部沿切线进入，在离心力作用下，粗重颗粒物质被抛向器壁并旋转向下和形成的浓液一起排出。较小的颗粒物质旋转到一定程度后随二次上旋涡流排出，送回沉砂池。砂水分离器底部的砂子、煤粉一类的悬浮物由螺杆提升泵螺旋提升至接收装置。

2.5　过滤

从广义来说，过滤内容很丰富。凡是能够截留固体而让流体通过的材料均可视为过滤介质。按作用原理来分，可分为表面过滤介质和深层过滤介质；按结构来分，可分为松散型介质、刚性介质、膜状介质和柔性介质。

这里先讨论由松散型过滤介质构成的滤床，滤床过滤指层高约 1m 的细石英砂、无烟煤等粒状滤料层截留水中悬浮杂质，从而使水变得澄清的工艺过程。

滤床过滤作用：①降低水的浊度；②水中有机物、细菌乃至病毒等将随水的浊度降低而被部分去除。过滤可用于：①化学沉淀和混凝反应池后面的"沉淀＋过滤"或混凝中的"混合凝聚＋过滤"；②吸附前、膜分离前的预处理；③在出水回用前进一步降低浊度。

2.5.1　滤床过滤分类

从滤床过滤速度来看，可分成两类：慢速滤池和快速滤池。过滤速度简称滤速，指 $Q/A_{水平}$，它是进水流过没有滤料的滤床的平均流速。滤床的表面水力负荷率在数值上等于滤速。水在滤料空隙内的流速比滤速大得多。慢速滤池滤速约为 $0.1 \sim 0.2 \mathrm{m \cdot h^{-1}}$，快速滤池滤速在 $5 \sim 10 \mathrm{m \cdot h^{-1}}$，甚至可达到 $20 \mathrm{m \cdot h^{-1}}$。滤床内流体的流态处于层流。滤料是无烟煤、天然砂、细碎的石榴石或其他材料。天然砂的空隙率大概在 $37\% \sim 50\%$，慢速滤池和快速滤池的根本区别在于滤料粒径和过滤机理的不同，详见表 2 - 5。比较这两种过滤，既要抓住关键的不同点和衍生的不同点，又要理解前后逻辑关系。

表 2 - 5　慢速过滤和快速过滤的比较

参数	慢速过滤参数值	快速过滤参数值
砂粒直径（mm）	0.15 ~ 0.3	0.5 ~ 2.0
滤层高度（m）	0.6 ~ 1.2	0.6 ~ 1.2
砂粒不均匀系数	小于 3	小于 1.5
滤速（$\mathrm{m^3 \cdot m^{-2} \cdot h^{-1}}$）	0.1 ~ 0.2	5 ~ 10
滤床水平面积（$\mathrm{m^2}$）	5 ~ 200	5 ~ 200
过滤前预处理	无	混合凝聚或沉淀
水头损失	主要集中在表层	在整个滤层
悬浮物穿透深度	表层	深层

（续上表）

参数	慢速过滤参数值	快速过滤参数值
截留颗粒物大小	大于滤料空隙	小于滤料空隙
两次清洗时间间隔（d）	2～6	1～3
清洗方法和清洗水量（%）	表层刮除、更新。处理水量的2%～6%	更新。处理水量的2%～6%
相对建设费用	高	低

对滤料的要求：

（1）表面积大、空隙率高。

下面以球形滤料来说明表面积、空隙率与滤料粒径的关系。在图 2－42（a）一个边长为 L 的正方体内填充一个直径与其边长等值的球，空隙率：

$$\frac{L^3 - \frac{1}{6}\pi L^3}{L^3} = \frac{6-\pi}{6} = 0.477 \tag{2-49}$$

表面积：$S_{大球} = 4\pi R^2$，R 为大球的半径。由此可知在正方体内正好填充一个球，空隙率与正方体或球的大小无关。

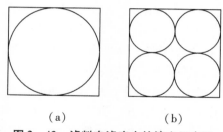

（a）　　　　　　　　　（b）

图 2－42　滤料在滤床中的填充示意图

相同的正方体内可填充 8 个半径同为 $R/2$ 的小球，如图 2－42（b）所示。填充方式是每个相同的小正方体填充相同的小球，因此这种填充的空隙率与式（2－49）相同。这时表面积：$S_{小球} = 8\pi R^2$。由此可见滤料粒径减小，表面积会增加。但是滤料粒径越小，空隙尺度变得越小，传质阻力增加，容易出现堵塞。

球形滤料并不常见，滤料的空隙率还与滤料形状、不均匀系数有关，实际空隙率数值会小于 0.477。滤料颗粒小，阻力大，用于慢速过滤。较大颗粒的滤料，阻力较小，能实现快速过滤。

（2）不易变形。

（3）质轻、机械强度高。

（4）耐磨、耐腐蚀、耐酸碱。

（5）不被微生物降解、无毒、价廉。

（6）合理的滤料级配。级配指滤料粒径范围及不同粒径的颗粒在滤料中的比例。简单描述滤料粒径分布的参数是有效粒径 d_{10} 和不均匀系数 K_{80}（d_{80}/d_{10}）或 K_{60}（d_{60}/d_{10}）。其中

d_{10}、d_{60}、d_{80} 分别指占总重量的 10%、60%、80% 的滤料先后通过筛孔的孔径。不均匀系数越大，表明滤料粒径分布越不均匀。只有一种粒径的球形滤料，其不均匀系数等于 1，表示 $d_{10}=d_{60}=d_{80}$。如果滤料粒径不均匀，颗粒小的滤料可能会填充到大颗粒的空隙，使空隙率下降或穿过滤床，引起漏砂。如图 2-43 所示是 4 个堆积在一起的半径为 R 的球形砂粒，中间空隙可填充的球形颗粒的最大半径为 r，从三角形 OO_3B 可以知道 $r:R \approx 0.155$。

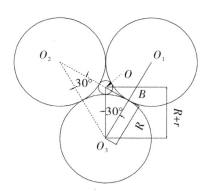

图 2-43　滤料颗粒间的空隙

2.5.2　过滤机理

1. 慢速过滤机理

慢速滤床砂粒小，滤床空隙小，在滤床表面几厘米的滤层处形成由着床的微生物分泌出的黏性滤膜，形成这层滤膜大概需要 1~2 周。慢速过滤是一种表面过滤，滤床阻力主要在这泥层。随着 2~3cm 的泥层的逐渐形成，滤床筛分能力逐渐增强，阻力也增大，当阻力增大到工作水头时，过滤停止。将这层泥层刮除，补充新的滤料。慢速过滤是表层过滤。现在几乎不用。

2. 快速过滤机理

快速滤床砂粒较大，滤床空隙尺度相对也较大。进水经过预处理后（如沉淀、气浮或混凝沉淀，特别是在进水中加入混凝剂），经过混凝沉淀较大尺度的絮体被沉降分离，进入滤池的颗粒尺寸一般在 2~10μm，甚至更小。或者低浊度进水经过混凝的混合阶段就直接进入快速过滤。这些颗粒的粒径明显小于空隙尺度，有利于颗粒深入滤床，并被截留下来，因此快速过滤也称为深层过滤。如表 2-45 所示，快速过滤的滤料直径 d_1 为 0.5~1.0mm，从图 2-43 可知滤料间可填充的最大球形颗料直径 d_2 为 0.077~0.154mm。如果以筛分为主就不可能截留 77μm 以下的颗粒。是什么作用使得这些颗粒被截留下来呢？

颗粒向滤料表面迁移受以下几个作用的影响：①处于层流状态的直径 $d<1$μm 的细小颗粒的布朗运动；②粒径 $d>2$μm 的颗粒的重力；③流体的推动力；④如果悬浮物颗粒不能通过空隙，悬浮物颗粒可能被拦截；⑤惯性碰撞力。当悬浮液通过滤料颗粒之间弯曲的流道时，若固体颗粒与液体之间的密度差很大，悬浮颗粒可能不随流体流线方向的变化而改变，而是与滤料颗粒相碰撞。迁移到滤料表面的颗粒，如果它与具有凝聚作用的滤料表面间的引力大于斥力，颗粒就被截留下来，因此也称作接触凝聚或接触絮凝。如果表面的冲刷力足够大，截留下来的颗粒也可能脱落，重新回到水中。因此快速过滤技术关键在于滤料颗粒间的空隙尺度合适、被截留的颗粒与过滤中的滤料表面有凝聚力、冲刷力不太大。

2.5.3 普通快滤池的构造和运行

1. 普通快滤池的构造

快滤池过滤的水流方式有上向流和下向流。普通快滤池由池体、滤料、承托层、进水和排水配水系统、冲洗系统构成，构造见图 2-44。

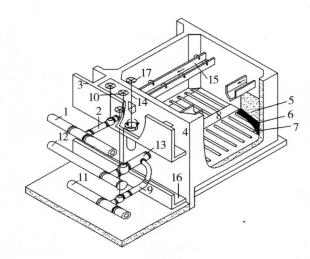

1. 进水总管；2. 进水支管；3. 进水阀；4. 浑水阀；5. 滤料层；6. 承托层；7. 配水系统支管；8. 配水干渠；9. 清水支管；10. 出水阀；11. 清水总管；12. 冲洗总管；13. 冲洗支管；14. 冲洗水阀；15. 排水槽；16. 废水渠；17. 排水阀。

图 2-44 普通快滤池构造

承托层起到承托滤料的作用，过滤时均匀集水，反冲洗时均匀布水，位于滤料下方，从上到下承托层颗粒呈从小到大四层布置，颗粒尺寸最小为 2mm，最大为 32mm。

进水和排水配水系统要均匀配水。

快滤池的进水需要预处理：①特别是将比较大的悬浮物预先去除，对快滤池深层过滤是必要的，否则粒径比较大的颗粒会截留在滤池的进水端，深层过滤不充分；②与混合阶段的混凝处理相结合，增加接触絮凝效果。

2. 快速过滤中的水头损失变化规律和出水水质

过滤时水头损失与滤层高度和水流速度正相关。随着过滤时间的增加，滤层中截流的悬浮物量逐渐增多，滤层的空隙率会减小。必然：①滤速不变，则过滤水头损失必然增加；②如果水头损失保持不变，则过滤滤速必须减小；③滤速不变，滤料的水头损失增大。根据滤速和水头损失的变化规律，滤池可分为三种运行方式：等滤速变水头过滤、变滤速（实为减速）等水头过滤、等水头等滤速过滤。

图 2 - 45 是等水头等滤速过滤中的浊度变化和水头损失的变化。设进水的总水头为
H，过滤刚开始时，滤池的水头损失来自干净滤料、承托层和配水系统、阀门、管道的水
头损失和剩余水头。当过滤进行时，细小矾花被截留在滤层内的滤料表面，出水水质达到
出水要求。在往后的一定时间内出水水质都可达到要求，但是随着颗粒不断地在滤料表面
截留，滤料间的空隙尺度和空隙率减小。如果维持原来的滤速，滤料的水头损失增大。这
时可以把阀门打得更开一些，阀门水头损失的减小可以弥补滤层水头损失的增加，维持进
水水头不变。水流经过空隙的流速逐渐增大，水力冲刷力增强，截留在滤料表面的颗粒可
能重新进入水中，出水水质开始下降，直到出水水质不满足要求。过滤终止，冲洗开始。

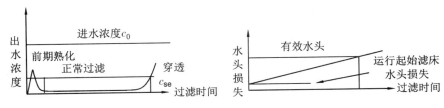

图 2 - 45　快滤池运行过程的浊度变化和水头损失变化

3. 运行过程中的负水头

颗粒物不均匀地被截留在空隙尺度和空隙率不均匀的滤层，加剧滤层水头损失不均匀
性。如果滤层某位置的水头损失大于该处的静水压力，这就是所谓的负水头。这时出现水流
流速不均，局部引起抽吸的情况。该处压力低于常压，原来常压下溶解于水的空气释出，在
滤料空隙形成气泡。气泡会引起以下危害：堵塞滤层、减少滤池的有效面积、增加水头损
失、反冲洗时释气容易将滤料颗粒带出滤池、降低出水水质等，这些现象称作气阻。改进措
施是：增加净水头、强化滤料的均匀性、预处理、及时反冲洗并强化反冲洗效果。

4. 反冲洗

反冲洗的作用：洗出截留在滤料空隙内的颗粒物，恢复滤料的过滤能力。反冲洗的方
式有高速反冲洗水或"水 + 气"反冲洗。向上流动速度为 $30 \sim 36 m \cdot h^{-1}$ 的反冲洗流体使
滤料颗粒发生松动，即滤层膨胀。滤层膨胀后所增加的高度和膨胀前高度之比称为滤层膨
胀率，这是反冲洗强度的指标。滤料颗粒间相互碰撞、摩擦和流体的冲刷作用，使污泥从
滤料表面上脱落，并被反冲洗流体带出滤池。滤层膨胀率与多种因素有关，如反冲洗上升
水流的流速或"水 + 气"反冲洗的气水比和流速、滤料粒径、水温、滤料比重、冲洗干净
程度。反冲洗时间要足够。反冲洗后滤料出现分层现象，最细的滤料位于顶层，并向下逐
渐增大。每次反冲洗应将滤层中的污泥清除干净，否则，累积在滤层中的有机污泥会使滤
料颗粒相互粘结起来，发生滤料结块现象，严重时会发生厌氧发臭，破坏滤池的正常运
行。反冲洗要防止跑砂、漏砂。

5. 水流的均匀性和配水系统

前面已经说到 $Q/A_{滤池水平面积}$ 是平均滤速。所谓配水均匀性就是进水面各处的流量差异
大小。各处流量大小与各处沿路上的阻力有关。水流的均匀性无疑极大地影响过滤和反冲
洗。水流的均匀性与滤料的空隙均匀性、孔道分布、承托层和滤池的配水系统有关。

配水系统的设计有两种：大阻力配水系统和小阻力配水系统。

大阻力配水系统指穿孔管上总的开孔率（孔口面积与滤池面积之比）很低（0.20%～0.28%）的配水系统，如图2-46所示。在反冲洗时孔口流速$v=5～6m \cdot s^{-1}$，产生较大的水头损失，为3～4m。对于孔隙面积较小的穿孔管配水，孔口水头损失远高于滤层、配水系统中各孔口处沿程损失，由此相对消除滤池其他部位对配水均匀性的影响，实现配水均匀。大阻力配水系统单池的面积最大可到100m²。

这种系统的电能消耗比小阻力系统的稍大一些，配水小孔易被落下的砂粒堵塞。一旦堵塞，配水就不能均匀。现在许多大阻力配水系统都改为小阻力配水系统。

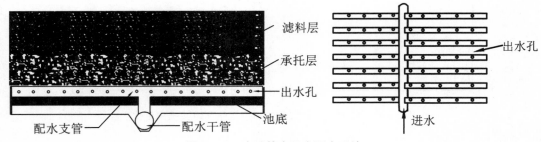

图2-46 穿孔管大阻力配水系统

小阻力配水系统指开孔率一般在1.0%～1.5%的配水系统，反冲洗水头只需1m左右。配水系统的阻力很小，且很均匀，因此，水流到滤池各部分时压力损失的差别小。小阻力配水系统节省动力。滤层的阻力相对配水系统的阻力来说较大，如果滤层的阻力不均匀，就会使水流不均匀，故稳定性较差。小阻力配水系统也可用穿孔管配水或滤板、滤头组成的配水装置（如图2-47所示）。后一种小阻力配水系统可以比较方便地在同一装置实现气水联合反冲洗。

图2-47 由滤板、滤头组成的小阻力配水装置

6. 滤池的种类

滤池可分为普通快滤池、虹吸滤池、V型滤池、压力滤池。

习题

1. 处理哪些废水需要用格栅和筛网？

2. 差流水质调节池怎么实现水量调节？

3. 简述沉降类型与发生的场合。

4. 沉淀池的有效容积是 V，进水流量是 Q，水在沉淀池的平均停留时间 $t_h = V/Q$。若有效水深是 H，H/t_h 从去除悬浮物角度来看含义是什么？这个速度参数和颗粒物沉降速度有何关联和不同？

5. 简述表面水力负荷率或沉淀池的过流率或溢流率的定义，并说出公式：

$$\eta = 1 - p_{0i} + \int_0^{p_{0i}} \frac{u}{u_{0i}} \mathrm{d}p$$

中 u_{0i} 的含义。

6. 何谓表面水力负荷率？写出其表达式，并指出各项所代表的含义。如何理解理想沉淀池中悬浮物的去除率与表面水力负荷率有关，而与池子的水深、池子有效容积无关？

7. 何谓理想沉淀池？平流式理想沉淀池、竖流式理想沉淀池和辐流式理想沉淀池的共同内涵是什么？理想沉淀池有何价值？

8. 为什么要将砂子一类的无机悬浮物与有机悬浮物分开来沉降分离，而不混在一起在一个池子里沉淀分离？

9. 整流很重要，试分析沉淀池、隔油池、过滤是如何整流的？

10. 某城市污水处理厂的最大设计流量 $Q = 0.3\mathrm{m}^3 \cdot \mathrm{s}^{-1}$，设计人数 $N = 10$ 万人，沉淀时间 $t = 1.5\mathrm{h}$。采用链带式机刮泥，求平流式沉淀池各部分尺寸。其他设计参数如表面水力负荷、水平流速等自查。

11. 平流式沉淀池、竖流式沉淀池和辐流式沉淀池的构筑物有几个重要几何尺寸比例？

12. 从雷诺数论述普通沉淀池和斜板（斜管）沉淀池的流态。简述浅池沉降原理及其在斜板（斜管）沉淀设计中的应用。处理相同水量，浅池沉降时池子越浅去除效果越好，而在理想沉淀池中悬浮物的去除率与池子的水深无关，为什么？

13. 含油废水中油有几种形态？隔油池能回收哪种形态的油？气浮可分离哪种形态的油？哪几种单元处理对进水中油的浓度有最高限制？为什么？

14. 隔油池有哪几种？

15. 实际沉淀池中短流是怎么发生的？短流对沉淀效果的影响是什么？

16. 试比较初次沉淀池、二次沉淀池与重力浓缩池。

17. 比较滤速 Q/A 和水在滤料空隙内的流速的大小。

18. 试分析快速过滤的主要作用不是筛分。

19. 何谓级配？试解释滤料的粒径与级配的关系。

20. 试分析过滤过程中滤料层与出水水质和水头损失的关系。

21. 负水头和气阻是怎样产生的？有哪些影响？怎么预防？

22. 大阻力配水系统和小阻力配水系统是怎样实现均匀配水的？

第3章　化学处理法

化学处理法是通过化学变化去除污染物的过程。通过化学反应来去除污染物，基本上是将污染物转化为化学沉淀、转化为无毒性的气体或转化为溶解于水的无毒性的其他物质。由于有这些限制，虽然化学反应有很多，但是能够用于去除污染物的化学反应并不多，如部分的化学沉淀反应、中和反应、氧化反应、还原反应。化学混凝可以归入化学处理法，也可归入物理化学处理法。氧化法或还原法涉及化合价变化和电子传递，反应速度有常温下的快反应，也有许多慢反应。有两种方法可以提高常温下慢反应的速度：高温和催化剂。为了降低成本，催化更受关注。催化氧化比催化还原丰富得多，催化氧化有化学催化、光催化和化学催化＋光催化。催化氧化反应常涉及自由基的参与。

其他不涉及电子传递的化学沉淀法、中和法、混凝法，都是在常温下进行的。

如果要研究或了解污染物降解和去除机理的话，那么就需要掌握更多的化学反应知识。

3.1　混凝法

把混凝剂加入含有细小悬浮物、胶体颗粒的水中，使混凝剂与它们作用，其中最重要的是中和胶粒的电荷，形成更大的颗粒，然后通过沉淀或其他方法就可以将之高效去除。化学混凝的去除对象是胶体颗粒和细小的悬浮物。如果某些离子在运行的 pH 下可形成沉淀，这些离子也会被去除。同时细小悬浮物和胶体颗粒中的有机物顺带也被去除。甚至水溶性有机物由于吸附（吸附的详细内容见第 4 章 4.1 节）可能也有一定程度上的去除。混凝在水处理中可作为生化处理的预处理或后处理，还可以与气浮、化学沉淀、接触絮凝结合起来使用，还用于污泥浓缩、生物除磷的强化。

3.1.1　混凝原理

3.1.1.1　胶体的稳定性及其基本原因

胶体稳定性指胶体颗粒长时间保持布朗运动的分散状态而不聚集下沉的性质。疏水性或者说其表面极性基团少的胶粒表面，与水相有明显的界面，这是憎水性胶体颗粒，如碳粉颗粒；而更多的另外一类胶体颗粒表面有大量的极性基团或可电离的基团，如黏土、细菌胶体、蛋白质、腐殖质、淀粉和人工合成的含有 $-NH_3$、$-COO^-$、$-OH$、$-SH$、$-CONH_2$ 的由相应单体聚合而成的高分子等，这些物质组成的胶体颗粒表面与水分子间有自发的结合作用，有润湿层，这是亲水性胶体颗粒。胶体的稳定性由以下性质决定：

1. 胶体颗粒粒径小

胶体颗粒直径一般为 1nm～1μm。胶体颗粒小，重力小，受水分子热运动的不对称碰撞而作无规则的布朗运动，如图 3-1 所示。胶体颗粒的重力不足以克服这种撞击，因此不能沉降。

图 3-1 胶粒的布朗运动

高分散的胶粒在热力学上是不稳定的，如果胶体颗粒聚集成粒径大于 $1\mu m$ 的颗粒，其布朗运动逐渐减弱以致消失，发生沉降。胶粒为什么长时间不聚集成更大的颗粒，其基本原因是胶粒带有同号电荷。对亲水性胶粒还与其表面存在的水化层有关。

2. 胶体颗粒带电和双电层结构

（1）胶体颗粒的双电层结构和胶团构造。

胶体溶液中独立运动的颗粒是胶粒，废水中的胶粒一般带有负电荷，带负电的胶粒与溶液中的水分子、正负离子作用形成不同静电作用状态的双电层结构，假设颗粒是球形胶粒，其双电层结构如图 3-2 所示。

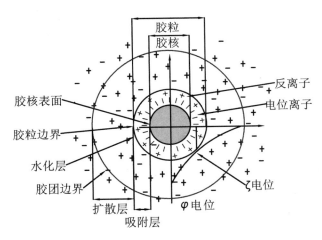

图 3-2 胶粒和胶团构造

其组成如下：

①胶核。

胶核是产生胶粒的起点，具有特定的化学成分。

②紧密双电层。

胶核通过各种带电机理带有正电荷或负电荷，胶核表面与电中性溶液间自然存在电位差，这个电位差称作 φ 电位。一般条件下水中的胶粒带有负电荷。带负电胶核的离子层会吸附反号离子，组成紧密双电层，吸附层的厚度很薄，约 $2 \sim 3 \text{Å}$（$1 \text{nm} = 10 \text{Å}$）。

③滑动面。

吸附的反号离子是水化的，胶体溶液中独立运动的粒子是由"胶核 + 吸附反号离子 + 水化层"构成的。胶粒的水化层与液相本体的界面是胶粒的滑动面。

④扩散层。

胶核表面的电荷一般没有被反号离子完全中和，胶粒滑动面上的电位称为移动电位，即 ζ 电位。一般胶粒滑动面的 ζ 电位不为零，带负电的胶粒吸引液相中的反号离子而排斥液相中的同号离子。液相中反号离子浓度随离胶粒表面距离的增加呈逐渐下降的趋势，同号离子浓度变化规律相反，直到胶粒静电作用消失。这个区域称作扩散层，其厚度可能是吸附层的几百倍。扩散层不仅有正负离子，而且可能有比胶核小的带负电荷的胶粒。吸附层与扩散层组成动态双电层，虽然独立运动的胶粒不包括扩散层，但是扩散层总是随胶粒而存在的。

ζ 电位越高，扩散层越厚，胶粒稳定性越好。

扩散层中正负离子的电荷相等，即静电力为零的界面是扩散层边界。φ 电位和 ζ 电位随径向距离增加而减小，至扩散层边界为零。

扩散层边界也是胶团边界。胶团由边界以及该界面之内的胶核、φ 电位形成离子、吸附反离子、水化膜、扩散层（离子和介质）组成。

假设胶团是直径为 d 的球形，当胶团间中心距离 h 大于或等于直径 d 时，扩散层没有重叠；当胶团间中心距离 h 小于直径 d 时，扩散层有重叠。扩散层过剩的反号离子存在排斥力，距离越近排斥力越大，这是胶粒不能聚集的电学原因，如图 3 - 3 所示。

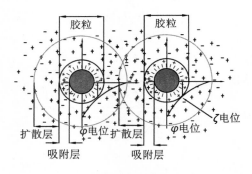

图 3 - 3　胶团靠近产生排斥力

（2）胶核表面带电荷的原因。

地表水和原水中的胶粒含有多种化学成分，如黏土、有机质、细菌、病毒、人工合成的大分子等，通常情况下都是带负电的胶体。胶粒带电是胶核带电的延伸，胶粒所带电荷皆由胶核带电和胶核在一定条件下与液相中的离子相互作用、液相中离子自身的运动所致。

胶核表面电荷的产生有如下四个机理：

①特异性化学作用。

固相表面的电荷或基团对水中某种离子的特异性化学作用使得固相表面带有某种符号电

荷，与溶液 pH 值有关。如表面胺基 – NH$_2$，可以与许多重金属离子产生络合，而带正电。

②固体颗粒表面选择性溶解。

难溶离子型固体颗粒与溶解下来的离子之间存在溶解沉淀的平衡关系，这一平衡关系由溶度积来定量确定。溶解或沉淀都是以该化合物的化学式进行的，固体表面不会产生电荷。实际上难溶离子型化合物中的阳离子和阴离子的溶解能力常常有差异，这个差异使得颗粒表面带上正电荷或负电荷。由此机理产生铁、铝氧化物颗粒表面负电荷，这种负电荷与溶液 pH 值有关。

③颗粒表面基团的离子化。

极性基团的离解使颗粒表面带上电荷（受 pH 控制），如表面羧基和羟基等可电离的基团的电离或某些基团（如胺基、羟基）的质子化等。

④晶格缺陷。

某些离子型晶体的晶体缺陷在晶体表面产生过量的正电荷或负电荷。这是污水中常见的黏土及其他铝硅酸盐矿物晶体表面负电荷的主要成因。同晶置换也发生在硅酸盐矿物晶体形成过程中，晶体中心离子被离子直径相近的低价阳离子取代，这种晶体有缺陷，比如蒙脱石等黏土矿物的四面体中心离子 Si^{4+} 被 Al^{3+} 取代（如图 3 – 4 所示）或八面体中心离子 Al^{3+} 被 Mg^{2+} 取代，这种替代造成正负电荷失衡，原有的负电荷没有被低价替换离子完全中和。缺陷晶体一旦形成后，同晶置换产生的负电荷存在于晶体内部，它不会随着外界环境（pH、电解质浓度）的改变而改变，所以同晶置换所产生的负电荷属永久电荷。前面的除晶格缺陷之外的原因引起的电荷都与 pH 值有关，称为可变电荷。

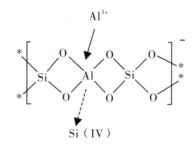

图 3 – 4　四面体中心离子 Si^{4+} 被 Al^{3+} 取代

（3）水化膜。

胶粒表面的极性基团对水分子的强烈吸附，使胶体颗粒周围包裹着一层较厚的水化膜阻碍胶粒相互靠近。水化膜越厚，胶体稳定性越好。对于亲水性胶体，水化膜在其稳定性中起着重要作用。憎水性胶体表面水化程度比亲水性胶体低得多。

3.1.1.2　胶体稳定理论*

前面讨论了胶体稳定的基本原因，其稳定性机理可以从能量理论得到解释。德查金（Derjaguin）和朗道（Landau）、维韦（Verwey）和奥弗比克（Overbeek）分别提出了一个著名的胶粒稳定能量理论，简称 DLVO 理论。

DLVO 理论的内核是：

①带同号电荷的胶粒间存在排斥力和排斥能 E_R。胶粒表面的分子间也存在范德华（van der Waals）引力和引力能 E_A。范德华引力包括分子间的偶极—偶极、偶极—诱导偶极、诱导偶极—诱导偶极间的引力。一般来说普遍存在且占绝对优势的是胶粒表面的分子间的诱导偶极—诱导偶极间的引力，称作色散力。

②胶粒带电量越高，胶粒间的距离越短，E_R 数值越大。胶粒表面的分子偶极越大，分子越容易极化；胶粒间的距离越短，引力能 E_A 越大。系统的净能 E_N 是两者之和，即 $(E_R + E_A)$。排斥能 E_R、引力能 E_A 及净能 E_N 随胶粒间距离的改变而改变的规律如图 3 – 5 所示。从图中看到有一个最大的净能 $E_{N(max)}$。当胶粒间的距离足够近时，E_A 曲线比 E_R 曲线更陡，这时 E_N 快速下降，甚至是负值。当然，胶粒不能进一步靠得太近，以至于电子云开始重叠，由此引起排斥力迅速增加，这在图中没有画出。

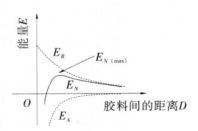

图 3 – 5　排斥能 E_R、引力能 E_A 及净能 E_N 随胶粒间距离的变化规律

③净能 E_N 的大小决定了胶体的稳定性。从 E_N 与胶粒间的距离关系来看，胶粒要发生由范德华引力引起的凝聚，就必须克服一个能量壁垒 $E_{N(max)}$。当 $E_{N(max)}$ 足够大时，胶粒的布朗运动的碰撞不能克服这个能量壁垒而凝聚，胶体稳定。当 $E_{N(max)}$ 足够小时，胶粒的布朗运动的碰撞能克服这个能量壁垒而黏结，胶体失去稳定性。因此要使胶体失去稳定性，就必须把其带电量降下来。

这个胶体稳定理论能够帮助理解下面要讨论的混凝机理。

3.1.1.3　混凝机理

混凝包括凝聚和絮凝。凝聚主要指胶体脱稳并生成微小聚集体的过程。絮凝主要指脱稳的胶粒或微小悬浮物聚结成大的絮凝体的过程。脱稳指的是由于各种原因使胶体失去稳定性的过程。在这里我们要研究胶粒与混凝剂之间的作用所引起的胶粒的混凝。

1. 双电层压缩机理

将电解质或混凝剂加入胶体溶液，反号正离子浓度增加，从图 3 – 2 看，扩散层的反号正离子更多地进入吸附层，胶核电荷被新进吸附层的反号正离子继续中和，ζ 电位下降，双电层的扩散层被压缩变薄。胶粒间的静电斥力和图 3 – 5 中的 $E_{N(max)}$ 下降。一般认为胶粒表面的 ζ 电位降到 $\pm 20mv$，常温下的布朗热运动可以克服 $E_{N(max)}$，胶粒得以进一步靠近，胶粒表面基团的范德华引力发生显著作用，势能快速下降，胶粒发生凝聚。这就是双电层压缩机理。

浓度高、水合离子小、价数高的反号正离子有利于双电层压缩。

双电层压缩机理可解释：在胶体溶液中加入电解质，如铁盐或铝盐，当其用量较低时发生凝聚。但是却无法解释：当用量较高时，凝聚效果反而下降，甚至重新稳定。从凝聚到重新稳定的过程中胶粒的电性从负变为正。

2. 吸附电中和机理

双电层压缩机理只考虑胶粒与电解质或混凝剂之间的静电作用。实际上由于胶粒与电解质或混凝剂的成分和结构比较复杂，胶粒之间、胶粒与电解质或混凝剂之间可能存在多种长距离的物理作用和短距离的化学作用，如化学键（如离子键、络合、氢键）以及范德华引力、静电等物理作用。这些作用都会产生吸附作用。由吸附产生的电中和就是吸附电中和机理。

吸附电中和机理和双电层压缩机理的比较：

①产生双电层压缩的物质一般指小离子电解质，产生电中和的物质更宽，可以是电解质、高分子，甚至是胶粒。

②双电层压缩只考虑了静电力，吸附电中和机理对作用力认识更广。

③双电层压缩的结果只有电中和。在胶粒对带正电的物质的吸附初期，产生电中和。如果存在某些吸附作用力足以补偿同号正电荷的排斥，那么就可以使得胶粒带电由负转正，从而使胶体重新稳定。前面所说的过量铁盐或铝盐引起的胶粒重新稳定，可能是络合、氢键、范德华引力综合作用的结果。

不带电的非离子高分子、阴离子高分子与带负电胶粒之间的吸附没有电中和作用，这个絮凝作用可由下面的吸附架桥机理来论述。

3. 吸附架桥机理

这个机理是针对高分子电解质（指各种带电情况的有机或无机高分子）对胶粒的絮凝而提出的。图 3-6 所示是高分子物质与胶粒的吸附与桥连。

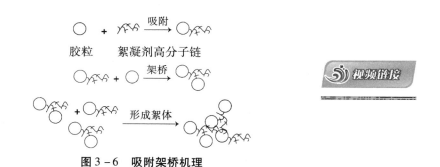

图 3-6　吸附架桥机理

高分子链的一端吸附了某一胶粒后，另一端又吸附了另一胶粒……从而形成高分子架桥的絮凝体，颗粒变大而沉降。这就是吸附架桥机理。胶粒与高分子电解质之间的作用力并不很强，在外力作用下容易解体。高分子物质加入量过多，就会在胶粒上饱和吸附，把胶粒包裹起来，产生"胶体保护"，使胶粒重新稳定，如图 3-7 所示。

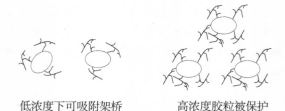

低浓度下可吸附架桥　　　　高浓度胶粒被保护

图 3 - 7　絮凝剂用量过多产生胶体保护

4. 絮体网捕或卷扫机理

当混凝剂投量足够时，形成大量的三维絮体沉淀或形成大片絮体，在絮体形成过程中或在它运动或下沉时，可以网捕、卷扫水中胶粒，并进一步产生吸附，随着絮体一起下沉，如图 3 - 8 所示。

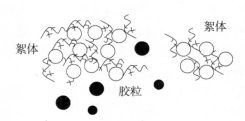

图 3 - 8　絮体网捕或卷扫机理

3.1.2　混凝剂和助凝剂

混凝剂首先要混凝效果好。混凝效果指絮体形成的快慢、絮体尺度和沉降速度、浊度去除率、形成的污泥浓缩能力等，如图 3 - 9 所示。

图 3 - 9　烧杯中的混凝和污泥沉降厚度

3.1.2.1　混凝剂的技术要点

①混凝效果与各因素的关系、混凝机理、混凝剂的形态与混凝的关系；

②浊度等污染指标的下降率；

③混凝剂用量；

④适用 pH 值范围；

⑤絮体沉降速度；

⑥温度的影响；

⑦腐蚀性和毒性；

⑧混凝剂的稳定性；

⑨水质适用性；

⑩混凝剂的溶解性等。

3.1.2.2　各种混凝剂

1. 普通无机盐类混凝剂

最常见的是铁盐和铝盐。以水溶性铝盐（硫酸铝或氯化铝）为例来讨论铝在水中的化学反应及其形态的混凝机理：

一定条件下（水温、pH 值、加药量等），铝盐经水解、络合或聚合反应形成多种形态产物。pH 是铝的形态的决定因素之一：

①当 pH < 4 时，水解受到抑制，铝以单铝 Al^{3+}、$[Al(H_2O)_6]^{3+}$ 形态为主。它们以压缩双电层作用、吸附电中和为主。

②当 pH 为 4~6 时，水解开始至完全水解之前，先后形成单羟基单核络合物和二羟基单核络合物：

$$[Al(H_2O)_6]^{3+} + H_2O \rightleftharpoons [Al(OH)(H_2O)_5]^{2+} + H_3O^+$$

$$[Al(OH)(H_2O)_5]^{2+} + H_2O \rightleftharpoons [Al(OH)_2(H_2O)_4]^+ + H_3O^+$$

这些初步水解产物中的羟基—OH 具有桥键性质，羟基可将单核络合物通过桥键缩聚成双羟基双核络合物：

还可以通过羟基桥键将其缩合为多核羟基络合物，如：

在 pH 为 4~6 时，铝的形态很复杂，有单铝羟基络合物，如 $[Al(OH)(H_2O)_5]^{2+}$、$[Al(OH)_2(H_2O)_4]^+$；双铝羟基络合物，如 $[Al_2(OH)(H_2O)_{10}]^{5+}$、$[Al_2(OH)_2$

$(H_2O)_8]^{4+}$；多聚体，如 $[Al_3(OH)_4(H_2O)_{10}]^{5+}$、$[Al_3(OH)_5(H_2O)_9]^{4+}$、$[Al_4(OH)_6(H_2O)_{12}]^{6+}$、$[Al_4(OH)_8(H_2O)_{10}]^{4+}$、……、$[Al_{12}(AlO_4)(OH)_{24}(H_2O)_{12}]^{7+}$ 等。单铝羟基络合物和双铝羟基络合物以压缩双电层作用、吸附电性中和作用为主。多核羟基聚合物以吸附电性中和作用和吸附架桥作用为主。

其中 $[Al_{12}(AlO_4)(OH)_{24}(H_2O)_{12}]^{7+}$，简称 Al_{13}，是铝系混凝剂中混凝效果最好的形态。它是由 12 个八面体铝原子 $Al_{12}(OH)_{24}(H_2O)_{12}$ 围绕 1 个铝氧正四面体（AlO_4）通过顶点氧桥连接而成的，即 Keggin 结构，如图 3 – 10 所示。

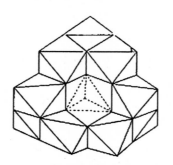

图 3 – 10 Al_{13} 的结构简图

其生成过程是以碱性条件下铝的主要形态 $Al(OH)_4^-$ 作为前驱物，$Al(OH)_4^-$ 转变为 Al_{13}^{7+} 结构中的 AlO_4 四面体，从外部投加的另一个反应物铝的八面体很快与之结合而形成 Al_{13} 离子。单个 Al_{13} 的粒径为 2.5nm 左右，它们易结合成线状或分支的聚集体。Al_{13} 的前驱物 $Al(OH)_4^-$ 是 pH >8.5 的主要形态，而普通铝盐的混凝条件是 pH 值为 6 ~ 8，因此铝盐在混凝过程中 Al_{13} 非常少。

③完全水解产物。当 pH 值为 6~8 时，各种形态的铝基本上都转化成中性高分子氢氧化铝。以吸附架桥、氢氧化铝的网捕或卷扫作用为主。

④当 pH > 8 时，铝过度水解形成各种铝的络合阴离子，如 $[Al(OH)_4(H_2O)_2]^-$、$[Al(OH)_5(H_2O)]^{2-}$、$[Al(OH)_6]^{3-}$ 和 $[Al_8(OH)_{26}]^{2-}$ 等。它们对带负电荷的胶粒没有或只有弱的混凝作用。

前面说到 Al_{13} 的前驱物之一 $Al(OH)_4^-$ 是 pH >8.5 的主要形态。但是 Al_{13} 的前驱物之二是铝八面体，铝八面体则是 pH 值为 4 ~ 6 时的形态，因此在完全碱性条件下不会有 Al_{13} 形成。

以上铝的形态可分成：低价或低聚阳离子、高价多聚或高聚阳离子、负离子、中性高分子。其中以高价多聚或高聚阳离子和中性高分子混凝效果较好，尤其是 Al_{13}。低价低聚阳离子次之。负离子没有混凝效果。

三价铁离子在不同 pH 值水中也发生水解、络合和聚合，形成单核、双核和多核羟基络合铁离子以及多核羟基聚合物，不同形态的铁与混凝机理也存在紧密联系。氢氧化铁不是两性的。

2. 高分子混凝剂

（1）无机高分子混凝剂。

无机高分子混凝剂有聚合氯化铝（Polyaluminium Chloride，简称 PAC）、聚合硫酸铝（PAS）、聚合氯化铁（PFC）、聚合硫酸铁（PFS）、聚合铝铁、聚合铝硅铁等。这里的"聚合"是指不是全部的金属离子都是以高分子形态存在的。铁系和硅系的分子量比较高，一般在几十万以下。

聚合氯化铝是生产技术最为成熟的无机高分子混凝剂，应用也最为广泛。聚合氯化铝，也称碱式氯化铝。制备方法很多，产品多为略带白色或黄褐色的液体。其化学通式为 $[Al_2(OH)_nCl_{6-n}(H_2O)_x]_m$，式中 $0 < n < 6$，$m \leq 10$，盐基度（$[OH]/3[Al] \times 100\%$）是衡量铝水解程度的指标。$Al(OH)_3$ 表示铝完全水解，盐基度 100%。PAC 产品标准的盐基度为 40% ~ 90%。

PAC 是由单核（六配位水合铝离子或单核羟铝络合物，如 $[Al(H_2O)_6]^{3+}$、$[Al(H_2O)_5(OH)]^{2+}$）、双核羟基络合物、多核羟铝络合物或聚合物（如 Al_{13}）、铝的水解聚合大分子组成的混合物。由于制备方法、条件和存放时间等因素不同，PAC 产品各形态的相对含量差别比较大，但是总的来说双核羟基络合物、多核羟铝络合物或聚合物的含量还是比较高的。对于普通铝盐和铁盐，具有良好混凝效果的形态是在混凝过程中产生的，而且受水解 pH 的限制，含量不高，而 PAC 或其他无机高分子混凝剂一开始就有含量比较高的混凝效果、比较好的形态，或加入水中继续反应形成具有更好混凝效果的形态，因此它们的吸附电中和、吸附架桥的速度更快、效果更好。

PAC 等无机高分子混凝剂与一般铝盐和铁盐相比：

①除浊效果更好；

②絮体形成快，沉淀速度高；

③污泥脱水好；

④碱度消耗少；

⑤适宜的 pH 值较铝盐宽，最好混凝效果的 pH 值可能出现在更高 pH 值；

⑥温度范围宽；

⑦对水质适应更宽；

⑧总的成本比铝盐和铁盐低；

⑨腐蚀小。

无机混凝剂也存在安全性问题，如铝残留。

（2）有机高分子絮凝剂。

有机高分子絮凝剂比起无机高分子混凝剂，在种类、形态、分子构造、制备、性能等方面要丰富得多。分子量在几百万，甚至一千万、几千万以上，比无机高分子大得多，因此有机高分子絮凝剂呈现出很强的吸附架桥机理，因此常被称为絮凝剂。不管是天然的还是人工合成的，从带电情况来看都可以分为阴离子型、阳离子型、非离子型、两性型（分子内有正电基团和负电基团）。还有一种特殊的絮凝剂，是分子内有亲水基团和亲油性（疏水性）基团的两亲型絮凝剂，它们的絮凝机理概括来说，如表 3 - 1 所示。两亲型高分子的絮凝机理除了表中所述之外，还有其特有的不在本书讨论范围内的絮凝机理。

表 3 - 1　各种有机高分子絮凝剂的絮凝机理

絮凝机理	阴离子型	阳离子型	非离子型	两性型	两亲型
吸附电中和	×	√	×	√	√
吸附架桥	√	√	√	√	√
网捕（卷扫）	√	√	√	√	√

有机高分子絮凝剂通过各种聚合反应和聚合物（人工合成或天然高分子）改性制得。
①非离子有机高分子絮凝剂。

用得最多、最广泛的人工合成有机高分子絮凝剂是非离子型聚丙烯酰胺（Polyacrylamide，简称 PAM），其分子量在三百万以上。

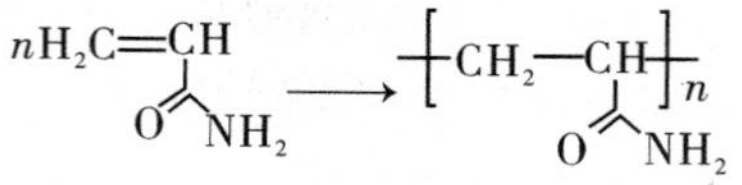

聚丙烯酰胺

自然界存在许多非离子高分子，如淀粉、纤维素、木质素等，其溶解性欠佳，需要改性。
②阳离子有机高分子絮凝剂。

有机高分子絮凝剂的正电性都是由胺基和季铵盐基团赋予的，阳离子有机高分子的电荷密度不如 Al_{13} 的电荷密度高，因此其静电中和能力没有无机高分子强，但是总体来看并不弱。人工合成的如：
丙烯酰胺和二甲基二丙烯基氯化铵的共聚物：

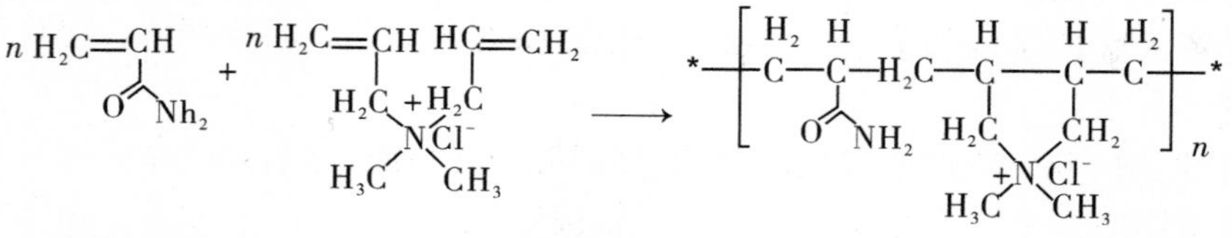

丙烯酰胺　二甲基二丙烯基氯化铵

乙烯亚胺开环得到聚乙烯亚胺：

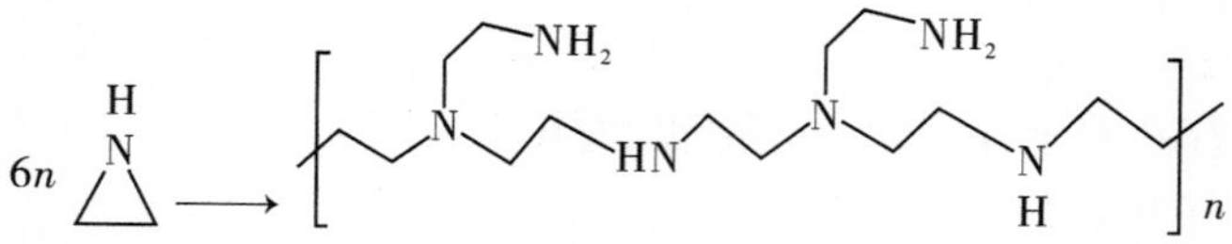

支化聚乙烯亚胺

自然界存在的呈阳离子的高分子是从虾和螃蟹中提取的壳聚糖。还有改性壳聚糖。
③阴离子有机高分子絮凝剂。

人工合成的如聚丙烯酸钠、丙烯酰胺—丙烯酸共聚物，结构上与聚丙烯酰胺部分水解产物相近：

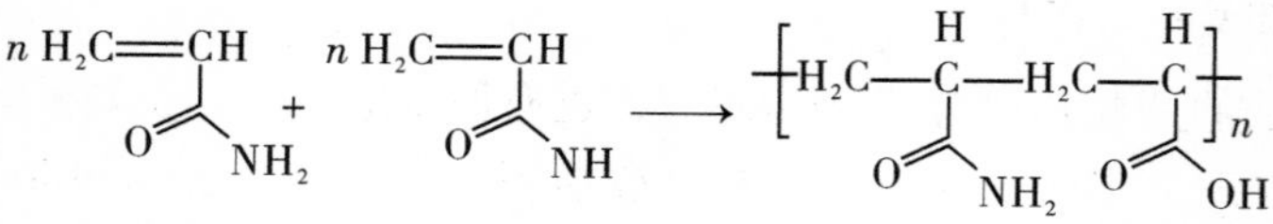

丙烯酰胺　　　丙烯酸　　　丙烯酰胺—丙烯酸共聚物

自然界存在的阴离子型有机高分子有海藻酸盐、植物单宁、腐殖质。海带含有丰富的海藻酸盐。

④两性有机高分子絮凝剂。

如丙烯酸与二甲基二丙烯基氯化铵的共聚物。

⑤两亲有机高分子絮凝剂。

天然高分子，如淀粉、纤维素、木质素、甲壳素，通过各种反应可以在其分子链上引入酰胺基、各种阴离子、季铵盐离子制备出一系列非离子、阳离子和阴离子改性天然有机高分子絮凝剂。

总的来说，有机高分子絮凝剂比无机高分子混凝剂更优秀，特别是具有用量少、絮体形成快、沉淀速度高、污泥脱水好、适宜的 pH 值宽、温度范围宽、适用的水质宽等优点。缺点是价格较贵。注意残留单体的安全性。前者吸附架桥能力更强，不过静电中和、凝聚能力相对要弱，因此两者结合起来会有更好的混凝效果，还可以减少无机混凝剂的用量，因而显著减少污泥量。

（3）微生物絮凝剂。

微生物絮凝剂可以看作有机高分子复合絮凝剂，是一类由微生物产生的有絮凝活性的代谢产物，主要有糖蛋白、多糖、蛋白质、纤维素和 DNA 以及有絮凝活性的菌体等。从化学成分来说毒性小，但要注意生物学上的安全性。

①分类。

微生物絮凝剂虽都由微生物产生，但由于不同的菌产生的方式不同，一般可分为 3 类：

微生物细胞絮凝剂，如活性污泥中的细菌、霉菌、酵母菌、放线菌。

微生物细胞壁提取物絮凝剂，如酵母菌细胞壁的葡聚糖、甘露聚糖、蛋白质等均可用作絮凝剂。

微生物细胞分泌到细胞外的代谢产物絮凝剂，主要是细菌荚膜和黏液质。

微生物絮凝剂具有絮凝范围广、絮凝活性高等特点，而且产生絮凝剂的菌种类多，因此微生物絮凝剂的研究是当今世界絮凝剂研究的重要方向之一。

②机理。

目前最为普遍接受的是"桥联作用"机理，认为絮凝剂大分子借助离子键、氢键和范德华力，同时吸附多个胶体颗粒，在颗粒间产生"架桥"现象，从而形成一种网状三维结构而沉淀下来。

3.1.2.3　助凝剂

助凝剂是为了改善絮体结构、增加絮体比重、增强对水质的适应性等，如黏土、活性硅酸等。

3.1.3　混凝动力学

显然在混凝过程中不但有胶粒间的碰撞，也有原水的颗粒与混凝剂间的碰撞，这里讨论的是水中胶粒浓度的变化规律，如颗粒碰撞速率、有效碰撞速率和混凝速率等问题。胶粒相互碰撞的动力来自两个方面：颗粒在水中的布朗运动以及水力或机械搅拌所造成的流体运动。有效碰撞指胶粒发生凝聚或絮凝的碰撞，前面的 DLVO 理论和混凝机理都可以帮助理解发生有效碰撞的机理。

3.1.3.1 异向凝聚

在混凝开始，混凝剂在水中快速分散，与水中胶粒发生作用，中和胶粒电荷。碰撞的颗粒可能会兼并，但是这个阶段要把混凝剂快速分散到水中，混合强度大，颗粒尺度还在胶体颗粒范围内，还不能变得更大。因此，这个过程发生的胶粒间碰撞凝聚是由布朗运动（布朗运动是无规则运动）造成的碰撞的聚集，故称作异向凝聚。假定颗粒为均匀球体，设颗粒浓度（每立方厘米中颗粒的个数）为 n，则单位体积中的颗粒受布朗运动所产生的颗粒碰撞速率 G_{Nb} 为：

$$G_{Nb} = \frac{4kT}{3\mu} n^2 \tag{3-1}$$

式中 G_{Nb}——单位体积中颗粒受布朗运动所产生的胶粒碰撞速率（每秒每立方厘米水中胶粒的碰撞数）；n——颗粒数量浓度，每立方厘米水中的胶粒数；k——波兹曼常数，$1.38 \times 10^{-16} \text{g} \cdot \text{cm}^2 \cdot \text{s}^{-2} \cdot \text{K}^{-1}$；$\mu$——水的动力黏度，$\text{g} \cdot \text{cm}^{-1} \cdot \text{s}^{-1}$ 或 $\text{Pa} \cdot \text{s}$；T——水的绝对温度，K。

设碰撞效率为 α，则异向凝聚速率为：

$$-\frac{\mathrm{d}n}{\mathrm{d}t} = \frac{4\alpha kT}{3\mu} n^2 \tag{3-2}$$

式中负号是因为混凝后，n 减小造成的，故 $\mathrm{d}n$ 是负的。

对式（3-2）积分，整理得：

$$t = \frac{3\mu \ (n_0 - n)}{4\alpha n n_0 kT} \tag{3-3}$$

式中 n_0 是初始颗粒数量浓度。假设 $T = 298\text{K}$，$\alpha = 1$，代入水的动力黏度 $\mu = 1.00 \times 10^{-2} \text{g} \cdot \text{cm}^{-1} \cdot \text{s}^{-1}$ 和波兹曼常数 k。颗粒数量 n 下降为 $n_0/2$ 的时间，即半衰期 $t_{1/2}$ 计算式为：

$$t_{1/2} = \frac{2 \times 10^{11}}{n_0} \ (s) \tag{3-4}$$

如果以 $100\text{mg} \cdot \text{L}^{-1}$ 的小尺度胶体颗粒计，假设球形胶粒直径为 $10\mu\text{m}$，胶粒密度为 $1.1\text{g} \cdot \text{cm}^{-3}$，可以计算出 n 为 1.74×10^{11} 个，这时半衰期时间很短，但是低浊度下半衰期会很长。

3.1.3.2 同向絮凝和速度梯度

混合阶段搅拌强度大，颗粒还处于胶粒尺度。要使胶体颗粒进一步碰撞聚集成更大的颗粒，就必须将搅拌强度降下来，推动流体形成速度差运动，促使颗粒相互碰撞，形成尺度大于 $1\mu\text{m}$ 的颗粒。这时布朗运动几乎消失。这种絮凝称为同向絮凝。颗粒间要发生同向絮凝，必须存在流体的能耗差异。

1. 层流条件下的絮凝速率和 G 值

同向絮凝的必要条件之一是流体运动速度（即颗粒运动速度）有梯度，如图 3-11 所示。

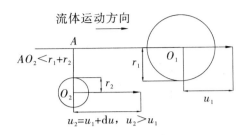

图 3-11　层流中颗粒运动的速度梯度

在层流条件下每个颗粒的运行轨迹都是通过其球心的平行线。如图 3-11 所示，半径为 r_1 和 r_2 的两球形颗粒要发生碰撞的必要条件之二是运动轨迹线之间的垂直距离 AO_2 必须小于（$r_1 + r_2$）。假设流体中球形颗粒的直径都是 d，以其球心为圆心，在水流方向上作一个半径为 d 的圆，见图 3-12（a）。

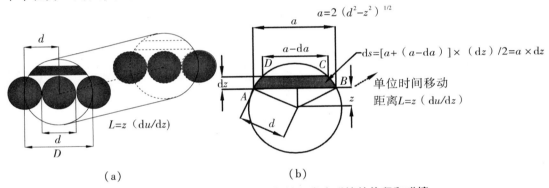

图 3-12　单位时间流过颗粒的可发生碰撞的体积和碰撞

在单位时间内经过该颗粒的流体体积内的颗粒，将会与之碰撞。单位时间流过该颗粒的体积计算如下：

由于在 z 方向上存在速度梯度，在 z 处流体运动方向上单位时间移动距离为：

$$L = z\frac{\mathrm{d}u}{\mathrm{d}z} \tag{3-5}$$

此时扫过的微截面积为弦长 a 与 $\mathrm{d}z$ 的乘积，见图 3-12（b）：

$$\mathrm{d}s = a \times \mathrm{d}z \tag{3-6}$$

在 z 位置流过的体积 $\mathrm{d}V$ 为 $\mathrm{d}s$ 与流体运动距离 L 的乘积：

$$\mathrm{d}V = a \times \mathrm{d}z \times z \times \frac{\mathrm{d}u}{\mathrm{d}z} \tag{3-7}$$

单位时间流过该颗粒的体积是图 3-12（b）中向上积分、向下积分之和，这两个积分都是：

$$\int_0^d \mathrm{d}V = \int_0^d a \times z \times \frac{\mathrm{d}u}{\mathrm{d}z} \times \mathrm{d}z$$

由图 3 - 12（b）可知 $a = 2 (d^2 - z^2)^{1/2}$，代入上式可得单位时间流过该颗粒的体积为：

$$\int_0^d 2\mathrm{d}V = 2 \int_0^d a \times z \times \frac{\mathrm{d}u}{\mathrm{d}z} \times \mathrm{d}z = 4 \frac{\mathrm{d}u}{\mathrm{d}z} \int_0^d (d^2 - z^2)^{1/2} z\mathrm{d}z = \frac{4}{3} d^3 \frac{\mathrm{d}u}{\mathrm{d}z} \qquad (3-8)$$

假设颗粒浓度为 n，则单位体积中 n 个颗粒与 n 个颗粒碰撞，颗粒碰撞数 C_{Nf} 为：

$$C_{Nf} = \frac{4}{3} d^3 \frac{\mathrm{d}u}{\mathrm{d}z} n^2 \qquad (3-9)$$

式中：C_{Nf}，表示每秒每立方厘米碰撞次数。假设有效碰撞系数为 α，层流条件下的同向絮凝速率是在颗粒有效碰撞速率前加一个负号，即

$$-\frac{\mathrm{d}n}{\mathrm{d}t} = \frac{4}{3} \alpha d^3 G n^2 \qquad (3-10)$$

$$G = \frac{\mathrm{d}u}{\mathrm{d}z} \qquad (3-11)$$

式中：G——速度梯度，s^{-1}；$\mathrm{d}u$——相邻两流层的流速增量，$\mathrm{cm} \cdot \mathrm{s}^{-1}$；$\mathrm{d}z$——垂直于水流方向的两流层之间的距离，$\mathrm{cm}$。

速度梯度与功率输入的关系：

层流间存在速度梯度就存在流体间的剪切力，层流下剪切力 τ 与速度梯度成正比：

$$\tau = \mu \frac{\mathrm{d}u}{\mathrm{d}z} \qquad (3-12)$$

式中：τ，单位为 $\mathrm{N} \cdot \mathrm{m}^{-2}$；$\mu$——流体动力黏度，$\mathrm{Pa} \cdot \mathrm{s}$。微体积元 $\mathrm{d}x\mathrm{d}y\mathrm{d}z$ 运动过程中的受力和做功，如图 3 - 13 所示。

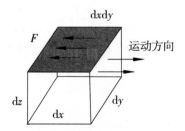

图 3 - 13　微体积元 $\mathrm{d}x\mathrm{d}y\mathrm{d}z$ 运动过程中的受力和做功

在 x 运动方向上，流体在微体积元上的受力为：

$$F = \tau \times \mathrm{d}x\mathrm{d}y = \mu \frac{\mathrm{d}u}{\mathrm{d}z} \times \mathrm{d}x\mathrm{d}y \qquad (3-13)$$

单位时间内流体在 z 坐标变化 $\mathrm{d}z$ 时移动的距离为 $\mathrm{d}u = \mathrm{d}z \times (\mathrm{d}u/\mathrm{d}z)$，单位时间在微体积元上做的功为：

$$\mathrm{d}P = F \times \mathrm{d}z \times \frac{\mathrm{d}u}{\mathrm{d}z} = \tau \times \mathrm{d}x\mathrm{d}y \times \mathrm{d}z \times \frac{\mathrm{d}u}{\mathrm{d}z} = \mu \left(\frac{\mathrm{d}u}{\mathrm{d}z}\right)^2 \times \mathrm{d}x\mathrm{d}y\mathrm{d}z \qquad (3-14)$$

式中：$\mathrm{d}P$，单位为 $\mathrm{J} \cdot \mathrm{s}^{-1}$。单位体积的功率为：

$$P = \mu \left(\frac{\mathrm{d}u}{\mathrm{d}z}\right)^2 \times \mathrm{d}x\mathrm{d}y\mathrm{d}z / \mathrm{d}x\mathrm{d}y\mathrm{d}z = \mu \left(\frac{\mathrm{d}u}{\mathrm{d}z}\right)^2 \qquad (3-15)$$

$$G = \frac{\mathrm{d}u}{\mathrm{d}t} = \sqrt{\frac{P}{\mu}} \qquad (3-16)$$

式中：P——单位体积的功率，单位为 $\mathrm{J \cdot s^{-1} \cdot m^{-3}}$ 或 $\mathrm{N \cdot m^{-2} \cdot s^{-1}}$；$\mu$——流体动力黏度，$\mathrm{Pa \cdot s}$。

2. 紊流条件下的 G 值*

在实际混凝过程中，水流一般均处于紊流状态，在湍流流体内部存在大小不等的涡旋，除前进速度外，还存在纵向和横向脉动速度。甘布（T. R. Camp）和斯泰因（P. C. Stein）通过一个瞬间受剪而扭转的单位体积水流所耗功率来计算 G 值，如图 3-14 所示。

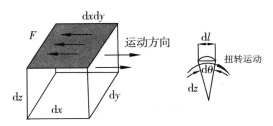

图 3-14 紊流态微体积元流体的扭转示意图

G 值表达式推导如下：

扭转角速度 ω：

$$\omega = \frac{\mathrm{d}\theta}{\mathrm{d}t} = \frac{\mathrm{d}l}{\mathrm{d}z} \times \frac{1}{\mathrm{d}t} = \frac{\mathrm{d}l}{\mathrm{d}t} \times \frac{1}{\mathrm{d}z} = \frac{\mathrm{d}u}{\mathrm{d}z} \qquad (3-17)$$

式中：$\mathrm{d}\theta / \mathrm{d}t$ 为流体在时间 t 时的角度 θ 的微分；角度 $\mathrm{d}\theta$ 可用 $\mathrm{d}l / \mathrm{d}z$ 表示。其他参数同前。

转矩 J（单位为 $\mathrm{N \cdot m}$）：

$$J = 力 \times 距离 = (\tau \times \mathrm{d}x \times \mathrm{d}y) \times \mathrm{d}z \qquad (3-18)$$

式中：τ 指单位面积流体上的内摩擦力，单位为 $\mathrm{N \cdot m^{-2}}$。

单位体积流体所消耗的功率：

$$P = \frac{微体积元 \,\Delta x\Delta y\Delta z\, 消耗的功率}{微体积元 \,\Delta x\Delta y\Delta z} \qquad (3-19)$$

$$= \frac{角速度 \times 转矩}{体积} = \frac{G\tau\Delta x\Delta y\Delta z}{\Delta x\Delta y\Delta z}$$

式中：P 为单位体积消耗的功率，单位为 $\mathrm{N \cdot m^{-2} \cdot s^{-1}}$。

根据牛顿内摩擦定律：

$$\tau = \mu G \qquad (3-20)$$

式中：μ——流体的动力黏度，$\mathrm{Pa \cdot s}$。

将上式代入式（3-19）得到与层流条件下相同的 G 值关系式：

$$G = \sqrt{\frac{P}{\mu}} \qquad (3-21)$$

式中：P——单位体积的功，单位为 $J \cdot s^{-1} \cdot m^{-3}$ 或 $N \cdot m^{-2} \cdot s^{-1}$。

当用机械搅拌时，式中 P 由机械搅拌的功率提供。在水力搅拌下：

$$P = \frac{\rho g Q h}{V} = \frac{\rho g h}{t_{停留}} \qquad (3-22)$$

式中：g——重力加速度，$9.8 m \cdot s^{-2}$；h——混凝设备中的水头损失，m；ρ——流体的密度，$kg \cdot m^{-3}$；Q——流量，$m^3 \cdot s^{-1}$；$t_{停留}$——流体在混凝设备中的停留时间，s。

将上式代入式（3-21），流体密度近似水的密度，得：

$$G = \sqrt{\frac{gh}{\mu t_{停留}}} \qquad (3-23)$$

3. G 值和 GT 值的数值

①混合阶段以异向絮凝为主，要求将混凝剂快速溶解于水中使胶体脱稳凝聚，一般 $G = 700 \sim 1\,000 s^{-1}$；

②絮凝阶段以同向絮凝为主，既要促使微絮凝体变成粗大絮凝体，又要防止絮凝体破碎和沉淀，一般 $G = 20 \sim 70 s^{-1}$。

水流在混凝设备中停留时间 T 越长，颗粒碰撞的次数越多，但 T 太长，经济上不合理，一般控制 T 为：

①混合阶段 $T = 10 \sim 20 s$，工业应用一般在 $2 min$；

②絮凝阶段 $T = 10 \sim 30 min$。不同的絮凝池设计停留时间不同。

由式（3-9）和式（3-10）可知 G 值间接反映絮凝阶段单位时间颗粒碰撞次数和絮凝速度，GT 值反映总的碰撞次数，一般絮凝池的平均 GT 控制在 $1 \times 10^4 \sim 1 \times 10^5$。

3.1.4 影响混凝效果的主要因素

影响混凝效果的主要因素有混凝剂、胶粒、水流和条件控制，我们可以根据混凝机理及其他原理进行理解。

1. 水温

低温下絮体形成缓慢，絮凝颗粒细小、松散。原因如下：无机混凝剂水解是吸热反应，低温时水解困难。低温水黏度大，布朗运动减弱，不利凝聚。同时，水流剪力增大，影响絮体的成长。胶体颗粒水化作用增强，不利于颗粒间的黏附。水温过高，无机混凝剂水解速度加快，产生的絮体大而比重轻，沉速慢。污泥含水量高，体积大，难处理。高温使生物高分子变性，空间结构改变，某些活性基团不再与悬浮颗粒结合，表现出絮凝活性的下降。根据式（3-4）可知温度降低，黏度增大，颗粒浓度的半衰期增大。粘度增大，根据式（3-16）、式（3-21）、式（3-23）都可知 G 值下降。

从式（3-2）和式（3-10）可知，水温下降会引起异向凝聚速率和同向絮凝速率都下降。

2. 水的 pH 值

对普通无机混凝剂的影响：铝盐和铁盐混凝剂：不同的 pH 值，其水解产物的形态不同，混凝效果也各不相同。不同混凝剂对 pH 值的适应范围不同。另外，在混凝剂的水解过程中不断产生 H^+，导致 pH 值下降，所以必须有足够的碱性物质与其中和，即要保证碱度适中。如果碱度不足，应投加碱性物质（如熟石灰）。

对高分子混凝剂的影响：相比普通无机混凝剂，其混凝效果受水的 pH 值影响较小。一般无机高分子混凝剂和有机高分子絮凝剂相比，前者的有效混凝形态受 pH 值的影响比较大，而后者的有效混凝形态受 pH 值的影响要具体分析，比如 pH 值对非离子型的影响较小，对弱酸性的阴离子型影响较大（如部分水解聚丙烯酰胺），对季铵盐型阳离子型影响较小，对胺基 $-NH_2$ 阳离子型影响较大。

pH 值也会影响许多混凝剂的带电情况。

前面 3.1.1.1 节中已经说过胶粒的电荷分为永久电荷和可变电荷，pH 是影响胶粒可变电荷量的主要因素。由于可变电荷的存在，一般都能找到胶粒表面的零电位点的 pH 值。

3. 水中悬浮物颗粒大小和浓度

水中悬浮物浓度很低时，颗粒碰撞速率大大减少，根据式（3-4），可知混凝效果比较差。这时可采取以下措施：投加高分子助凝剂，利用吸附架桥作用；投加矿物颗粒（如黏土），增加混凝剂水解产物的凝结中心，提高颗粒碰撞速率并增加絮体密度。前面第 2 章 2.5 节中的接触絮凝是处理低浓度水的有效技术。水中悬浮物浓度太高时，加大混凝剂用量。

SS 浓度相同，颗粒尺度小有利于凝聚。

4. 水力条件

见 3.1.3 节。

5. 混凝剂用量

混凝剂用量不足，絮凝作用不彻底；大于最佳剂量，絮凝效果反而下降，这在前面混凝机理中有所介绍。最佳剂量受各种控制因素的影响，需通过实验确定。

6. 混凝剂性质

前面已介绍了几种重要的混凝剂及其与混凝相关的性质。在这里针对有机絮凝剂再作一点补充。

有机絮凝剂的相对分子质量越大，絮凝活性就越高。分子量大的高分子絮凝剂的絮凝效果优于分子量小的高分子絮凝剂。分子量应在 25 万以上。高分子量的有机絮凝剂还要有高的溶解性，比如几千万分子量的聚丙烯钠带电多、溶解性良好。

絮凝剂的分子结构、形状对絮凝剂活性也有影响，线性结构大分子有利于吸附架桥，而交联的或支链结构的高分子，其絮凝效果较差。

7. 共存物质的影响

原水中若存在高价阳离子，有益于中和颗粒表面的电荷。Ca^{2+} 在菌体絮凝过程中，能显著改变胶体的 ζ 电位，降低其表面电荷，促进大分子与胶体颗粒的吸附和架桥。

存在 SO_4^{2-} 离子时，可扩大硫酸铝凝聚 pH 值范围。Cl^- 离子较高时会使絮体形成受到阻碍而变成微细絮体。存在硅酸离子时，硫酸铝絮凝 pH 值范围明显地移向酸性范围，硫酸亚铁的最佳 pH 值也向酸性方向移动，且絮凝范围变小。偏磷酸钠含量在百万分之五以上时，增大或减少硫酸铝投加量，都不产生絮凝体。

含黏土颗粒可减少絮凝剂用量。含大量的有机物会增加絮凝剂用量。

3.1.5 絮凝沉降

胶粒和细微颗粒经过混凝后颗粒变大，单独设置絮凝沉淀池是完成固液分离的主要技术之一。絮凝沉降中絮体的去除率规律可经絮凝沉降柱实验得到，如图 3 – 15 所示。沉降柱内径一般取 150 ~ 200mm，高度与絮凝沉淀池高度相同。适量混凝剂和酸溶液或碱溶液与实验水样进行混合、絮凝，其水力条件和时间可参考前面的混合阶段和絮凝阶段进行控制。然后注入沉降柱静置沉降。悬

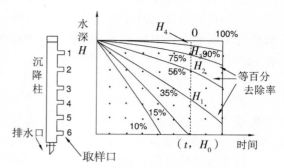

图 3 – 15　絮体沉淀实验曲线

浮物初始浓度为 c_0。静沉过程中，每个时刻在所有的取样口取样，测定 SS 的浓度 c_{ij}（i 表示时间序列，j 表示取样口）。取样中的絮体是沉速 $\leqslant H_j/t_i$ 的絮体，沉速大于 H_j/t_i 的絮体都经过了该 j 取样口。计算 $[1 - (c_{ij}/c_0)] \times 100\%$，将该数值标记在相应的坐标 (t_i, H_j)。然后运用内插法得到去除率，如去除率为 90%、75%、55%、35%、15%、10% 的点，再将相同去除率的点相连，得到 6 条等百分率去除率曲线。下面结合图 3 – 15 分析在 (t, H_0) 处的总去除率：

作 t 时的垂直线，分别与去除率为 15%、35%、55%、75%、90%、100% 的去除率曲线相交，对应的水深分别为 H_0、H_1、H_2、H_3、H_4、0。

沉速 $> H_0/t$ 的颗粒在 (t, H_0) 处的去除率为 15%。类似于自由沉淀，沉速 $< H_0/t$ 的颗粒也能部分去除。用纵深分段累加法计算沉速 $< H_0/t$ 的颗粒的部分去除率，在这里分为五段。以垂线上其中一段为代表讨论计算方法，比如 $H_2/t \leqslant$ 沉速 $\leqslant H_1/t$ 的颗粒的部分去除率，其余类推。

在 (t, H_1) 处沉速 $> H_1/t$ 的颗粒去除率为 35%。在 (t, H_2) 时，沉速 $> H_2/t$ 的颗粒去除率为 55%，两者之差（55% – 35%）是 $H_2/t \leqslant$ 沉速 $\leqslant H_1/t$ 的颗粒占总颗粒的百分率。这一部分颗粒的去除率：

沉速等于 H_2/t 和 H_1/t 的颗粒的去除比例分别为 H_2/H_0、H_1/H_0。平均值 $(H_1 + H_2)/2H_0$ 可以认为是 $H_2/t \leqslant$ 沉速 $\leqslant H_1/t$ 的颗粒的平均去除率。那么 $[(H_1 + H_2)/2H_0] \times$（55% – 35%）就是 $H_2/t \leqslant$ 沉速 $\leqslant H_1/t$ 的颗粒的去除率。

其他区间的计算可类似得到。最后得到总的去除率 η_T：

$$\eta_T = 15\% + \frac{H_0 + H_1}{2H_0}(35\% - 15\%) + \frac{H_1 + H_2}{2H_0}(55\% - 35\%)$$

$$+ \frac{H_2 + H_3}{2H_0}(75\% - 55\%) + \frac{H_3 + H_4}{2H_0}(90\% - 75\%) + \frac{H_4}{2H_0}(100\% - 90\%)$$

$$(3 - 24)$$

3.1.6 混凝设备和工艺流程

常规的混凝处理工艺过程为混凝剂的配制、投加、混合、反应设备、固液分离设备。

1. 混凝剂的配制和投加设备

（1）混凝剂的溶液和配制。

混凝剂在溶解池中进行溶解。通过搅拌加速药剂溶解，搅拌方法有机械搅拌、压缩空气搅拌、水泵搅拌。药剂完全溶解后，将浓药液送入溶液池，用清水稀释到一定的浓度备用。

（2）混凝剂溶液的投加。

需准确计量，最好能自动控制。计量设备有转子流量计、电磁流量计等。投加方式有泵前吸水管或吸水嘴投加、高位溶液池重力投加、（加压泵 + 水射器）投加、计量泵直接投加。

2. 混合凝聚设备

快速将混凝剂均匀地分布到混合池的各个部位与原水颗粒良好混合和脱稳、凝聚，要有合理的速度梯度。混合凝聚设备有：

（1）水泵混合 + 管道内凝聚。

我国常用的一种。高速旋转的叶片使混合在泵内完成。混合时间很短，约 1s 之内。虽然在泵内完成了混合，但是并没有完成凝聚，要有足够的凝聚时间，比如 60s，管内凝聚应维持足够的速度梯度和流速，以防止形成絮体及其在管内沉淀。这种混合设备简单、能耗低、混合效果好。

（2）隔板混合凝聚。

想要达到良好混合效果，就要有足够的水头损失。占地面积大、基建投资大。如图 3 - 16 所示。

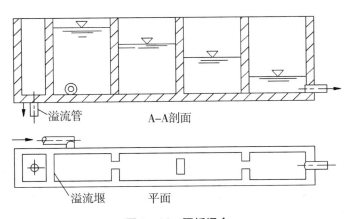

图 3 - 16　隔板混合

（3）静态管式混合。

这种混合器混合的能量来自进水的动能，管内装有的固定混合器（这是"静态"之意），使流体不断改变流动方向，从而造成良好的径向和径向环流混合效果，如图 3 - 17 所示。这种混合器投资少、管理简单、占地很少、能量损失小，比较有优势。混合效果取决于流体黏度、入管水流流速、管内混合器构造、管径、管长。一般要求管内流速不小于 $1m \cdot s^{-1}$。管内混合时间也很短，约 1s 左右，因此混合后要有足够的凝聚时间。

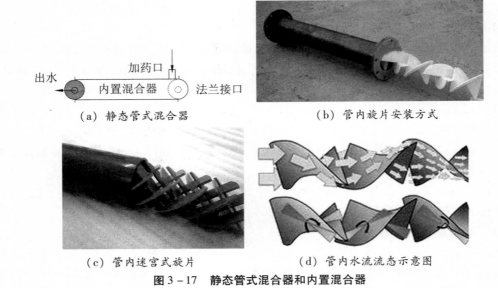

（a）静态管式混合器　　　　　（b）管内旋片安装方式

（c）管内迷宫式旋片　　　　　（d）管内水流流态示意图

图 3 - 17　静态管式混合器和内置混合器

（4）机械混合。

机械混合是搅拌装置混合。如果发生整体旋转，其混合效果差，要预防。

3. 絮凝设备

絮凝池有隔板反应池和机械反应池，如图 3 - 18 和图 3 - 19 所示，不管产生速度梯度的能量来源是什么，都必须有合理的速度梯度和絮凝时间以促进颗粒相互碰撞进行絮凝。由于絮体逐渐长大，更容易被破碎，为此，隔板中的速度梯度应逐渐减小，但是要防止絮体在絮凝池内沉降。隔板反应池的速度梯度由水流流速和隔板间隔共同控制。机械搅拌有几个变速搅拌是可取的。

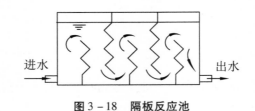

图 3 - 18　隔板反应池

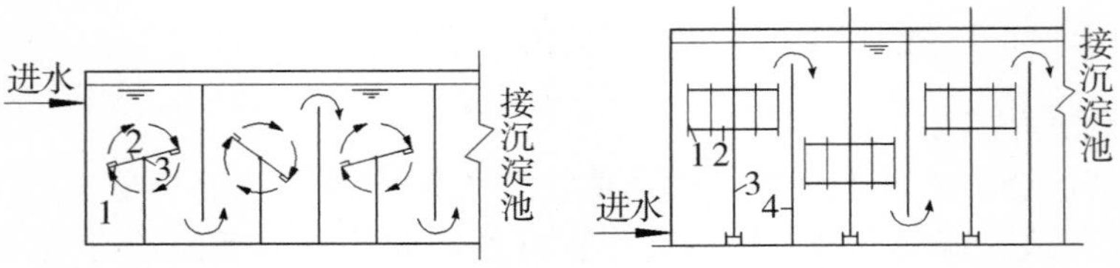

1. 桨板；2. 叶轮；3. 旋转轴；4. 隔墙

（a）水平轴式　　　　　（b）垂直轴式

图 3 - 19　机械反应池

4. 固液分离

（1）絮凝沉淀池。

进水絮凝之后进入絮凝沉淀池，沉淀类型有絮凝沉淀、成层沉淀、压缩沉淀。为了保证出水 SS 达到要求，成层沉淀速度至少要等于絮凝沉淀池的表面水力负荷 Q/A，成层沉淀速率 u 为：

$$u = u_0\, 10^{-\lambda c} \tag{3-25}$$

界面下降速度 u 与絮体的压实系数 λ（L·g^{-1}）、浓度 c（g·L^{-1}）有关。

（2）接触絮凝（深层过滤）。

接触絮凝在第 2 章 2.5 节已经介绍过。接触絮凝适合处理低浊度进水，进水只进行混合凝聚不经过絮凝即直接进入接触絮凝，或者说接触絮凝是一种变型絮凝，同时固液分离。对于低浊度进水，接触絮凝的效果比普通絮凝效果好，因为在这种滤池中存在大量的可凝聚或絮凝的滤料颗粒表面。对于高浊度原水如果必要的话需进行混凝和沉淀后再进行接触絮凝。

（3）与气浮相结合（见第 4 章 4.2 节）。

3.2　化学沉淀法

前面的混凝沉淀是以胶粒或细微颗粒为对象的。而化学沉淀去除的对象是某些能形成难溶性盐的阳离子和阴离子以及形成难溶性氢氧化物的阳离子（阳离子如铵离子、锂离子、重金属离子、三价砷离子等。阴离子如正磷酸根离子、氟离子、硫离子、铬酸根离子等），然后固液分离。沉淀法常作为离子交换处理的前处理，以降低对离子交换的负荷。沉下来的固体如果是混合物，回收其中有用成分困难较大。

3.2.1　基本原理

只要水中存在难溶性离子化合物，就存在溶解与沉淀的平衡：

$$\mathrm{M}_m\mathrm{N}_n \underset{x \quad\ y}{\rightleftharpoons} m\mathrm{M}^{n+} + n\mathrm{N}^{m-}$$

x、y 分别是阳离子和阴离子的浓度。处于平衡状态的难溶性化合物 $\mathrm{M}_m\mathrm{N}_n$ 的离子浓度积 $[x]^m[y]^n$ 就是**溶度积常数** $K\mathrm{sp}_{(\mathrm{M}_m\mathrm{N}_n)}$。溶度积常数与难溶性化合物、温度和介质有关。各种难溶性盐和碱的溶度积常数可从权威网站的数据库或纸质版手册查到。

我们可以用沉淀法去除废水中含有的一定浓度的溶解性金属离子或阴离子。在一定温度下，向废水中投入沉淀剂（可溶性盐或可溶性碱），与其中的金属离子或阴离子反应形成难溶性化合物（$\mathrm{M}_m\mathrm{N}_n$）。可以预先计算与金属离子形成难溶性化合物的阴离子浓度或者计算与阴离子形成难溶性化合物的阳离子浓度。再按难溶性化合物的化学式 $\mathrm{M}_m\mathrm{N}_n$，计算其离子浓度积 $[\mathrm{M}^{n+}]^m \times [\mathrm{N}^{m-}]^n$，那么：

当 $[\mathrm{M}^{n+}]^m \times [\mathrm{N}^{m-}]^n < K\mathrm{sp}_{(\mathrm{M}_m\mathrm{N}_n)}$ 时，没有沉淀析出。

当 $[\mathrm{M}^{n+}]^m \times [\mathrm{N}^{m-}]^n > K\mathrm{sp}_{(\mathrm{M}_m\mathrm{N}_n)}$ 时，溶液中离子过饱和，发生沉淀反应，欲去除的

离子的浓度逐渐降低。

理论上根据溶度积常数 K_{sp} 可以计算残留在水中的阳离子或阴离子浓度。就阳离子而言，在实际化学沉淀处理时，常常并不只有沉淀反应，因为废水中可能存在重金属离子的配位体，如氢氧根离子、胺或氨、氰离子、含有羧基的化合物等，它们可以与重金属离子形成水溶性络合物。就欲去除的阴离子而言，它们在不同的 pH 值条件下会有不同的形态，其中有些形态的阴离子与沉淀剂中的阳离子不形成沉淀，这一点请读者在后面的阴离子沉淀中进一步学习。另外在沉淀池中沉淀物也不是 100% 的沉淀。因此出水含有 SS 形态、水溶性的简单离子和络合离子。

如果进水中有络离子，需要考虑先破络处理，破络常用的方法是氧化。

如果形成的颗粒小，沉降慢，常需要混凝强化沉淀、过滤、气浮等。如需要进一步去除溶于水中的离子，可用吸附、膜分离法。

3.2.2　阳离子沉淀

阳离子包括：重金属离子、铵离子和锂离子以及砷离子。

1. 氢氧化物沉淀法除重金属

向水中投加某种水溶性碱，使水中金属离子生成氢氧化物沉淀而去除，以 M^{n+} 金属离子为例：

$$M^{n+} + nOH^- \Longrightarrow M(OH)_n \downarrow$$

$$K_{SP[M(OH)n]} \Longrightarrow [M^{n+}] \times [OH^-]^n$$

水的离子积 $K_W = [H^+][OH^-] = 1 \times 10^{-14}$，水中 $[M^{n+}]$ 与 $K_{sp[M(OH)n]}$ 和 pH 值有关。pH 值越高，$[M^{n+}]$ 就越小。故采用此法时，控制 pH 值是一个重要的条件，应试验确定，理论值做参考。还要控制氢氧根等配位体与金属离子的络合作用，以防由此引起重金属离子的溶解。

2. 硫化物沉淀法除重金属

常用沉淀剂有 H_2S、Na_2S、K_2S。以二价金属离子为例：

$$MS \Longrightarrow M^{2+} + S^{2-}$$

$$[M^{2+}] \Longrightarrow K_{sp} / [S^{2-}]$$

以 Na_2S 为例，向水中加入后，存在电离平衡：

$$H_2S \Longrightarrow 2H^+ + S^{2-}$$

$$K_a \Longrightarrow [H^+][S^{2-}] / [H_2S]$$

得：

$$[M^{2+}] \Longrightarrow K_{sp}[H^+]^2 / [H_2S] K_a$$

由此看出，金属离子浓度与 pH 值有关，随 pH 值的增加而降低。

应用：以含汞废水为例，在 pH 值为 8~10 条件下，向废水中投加 Na_2S：

$$Hg^{2+} + S^{2-} \Longrightarrow HgS \downarrow$$

由于 HgS 颗粒很小，沉淀分离困难，常投加混凝剂（如 $FeSO_4$）共沉，此法称硫化物沉淀法：

$$FeSO_4 + S^{2-} \!=\!=\!= FeS\downarrow + SO_4{}^{2-}, \ Fe^{2+} + OH^- \!=\!=\!= Fe(OH)_2\downarrow$$

FeS 和 Fe (OH)$_2$ 为 HgS 的载体，细小的 HgS 吸附在载体上共沉。

由于硫化物水解产生的 H$_2$S 气体挥发导致空气环境差。

如果废水中有多种重金属离子，根据其形成沉淀物的溶度积，控制条件可实现一定程度的先后沉淀分离。

3. 磷酸铵镁沉淀法除铵离子

含有高浓度铵氮和磷酸盐的废水，用一般的生化方法处理效果不够理想，而常规的铝、铁、钙盐只能除磷。20 世纪 60 年代以来，采用磷酸铵镁沉淀法去除并回收废水中的氮磷。磷酸铵镁晶体的溶度积常数为 $5.05 \times 10^{-14} \sim 4.36 \times 10^{-10}$，磷酸铵镁的化学式为 MgNH$_4PO_4 \cdot$ 6H$_2$O。对于高浓度氮磷废水，实验室里氮的去除率一般达到 90% 以上，但是还有些问题尚待研究，如一般废水中氨和磷酸盐比例不平衡，造成不能同时获得高的氮磷去除率等。分开调节是比较有效的技术。

3.2.3 阴离子沉淀

可用沉淀方法去除的阴离子有磷酸根、铬酸根、氟离子、砷酸根等，加入可溶性的金属盐（一般用可溶性盐酸盐）形成沉淀，如表 3 - 2 所示。

表 3 - 2 部分阴离子形成的难溶性盐

阴离子	沉淀物
磷酸根	磷酸铁、磷酸钙等
铬酸根	铬酸钙、铬酸钡等
氟离子	氟化钙（萤石）
砷酸根	砷酸钙、砷酸铁

需要注意的是：①磷酸根、氟离子、砷酸根在不同的 pH 值条件下有多种形态。比如磷酸根在不同 pH 值下的形态变化如图 3 - 20 所示，由图可见当 pH = 4 ~ 6 时，其主要形态是 H$_2$PO$_4{}^-$；当 pH = 6 ~ 8 时，有两种主要形态 H$_2$PO$_4{}^-$ 和 HPO$_4{}^{2-}$，相应的酸式盐溶解性比难溶性正磷酸盐的溶解性要高。出水中水溶性总磷是各种形态的磷酸根离子总浓度。六价铬在酸性条件下，存在形式为重铬酸根 Cr$_2$O$_7{}^{2-}$，在碱性条件下存在形式为铬酸根 CrO$_4{}^{2-}$。重铬酸盐的溶解度高于铬酸盐。②形成的沉淀难以 100% 沉到池底。

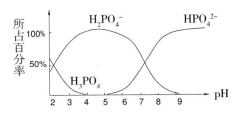

图 3 - 20 纯水中不同 pH 值下各磷酸根离子的形态变化

氟化钙（俗称"萤石"）沉淀法可以去除废水中的氟离子。常用的沉淀剂是熟石灰或氯化钙，18℃时 CaF_2 的溶度积常数 $Ksp = 2.2 \times 10^{-11}$。$CaF_2$ 的理论溶解度为 $15.6mg \cdot L^{-1}$，折算成氟离子浓度为 $7.5mg \cdot L^{-1}$。我国《污水综合排放标准》（GB8978—1996）规定，氟化物的排放标准最低值为 $10mg \cdot L^{-1}$，从理论上说仅用石灰处理法就能满足要求。而实际运行时，以石灰作为沉淀剂，出水氟含量通常在 $15mg \cdot L^{-1}$ 左右。其原因有两点：①形成的氟化钙需要沉降去除。氟化钙沉淀后期水中氟的残留量很低，比如为 $10 \sim 20\ mg \cdot L^{-1}$ 时，形成的固体颗粒很小，其沉降速度很慢，因此采取投加聚合氯化铝的混凝沉淀法作为补充。②氢氟酸是弱酸，在酸性条件下有分子 HF 形态。

3.3 中和法

3.3.1 酸碱性废水处理概要

中和法是用中和剂与废水中的酸或碱反应，以满足后续处理对 pH 值的要求或排水 pH 值的要求。中和剂有：酸或碱废水、废酸或废碱、工业酸或碱、熟石灰、燃烧尾气 CO_2 或 SO_2、碳酸钙或碳酸镁矿物。溶液中的中和反应速度很快，但是，如果是多相间的中和反应，传质和配水均匀性就很重要。酸性废水主要来自钢铁制造、化工、染料、电镀和矿山等，酸的含量从低于 1% 到高于 10% 不等。有机酸应该列入有机废水。碱性废水主要来自印染、皮革、造纸、炼油等，碱的含量从低于 1% 到高于 5% 不等。酸碱废水往往含有其他污染物，如重金属、有机物等。

处理单纯的酸碱废水比较容易，处理之后 pH 值在 6~9 之间即可排入受纳水体。如果还含有其他污染物，中和处理后要达到后续处理对 pH 值的进水要求。

高浓度酸碱废水应该考虑回收酸碱，尽量以废治废。

中和反应放出大量的热，加之酸碱的腐蚀性，因此对构筑物、建筑物、管道、设备和仪表等均需考虑防腐蚀。

3.3.2 酸碱性废水处理

酸性废水的中和剂有碱性废水、废碱、熟石灰、不溶于水的矿物粒状碱性盐，如主要成分为碳酸钙的石灰石、大理石，碳酸钙与碳酸镁共生的白云石。

碱性废水的中和剂有酸性废水、烟道气、废酸、工业盐酸或硫酸。没有可用于处理碱性废水的不溶于水的粒状酸性盐。

处理工艺如下：

(1) 酸碱废水互相中和工艺。

如果酸碱废水中酸碱当量不配，可考虑先均质或先预中和到等当量中和。

(2) 过滤中和法处理酸性废水。

只有处理酸性废水才有过滤中和法。这里的滤料是碳酸钙或碳酸镁矿物颗粒，去除的对象是 H^+，不像前面过滤是去除 SS，当然许多过滤中存在的技术问题在中和过滤中是同样存在的或会产生新的问题，比如这里的中和滤料是逐渐减少和颗粒变细的，中和后出水含有碎落下来的细小粒状中和剂。发生的中和反应如下：

$$CaCO_3 + 2H^+ \longrightarrow CO_2 \uparrow + H_2O + Ca^{2+}$$

我们知道沉淀或气体产物有利于反应，但必须注意沉淀和气体可能产生新的问题。在这里，中和后的出水含有 CO_2，pH 值一般为 4 ~ 5，不能达标排放。曝气吹脱 CO_2 可达到目的。如果处理含硫酸废水，产物有微溶于水的 $CaSO_4$，需除去。碳酸钙中和处理含硫酸废水，其浓度一般不超过 $1 ~ 2g \cdot L^{-1}$，否则微溶于水的 $CaSO_4$ 附着在颗粒表面，如果水流冲刷不能使之离开表面，就阻碍颗粒进一步反应。硫酸浓度过高，可用出水回流进行稀释。白云石可以中和处理硫酸浓度为 $2 ~ 5g \cdot L^{-1}$ 的废水，原因是中和产物除微溶于水的硫酸钙之外，还有一种水溶性的硫酸镁。

如果进水含有较高的 SS，需经沉淀预处理。过滤中和法的类型和适用场合见表 3 – 3。

表 3 – 3　各种中和过滤法的适用场合

处理方法	适用场合
普通中和过滤	适用于单纯含有盐酸或硝酸的废水，不含大量悬浮物、油脂和重金属离子等，酸浓度小于 $20g \cdot L^{-1}$
升流式膨胀等速或变速中和过滤	除适用于以上场合外，还可用于处理硫酸浓度小于 $2g \cdot L^{-1}$ 的硫酸废水。白云石处理的硫酸废水浓度更高
滚筒中和过滤	可处理更高浓度硫酸废水

升流式膨胀等速或变速中和过滤如图 3 – 21 所示。

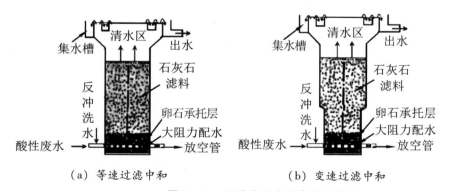

（a）等速过滤中和　　　　　　　　（b）变速过滤中和

图 3 – 21　两种升流式过滤中和滤床

过滤中和流程主要包括调节池、中和滤床、曝气池、集水池、管道和泵。

过滤中和反应主要发生在颗粒表面和颗粒表层，因此滤床不堵塞、颗粒表面不被悬浮物覆盖，滤床内水流流速和均匀性（与颗粒粒径和空隙率的均匀性、配水均匀性有关）很重要。配水系统与第 2 章 2.5 节普通过滤的配水系统相似：一种称为小阻力配水系统，另一种称为大阻力配水系统。

（3）烟道气喷淋中和碱性废水。

如图3-22所示，烟道气从喷淋塔底部进入，碱性废水在塔顶喷淋。在喷淋塔内存在多相间的传质和反应，烟道气上升，喷淋水下落。溶入水中的 CO_2 和少量的 SO_2 及其他酸性气体（如氮氧化物）与碱中和。进入水中的烟道气中的大量细微碳粒和烟尘吸附废水中的有机物。塔内发生中和、除尘、除酸性气体、吸附。经过中和处理的出水成分很复杂，有被水吸收的酸性气体及其相应转化的化合物、进水可能存在的污染物、烟道气中的 SS 和其他成分，因此出水需要继续处理。

（4）投药中和法处理酸碱废水。

这种方法药剂成本较高，是处理酸碱废水最后考虑的工艺。

前面说到酸碱废水往往含有其他污染物，因此中和处理只是酸碱废水处理系统中的一个单元。

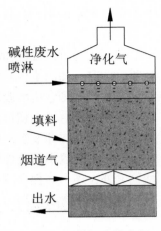

图3-22 烟道气喷淋中和碱性废水

3.4 氧化还原处理法

向水中投加某种物质，使水中污染物因发生氧化还原反应而转化为环境安全或更容易去除的物质的方法，称为氧化还原处理法。针对废水中污染物的形态，氧化还原处理法分氧化法与还原法两大类。去除污染物的氧化还原反应涉及电子得失，许多反应比较慢，少数反应比较快，甚至很快。

3.4.1 普通氧化法和高级氧化法

氧化法主要用于去除水中氰化物、硫化物、烃类、酚、醇、醛、油类、含氯有机物等，以及脱色、脱臭、杀菌消毒等。

3.4.1.1 普通氧化法

氧化剂有氧、臭氧、氯气、二氧化氯等。这些氧化剂参与的氧化还原反应比较慢，特别是分子氧参与的非催化反应。

（1）氯系氧化法。

药剂：漂白粉、次氯酸钠、液氯、二氧化氯等。

前三种氯系氧化剂的有效成分都是次氯酸和次氯酸根。氯在水中瞬间水解：

$$Cl_2 + H_2O \longrightarrow HOCl + HCl$$

$$HOCl \longrightarrow H^+ + ClO^-$$

pH >9 时，ClO^- 接近 100%，ClO^- 的标准氧化还原电位为 1.2V。

二氧化氯是一种最新的氯系氧化剂，是一种具有高氧化性和强消毒性的化合物，而且一般只起氧化作用，没有氯化作用，因此氧化过程中氯化副产物少。

（2）臭氧氧化法。

①它是强氧化剂，酸性条件与碱性条件的电极电位不同：

$$O_3 + H_2O + e \longrightarrow 2HO^- + O_2 \qquad 1.24V$$
$$O_3 + 2H^+ + e \longrightarrow H_2O + O_2 \qquad 2.07V$$

②在水中的溶解度较低，只有 $3 \sim 7mg \cdot L^{-1}$（25℃时）。臭氧化空气中臭氧只占 $0.6\% \sim 1.2\%$。

③稳定性。水中的分解速度比在空气中的快。在常温常压下，半衰期仅 $5 \sim 30min$。

④有毒气体，工作场所规定的最大允许浓度为 $0.1mg \cdot L^{-1}$，严防臭氧泄漏。

臭氧氧化法需要解决的问题有：①在水中溶解度低，限制了反应速度。使臭氧富集在吸附剂上进行臭氧氧化法是提高反应中臭氧浓度的有效方法。②在水中其半衰期短，为了提高利用率就需要提高反应速度，比如用臭氧催化法。

3.4.1.2　高级氧化法

难降解的有机污染往往浓度低，不管是普通化学氧化法还是生化法，反应速度都非常慢，但容易被氧化能力非常强的自由基氧化。其中羟基自由基是最主要的自由基。涉及羟基自由基的氧化过程称为高级氧化流程。广义上也包括一些反应机理不确定但羟基自由基可能起重要作用的新型氧化过程。

羟基自由基中氧的来源起点是普通氧化剂：空气、氧气、臭氧、过氧化氢（Fenton 试剂）等，它们在化学催化剂或光催化作用下产生羟基自由基。羟基自由基氧化性很强，其氧化还原电位为 $2.85V$。羟基自由基有一个未成键电子，有很强的夺取电子的能力，反应速度很快。

高级氧化法过程复杂、成本高、技术含量高，用于降解其他办法不能去除的污染物。虽然研究热，但理论机理和技术的许多方面还不成熟。

高级氧化法有：①化学催化；②光化学催化；③半导体光化学催化；④相转移催化及其组合；⑤超临界氧化。下面讨论其中几种。

1. 半导体光催化氧化

固相光催化剂 n 型半导体中的成键（价带）电子在光激发下吸收光能成为导带电子，从而产生具有氧化性的带正电的空穴，空穴再诱导一系列自由基传递反应产生最重要的羟基自由基。光源有人工光源、自然光源或两种光源结合。人工光源催化效果好，但是费用高。自然光费用低，催化效果还需提高。

n 型半导体（过渡金属氧化物）有氧化钛、氧化锌、氧化钨、氧化铁、硫化镉等。典型的当属二氧化钛。二氧化钛有两种晶型：锐钛型和金红石型。成键电子能够量子化地吸收光子能量，跃迁到导带，这个能量差称作能隙，锐钛型的能隙是 $3.2eV$，金红石型能隙是 $3.0eV$，相对应的照射波长分别为 $387nm$ 和 $413nm$，如图 $3-23$ 所示。当用低于上述波长的光照射 TiO_2 时，电子脱离原来的电子轨道，留下带正电的空穴 h^+：

$$二氧化钛中的成键电子 + hv \longrightarrow h^+ + e$$

导带电子具有还原性，其还原电位为 $-0.8V$。锐钛型 TiO_2 光生空穴的氧化电位为 $2.4V$，有很强的得电子能力，容易进行氧化反应。光生电子和空穴如果不很快地发生反应，两者也可能发生复合。

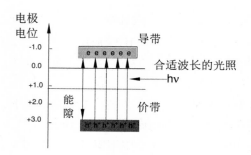

图 3 - 23　二氧化钛的价带和导带

如果将二氧化钛粉末悬浮在含有有机污染物的废水中，并施以合适波长的光照，空穴可以随机分解吸附在二氧化钛表面的还原性污染物。空穴还能够氧化吸附在表面的水分子，产生羟基自由基。如果 pH 值较高，还可以氧化吸附在表面的氢氧根离子，也能产生羟基自由基：

$$h^+ + H_2O（吸附态）\longrightarrow \cdot OH + H^+$$
$$h^+ + OH^-（吸附态）\longrightarrow \cdot OH$$
$$h^+ + 有机物（吸附态）\longrightarrow \cdots \longrightarrow CO_2 + H_2O$$

如果再施以曝气，导带电子可以还原吸附在表面的氧分子（O_2 的还原电位为 $-0.33V$），产生 O_2^-：

$$e + O_2 \longrightarrow O_2^-$$

O_2^- 通过以下反应生成羟基自由基：

$$O_2^- + H_2O \longrightarrow \cdot O_2H + OH^-$$
$$2 \cdot O_2H \longrightarrow O_2 + H_2O_2$$
$$H_2O_2 + hv \longrightarrow 2 \cdot OH$$

羟基自由基具有很强的氧化性，可以快速氧化吸附在表面的还原性污染物，如有机污染物。反应方程式如下：

$$\cdot OH + 有机物（吸附态）\longrightarrow \cdots \longrightarrow CO_2 + H_2O$$

基本过程如图 3 - 24 所示。

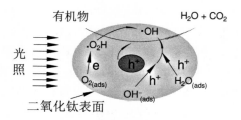

图 3 - 24　光催化二氧化钛氧化过程

2. 化学催化氧化

均相催化氧化一般指 Fenton 试剂及其改进的氧化法。Fenton 试剂有一百多年的历史，是最容易实现的均相催化氧化。它是由可溶性铁盐（Fe^{3+} 盐或 Fe^{2+} 盐）和过氧化氢组成的体系。Fe^{3+} 和 Fe^{2+} 都具有催化过氧化氢产生羟基自由基的作用，因为它们都能够形成氧化还原催化离子对 Fe^{3+}/Fe^{2+}。实际上在反应系统中，除了有机物外还有催化剂、过氧化氢，如果羟基自由基不及时氧化有机物，它可能会与别的成分发生反应。

$$Fe^{2+} + H_2O_2 \longrightarrow Fe^{3+} + HO^- + \cdot OH$$

$$Fe^{3+} + H_2O_2 \longrightarrow Fe^{2+} + \cdot O_2H + H^+$$

$\cdot O_2H$ 也具有引发自由基反应，产生羟基自由基的作用。

非均相化学催化氧化是用铁的氧化物代替铁盐作催化剂。

3. 超临界水氧化

超临界水氧化技术（Supercritical water oxidation，SCWO）是 20 世纪 80 年代中期美国学者 Modeh 提出的一种能够彻底破坏有机物结构的新型氧化技术，其基本过程是溶解于超临界水的氧分子将废水中的有机物快速彻底地分解成水、二氧化碳等简单无害的小分子化合物。

（1）超临界水状态和特性。

①超临界水状态和相图。

如图 3 - 25 所示，在高温（>547K）、高压（>22MPa）下，水变成超临界水。超临界水具有与普通状态下的水很不一样的特性。

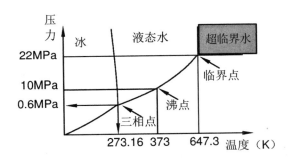

图 3 - 25　水的状态与压力、温度的关系

②超临界水特性。

其特性如表 3 - 4 所示。超临界水可以与有机物、氧化剂（O_2）形成均一相，克服了相间的传质阻力，使原本发生在液相或固相中的有机物和气相氧气之间的多相反应转化在液相进行，同时高温、高压显著提高了氧与超临界水混溶的浓度，高温也有利于活化氧分子和有机物，因此大大提高了氧化有机物的速率，能在数秒内对有机成分产生极高的破坏率，反应完全彻底。

表 3 - 4　超临界水特性

特性	流体		
	普通水	超临界水	过热蒸汽
温度（℃）	25	450	450
压力（MPa）	0.1	27	13.6

（续上表）

特性	流体		
	普通水	超临界水	过热蒸汽
介电常数	78.5	1.8	1.0
氧的溶解度（$mg \cdot L^{-1}$）	8（常温，1大气压）	混溶	混溶
密度（$g \cdot cm^{-3}$）	0.998	0.128	0.004 19
黏度（cP，$cP = 1mPa \cdot s$）	0.890	0.029 8	2.65×10^{-5}
有效扩散系数（$cm^2 \cdot s^{-1}$）	7.74×10^{-6}	7.67×10^{-4}	1.79×10^{-3}

（2）超临界水氧化的评价。

①优点。

分解效率高，对某些难分解性有机物分解率甚至高达 99.999 9%；排放的气体是 CO_2、N_2 和 O_2，没有 NO_x、SO_x、二噁英等；反应一般只需几秒至几分钟，反应迅速；可处理的废水浓度范围大，设备小型化；反应放热，只要进料具有适宜的有机物含量，仅需输入启动所需的外界能量，氧化有机物释放的能量足以维持高温高压条件。

②技术难题。

超临界水氧化具有强腐蚀性，不锈钢、镍基合金、钛等高级耐腐蚀材料在超临界水氧化系统中均会遭受不同程度的腐蚀。为缓解设备的腐蚀问题，常在进料中加入碱以中和超临界氧化过程中形成的酸，结果形成大量无机盐并析出，导致系统的换热率降低，引起反应器或管路堵塞。另外，难以保持超临界氧化催化剂的稳定性和催化活性；条件很苛刻，难以探测反应机理。

3.4.2　还原法

常用的还原剂有铁屑、纳米铁、锌粉、氧化亚铁、亚硫酸盐、硫酸亚铁等。

3.4.3　氧化还原法的应用

3.4.3.1　亚硫酸盐还原法处理含铬废水

电镀废水中六价铬主要以铬酸盐根 CrO_4^{2-} 和重铬酸 $Cr_2O_7^{2-}$ 两种形式存在。

$$2CrO_4^{2-} + 2H^+ = Cr_2O_7^{2-} + H_2O$$
$$Cr_2O_7^{2-} + 2OH^- = 2CrO_4^{2-} + H_2O$$

酸性条件下，以 $Cr_2O_7^{2-}$ 为主，碱性条件下，以 CrO_4^{2-} 为主。

以亚硫酸氢钠为例，在酸性条件下：

$$2H_2Cr_2O_7 + 6NaHSO_3 + 3H_2SO_4 = 2Cr_2(SO_4)_3 + 3Na_2SO_4 + 8H_2O$$

还原后用 NaOH 中和至 pH 值为 7~8，使 Cr^{3+} 形成 $Cr(OH)_3$ 沉淀。处理流程如下：

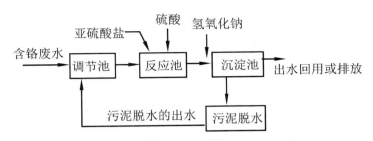

图 3 - 26 亚硫酸盐还原法处理含铬废水流程

3.4.3.2 铁过滤法

将废水流经装有铁屑的滤柱，发生如下反应：

$$Cu^{2+} + Fe \longrightarrow Cu + Fe^{2+}$$
$$Hg^{2+} + Fe \longrightarrow Hg + Fe^{2+}$$

Fe^{2+} 被溶解氧氧化成 Fe^{3+} 加碱沉淀去除。

3.4.3.3 氯法处理含氰废水

要去除含氰电镀废水中的金属离子，必先破氰，将之从络合态释放出来，然后可用沉淀法去除。氰的毒性与其结合状态有关。一般游离 CN^- 的毒性大，络合离子形态的毒性小。

第一阶段（局部氧化法）：

$$CN^- + ClO^- + H_2O \longrightarrow CNCl（有毒）+ 2OH^-$$

随着氰离子不断氧化，络合态的氰离子不断释放，络合态的重金属离子也被释放出来。该式在任何 pH 值下，反应都很快。但生成的 CNCl 为挥发性物质，毒性和 HCN 差不多。需进一步分解它。

$$CNCl + 2OH^- \longrightarrow CNO^-（氰酸根，毒性小）+ Cl^- + H_2O$$

该反应需把 pH 值控制在 12 ~ 13，时间为 10 ~ 15min。pH < 9.5 时，反应不完全。

第二阶段（完全氧化法）：

CNO^- 毒性小（仅为氰的千分之一），易水解生成 NH_3，应彻底处理。

$$2NaCNO + 3HClO \longrightarrow 2CO_2 + N_2 + 2NaCl + HCl + H_2O$$

pH 值可控制在 7.5 ~ 8，时间为 30min。

3.4.3.4 杀菌消毒（以饮用水消毒为例）

杀菌消毒是为了杀灭对人体有害的病原微生物。杀菌剂主要是氧化剂，但是并不是所有的氧化剂都是杀菌剂，如过氧化氢虽然是良好的氧化剂，但不是杀菌剂，原因是许多细菌有过氧化氢分解酶，从而将其分解。水的杀菌消毒方法有很多，常规的主要有氯系消毒（氯、二氧化氯、氯胺等）、臭氧消毒等。新型消毒处理技术包括紫外线、二氧化钛光催化、等离子体等技术。水处理的消毒场所是自来水水厂、医院废水处理站、有生化处理法的处理系统。如果水处理需要杀菌，为了节约杀菌剂用量、提高杀菌效果和减少消毒副产物，杀菌绝大多数位于工艺的最后，只有电渗析、反渗透和纳滤的杀菌预处理位于这些工艺之前。

1. 氯系消毒剂

（1）液氯消毒。

世界上第一个应用液氯消毒的国家是比利时（1902年）。第一个应用于自来水厂的国家是美国（1908年）。液氯消毒目前还是全世界主要的消毒方法。但是它的问题是：①对隐孢子虫和贾第鞭毛虫无效；②消毒过程中产生三致作用的消毒副产物，如氯仿、氯酚等。国家《生活饮用水卫生标准》（GB5749—2006）对许多含氯化合物规定了最高浓度限值，如氯仿浓度限值为 $60\mu g \cdot L^{-1}$，四氯化碳的浓度限值为 $2\mu g \cdot L^{-1}$ 等；③消毒管网发现有微生物膜的形成。

①基本原理。

前面我们看到氯的水解产物有次氯酸根（ClO^-）和次氯酸（$HClO$）。前者带负电，通常条件下细菌也带负电，因此虽然 ClO^- 是良好的氧化剂，但是不能靠近细菌表面。$HClO$ 能够穿透带有负电荷的细菌表面进入细菌内部，破坏酶系统，导致细菌死亡。液氯的优点主要是成本低、设备简单、易于操作；余氯在饮用水消毒中持续时间长、消毒效果好；液氯消毒是一种比较成熟的消毒方法。基于液氯的安全性，也有用次氯酸盐替代液氯消毒的。

液氯在消毒过程中如果消毒对象中含有氨氮，氯的水解产物 $HClO$ 会与氨发生取代反应，生成氯胺。$HClO$ 中氯原子带正电，因此氨中 N 进攻带正电的氯原子，反应如下：

$$NH_3 + HClO \Longrightarrow NH_2Cl + H_2O$$
$$一氯胺$$
$$NH_2Cl + HClO \Longrightarrow NHCl_2 + H_2O$$
$$二氯胺$$
$$NHCl_2 + HClO \Longrightarrow NCl_3 + H_2O$$
$$三氯胺$$

当水的 pH 值在 5～8.5 时，主要是二氯胺，它的杀菌效果比一氯胺好。在 pH 值 <4.4 的条件下才形成三氯胺。

从氯系消毒剂角度看，其消毒能力与其化学结构和形态、有消毒能力的氯原子数及氯的价态有关。氯系消毒剂消毒后氯都成为 Cl^-。氯的价态不同，得到的电子不同，消毒能力也不同。一个零价氯得到一个电子成为 Cl^-，把一个零价氯定义为"一个有效氯"，因此氯系消毒剂的有效氯数等于从当前价态的氯成为 Cl^- 得到的电子数，数值上等于零价氯原子数。比如氯分子，有两个零价氯原子，因此其有效氯数为 2；如 ClO_2，当前化合价为 +4，要得到 5 个电子成为 Cl^-，因此有效氯数为 5 个；次氯酸根和次氯酸中，氯的价数都是 +1，得到 2 个电子成为 Cl^-，因此有效氯数为 2 个。有效氯也称作游离性氯或自由性氯。氯胺中的氯称为化学性有效氯，氯的价态是负一价。其化学性有效氯数按水解产物次氯酸中的有效氯数来计算。氯系消毒剂的有效氯含量是有效氯量与消毒剂化学式量的百分比。与相应氯系消毒剂中氯的重量百分比的概念不同，分子氯的有效氯含量为 100%。漂白粉的理论化学式为 $Ca(ClO)_2 \cdot CaCl_2$，其理论有效氯含量为：

$$\frac{Ca（ClO）_2 的有效氯个数 4 个 \times 35.5}{Ca（ClO）_2 的摩尔质量 + CaCl_2 的摩尔质量} \times 100\% = \frac{35.5 \times 4}{143 + 111} \times 100\% = 55.9\%$$

实际的漂白粉可能还含有没有反应的熟石灰，实际漂白粉有效氯含量在 25% ～ 35%。ClO_2 的有效氯百分率为 263%。

②杀菌效果相关因素。

单位体积水的杀菌效果与加氯量、水中还原性成分、细菌种属和浓度、杀菌接触时间、管网长度、温度等有关。按国家《生活饮用水卫生标准》（GB5749—2006），饮用水加氯 $4mg \cdot L^{-1}$ 接触 $\geqslant 30min$ 后，出厂余氯浓度最小为 $0.3mg \cdot L^{-1}$。集中式供水要流经不同长度的管网，为了保证持续的杀菌能力，以保证出水细菌含量合格，末端出水即水龙头的出水余氯（指游离性余氯和化学性余氯之和）要求不应低于 $0.05mg \cdot L^{-1}$。末端出水余氯与管网长度、氯消耗量、余氯组成等有关。有资料表明，如果用氯消毒，出厂余氯完全是游离性余氯，到 8 千米管网处余氯降为 $0.1mg \cdot L^{-1}$。如果结合氯胺消毒，到 11 千米管网处余氯仍有 $0.1mg \cdot L^{-1}$。因此氯胺使用增长很快，常与另外一种消毒剂一起使用。当然不是直接向水中加氯胺，而是向水中加氨或铵盐（如硫酸铵），使之与氯反应形成氯胺。

（2）二氧化氯消毒。

二氧化氯对微生物细胞壁有较好的吸附和穿透能力，进入细胞体后直接氧化细胞内含硫基的丙氨酸、色氨酸、酪氨酸等从而导致细菌死亡。对一般细菌有杀灭作用外，对芽孢、病毒、藻类、铁细菌、硫酸盐还原菌、真菌、抗氯的隐孢子虫和贾第鞭毛虫等均有很好的杀灭作用。二氧化氯的优点在于其高效的杀菌能力，对水中引起肠道疾病和脊髓灰质炎等疾病的多种病毒也有良好的杀灭作用。二氧化氯不产生氯化消毒副产物，可能会产生亚氯酸盐和氯酸盐，按生活饮水国家标准使用二氧化氯消毒时，亚氯酸盐浓度限值为 $0.7mg \cdot L^{-1}$。使用的二氧化氯是现场制备。

2. 臭氧消毒

臭氧消毒的优点在于杀菌效果好，接触时间短，而且不产生氯化消毒污染物，但是会产生臭氧氧化产物，如醛类等。饮用水臭氧消毒时，甲醛浓度限值为 $0.9mg \cdot L^{-1}$。海水消毒时，臭氧氧化 Br^- 生成毒性很强的溴酸盐，溴酸根浓度限值为 $0.01mg \cdot L^{-1}$。臭氧在水中不稳定，容易分解，使管网水没有剩余的消毒能力，且耗电较大、运行费用较高。

3. 紫外线消毒

紫外线通过改变微生物的 DNA 而使其失活。它具有高效、广谱、几乎不产生消毒副产物的优点，对抗氯的隐孢子虫和贾第鞭毛虫有显著的消毒效果。总的来说，紫外线消毒在消毒市场中所占份额还很少，但正在逐渐增加。紫外线消毒没有持续的消毒效果，因此需与氯消毒等化学消毒法联合使用。紫外线消毒应该关注消毒后微生物的复活现象。

习题

1. 简述混凝法去除 SS 的尺度范围。

2. 解释脱稳、凝聚、絮凝和混凝的含义。

3. 由里到外叙述胶体的构造名称。

4. 简述胶体颗粒稳定的原因。

5. 解释混凝机理：压缩双电层、吸附电中和、吸附架桥、网捕卷扫。解释不同混凝剂的混凝机理，如 PAC、PAM、阴离子有机高分子絮凝剂。

6. 简述 pH 值对混凝的影响。

7. 简述温度对混凝的影响。

8. 同向絮凝中颗粒间碰撞的必要条件是什么？

9. 解释异向凝聚和同向絮凝，并解释为什么在混合阶段以异向凝聚为主，在絮凝阶段以同向絮凝为主。

10. 为什么无机高分子混凝剂和有机高分子絮凝剂的絮体形成比普通铝盐的絮体形成要快、沉淀速度要高？

11. 用过滤中和法处理酸性废水时，常以石灰石或白云石为中和剂，它对进水中硫酸的浓度有限制而且不同，为什么？

12. 讨论超临界水的特性和超临界水氧化特点。举出两个特性和特点，并阐述两者的关系。

13. 二氧化钛悬浮在空气曝气的池子里，在合适波长的紫外线照射下会产生氧化性和还原性物质，它们主要是哪几种？它们是通过什么途径产生的？

14. 快速过滤的进水为什么先要将比较大的颗粒去除？接触絮凝处理低浊度进水时，过滤前的混凝预处理是在混凝的哪个阶段？为什么？处理高浊度水，又该怎样将混凝与接触絮凝结合？

15. 简述混合和絮凝的设备。

16. 助凝剂有哪些？它们是怎么助凝的？

17. 今有含氟废水（含 F^-），若用石灰水清液除氟，假设石灰水流量与处理水量的比例为 $1:3$，问当形成 CaF_2 平衡时，出水中 F^- 的浓度可降至多少？$K_{sp(CaF_2)} = 4 \times 10^{-11}$。实际上出水中的 F^- 几乎做不到这么低，为什么？要了解结合混凝法进一步降低氟离子浓度的方法可扫码阅读相关资料。

18. 写出聚合氯化铝和聚合氯化铁的化学式。目前认为聚合氯化铝中最有效的絮凝成分是什么？盐基度取值一般在什么范围？解释盐基度的含义。

19. 混凝的混合阶段和絮凝阶段应该把 G 值控制在多大范围？

20. 试计算 ClO_2 与 $NHCl_2$ 的含氯量和有效氯百分含量，并解释为什么 $NHCl_2$ 的含氯量比 ClO_2 高很多，而其有效氯却比 ClO_2 的低 97.5%。用 ClO_2 和 Cl_2 消毒，它们的消毒副产物有哪些?

21. 沉淀处理法去除重金属离子或某些阴离子时为什么不能从溶度积去计算出水中这些离子的残留浓度和沉淀剂的用量? 如果进水中存在络合形态的重金属离子, 就需要进行破络, 对此你可以扫码阅读相关资料进一步理解络合在沉淀法的影响。

①电镀废水分质处理与回用工程介绍　　　②络合态重金属废水处理技术研究进展

22. 用 $Ca(OH)_2$ 处理含 Cd^{2+} 废水, 欲将 Cd^{2+} 降至 $0.1mg \cdot L^{-1}$, 理论计算需保证 pH 值为多少? 但是实际测定水中的含镉量比这个计算值要大, 为什么? (Cd 的原子量 112; $K_{spCd(OH)_2} = 2.2 \times 10^{-14}$)

23. 根据单位体积消耗的功率和黏度系数的单位, 推出速度梯度的单位。

第4章 物理化学处理法

物理化学处理法是指去除污染物过程中主要涉及物理化学作用的处理方法，包括吸附、气浮、萃取、膜分离。

4.1 吸附处理法

吸附既是一种处理方法，也是其他许多处理过程中普遍发生的现象，是理解其他许多处理方法必须掌握的知识，而且是其中重要的过程之一，比如已经学习过的光催化氧化或还原、混凝、接触凝聚，将要学习的生化处理法、膜分离、气浮、污泥调理等。

吸附处理法用于回收污水中的有用成分或最后的深度处理。

从广义上讲，一切固体物质表面都有吸附作用。实际上，只有多孔性物质或颗粒尺度很细的物质，才有很大的表面积和表面的化学基团，并具有明显的吸附能力。在水相/固体界面上，表面的作用力不平衡，水中溶质在合适的固体表面通过各种作用力自动发生累积或浓集现象就是吸附。吸附法是多孔性的固体物质悬浮在吸附池或装填于吸附床，使水中的一种或多种污染物吸附在固体表面（外表面和内表面）而被去除的方法。这种多孔性固体物质是吸附剂，水中被吸附的物质称作吸附质。

4.1.1 三种吸附类型和判断

1. 物理吸附

物理吸附是通过吸附剂和吸附质之间的分子间力产生的吸附。特点：吸附热较小，低温时就能进行，吸附是可逆的、无选择性的。

判断物理吸附的常用方法是吸附自由能法。一般来说，物理吸附热在 $4 \sim 40 \mathrm{kJ \cdot mol^{-1}}$，吸附自由能在 $-20 \sim 0 \mathrm{kJ \cdot mol^{-1}}$ 之间。通过吸附实验测定吸附的自由能，测定方法的基本原理见4.1.4节，比较数值即可判断。

另外一个判断方法是红外光谱分析，吸附前后吸附剂的红外光谱的特征吸收峰没有发生明显移动，可以判断为物理吸附。

在其他处理方法去除污染物的机理中，物理吸附是重要的一环，比如生物处理法、高级氧化法等。

2. 化学吸附

化学吸附中吸附剂和吸附质之间发生的吸附作用是由化学键力引起的。水处理中的化学吸附是指在常温下容易发生的化学反应或者说活化能较低的化学反应引起的吸附，如络合反应、常温下可以发生的亲核加成、沉淀反应、氢键。

特点：吸附热较大。吸附自由能较大，有选择性。通过观察吸附剂表面的化学组成和结构、吸附质的结构，判断可能会发生什么化学反应，判断的实验证据还可从以下方法得到：①吸附自由能；②红外光谱。化学吸附热 $< -200\text{kJ} \cdot \text{mol}^{-1}$，化学吸附自由能 $\leqslant -20\text{kJ} \cdot \text{mol}^{-1}$。吸附前后吸附剂的红外光谱的特征吸收峰有明显移动，可以判断为化学吸附。

实用的化学吸附剂比物理吸附剂多。它作为深度处理或处理系统的中心环节，位于水处理系统的靠后位置。去除的污染物有重金属离子、阴离子、某些无机或有机分子。

3. 离子交换

离子交换虽然看起来涉及的是电荷之间的作用力，但这又不是物理意义上的点电荷，而是相当于离子键，可以说是一种化学吸附。它不只是简单的离子交换，还涉及其他的作用。离子交换显然是常温下就能发生的现象。去除对象是阳离子，特别是重金属离子和阴离子。在流程中位于水处理系统的靠后位置作为深度处理或处理系统的中心环节。

4.1.2　吸附剂

4.1.2.1　吸附剂的性能评价

1. 比表面积

比表面积（一般单位为 $\text{m}^2 \cdot \text{g}^{-1}$）是吸附剂最重要的性质之一，它分内比表面积和外比表面积。对于孔发达的吸附剂，内比表面积大于外比表面积。外比表面积取决于粒径和表面粗糙度，内比表面积取决于孔隙率和孔结构。

2. 表面结构

表面结构决定了吸附剂的吸附类型、吸附选择性及吸附量。当然许多吸附剂的表面结构并不是绝对非极性或绝对布满官能团的，比如活性炭，非极性的碳环结构决定其比表面积性质以非极性为主，但是在制造过程中难免会生成极性基团或需要引入极性基团。吸附剂的吸附类型不是绝对只会发生一种吸附类型，而是常以其中一种吸附为主。

3. 颗粒粒径和形状

吸附剂的物理形态主要分为两类：粉状和粒状。显然粉状外比表面积比较大，传质阻力小，但是分离比较困难。工业上常用粒状，其比表面积主要是内比表面积，孔内扩散阻力大。吸附剂的形状还有丝状、布状或蜂窝状。

4. 可再生性

吸附剂不是一次性的，需要再生，因此再生性很重要。

5. 机械强度和耐磨性

装填于吸附柱或吸附床内的粒状吸附剂有一定高度，要能耐压。吸附和再生时，都会受到水的冲刷和颗粒间的碰撞，因此要耐磨。

6. 化学和生物稳定性

吸附剂要耐酸碱、耐氧化、不生物降解等。

7. 生产的成本和环境代价

许多吸附剂因为生产复杂、成本高、污染大，即使有许多优点，也难以使用。

8. 吸附容量和吸附速度

对于可逆吸附过程而言，在一定条件下吸附平衡时，吸附质在水中的浓度不变，吸附剂对吸附质的吸附量不变，这个吸附量是平衡吸附量。吸附量应由实验确定。测定方法：取一定体积 V（L）的含吸附质浓度为 C_0（g·L^{-1}）的水样，向其中投加吸附剂，重量为 W（g），当达到吸附平衡时，废水中剩余的吸附质浓度为 C_e（g·L^{-1}），则平衡吸附量为：$q_e = （C_0 - C_e）/W$，常用单位是 mg（吸附质）·g^{-1}（吸附剂）或 mmol（吸附质）·g^{-1}（吸附剂）。平衡吸附量是一个重要参数。吸附量还有几个概念，即非平衡吸附量、工作吸附量、一定条件下的最大吸附量或饱和吸附量。

以上除第6点外，其他各因素是决定吸附剂的吸附容量和吸附速度的来自吸附剂方面的重要因素。关于吸附速度的讨论见4.1.4节。

4.1.2.2　重要吸附剂

1. 活性炭

活性炭是一种古老的吸附剂。活性炭是以有机高分子物质（如木材、煤、谷物或坚果壳等）作为原料，经高温炭化和活化而制成的疏水性吸附剂，如图4-1（a、b、c）所示，其外观呈黑色，表面积达 $500 \sim 1\,700\text{m}^2 \cdot \text{g}^{-1}$，如果放大来看，它是"千疮百孔"的，如图4-1（d）所示。

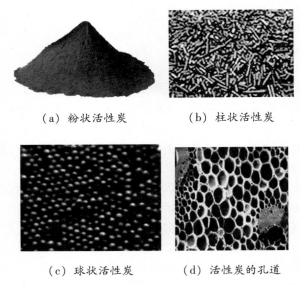

（a）粉状活性炭　　　　　　　（b）柱状活性炭

（c）球状活性炭　　　　　　（d）活性炭的孔道

图4-1　活性炭的几何外观和孔道

疏水性是活性炭表面的基本性质。在活性炭的制备和活化过程中可引入一定数量的某些含氧官能团。除非是特别改性活性炭，其表面的化学官能团一般并不丰富。

活性炭晶格间的空隙呈形状和大小不同的细孔，半径 $0.1 \sim 10\mu\text{m}$ 的为大孔，半径 $2 \sim 100\text{nm}$ 的为中孔，半径小于 2nm 的为微孔。

碘值是在一定浓度的碘溶液中，在规定的条件下，每克炭吸附碘的毫克数，用来鉴定活性炭对半径小于 2nm 吸附质分子的吸附能力，且由此值的降低值确定活性炭的再生周期。碘值越高，表明活性炭的微孔孔容积、外比表面积和微孔内比表面积越大。

亚甲蓝值是在一定浓度的亚甲蓝溶液中，在规定的条件下，每克炭吸附亚甲蓝的毫克数，用来鉴定活性炭对半径为 2～100nm 吸附质分子的吸附能力。

亚甲蓝结构式如下：

亚甲蓝结构式

亚甲蓝值越高，表明活性炭的中孔孔容积、外比表面积和中孔内比表面积越大。

碘值和亚甲蓝值测定法见国标 GB 煤质颗粒活性炭（GB/T7702.1～7702.22—1997）和木质活性炭（GB/T12496.1～12496.22—1999）两种检测标准方法。

2. 腐殖酸

腐殖酸是由 C、H、O、N、S 等元素组成的。一般认为，腐殖酸是一组芳香结构的、性质相似的酸性物质的复杂混合物。通常腐殖酸多呈黑色或棕色胶体状态。腐殖酸具有疏松的"海绵状"结构，使其产生巨大的表面积（330～1 000m$^2 \cdot$ g^{-1}）和表面能，对疏水性有机分子有良好的吸附能力。由于腐殖酸分子含有丰富的活性基团（如羧基、酚羟基、磺酸基等），能与金属离子进行离子交换、络合或螯合反应。富里酸和胡敏酸是主要的腐殖酸，前者溶于水，后者微溶于水。富含腐殖酸的土壤和煤经适当改造可用于处理重金属离子废水，具有较强的抗 Ca^{2+}、Mg^{2+} 干扰能力。腐植酸也是一种接枝在其他载体制备吸附剂的材料。

3. 化学法制备的吸附剂和载体表面改性吸附剂

大的内比表面积固然有意义，但是其扩散阻力比较大。颗粒越小，扩散阻力小的外比表面积越大。但是粉状吸附剂不适用于吸附床，如果用于吸附池又面临着吸附剂与水分离的困境。将官能团引入微细磁性颗粒表面，在磁场作用下能快速分离，如图 4-2 所示。化学法制备的吸附剂和载体表面改性吸附剂有很多报道。

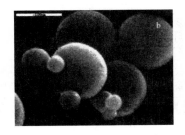 

（a）纳米磁性颗粒的电镜照片　（b）磁性颗粒在磁力作用下很快分离

（c）以磁性颗粒为载体的吸附剂

图 4-2　磁性核壳型吸附剂

4. 生物吸附剂

生物吸附剂指由细菌、真菌、藻类制备的吸附剂。

5. 离子交换树脂

（1）离子交换树脂的分类。

离子交换树脂是由不溶于水的空间网状结构骨架（母体）与共价键固定在骨架上的许多活性基团所构成的不溶性高分子化合物。以强酸性聚苯乙烯磺酸阳离子交换树脂为例，苯乙烯单体聚合，以二乙烯苯为交联剂，聚合成三维网状结构树脂。交联剂在树脂中的重量百分比称作交联度，一般为 7%～10%，然后在苯环上引入具有离子交换能力的磺酸基团：

得到如图 4 – 3 所示的强酸性聚苯乙烯磺酸阳离子交换树脂，将聚苯乙烯看作母体 R，$-SO_3^-$（H^+ 或 Na^+）为固定活性基团，可表示为 $R-SO_3^-$（H^+ 或 Na^+），H^+ 或 Na^+ 为可交换离子，有时可以直接简写为 RH 或 RNa。

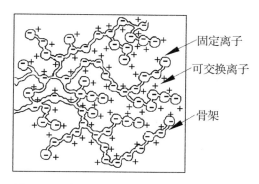

图 4 – 3 离子交换树脂示意图

树脂类型:

①强酸性阳离子交换树脂,如上所示。

②弱酸性阳离子交换树脂,如羧酸型弱酸性阳离子交换树脂有丙烯酸与二乙烯苯的共聚物:

$$\cdots CH-CH_2-CH-CH_2\cdots$$

③强碱性阴离子交换树脂,其中最有代表性的是季铵盐型强碱性阴离子交换树脂。

④弱碱性阴离子交换树脂。

将前面的以二乙烯苯为交联剂的聚苯乙烯氯甲基化,然后氯甲基用伯胺或仲胺胺化,便得到弱碱性阴离子交换树脂。

(2) 离子交换树脂的性能。

离子交换树脂的性能在前面 4.1.2 节吸附剂的性能评价中已介绍过一些,在这里针对离子交换树脂的性能做进一步讨论。

①外观。

呈透明或半透明的球形。颜色有乳白色、淡黄色、黄色、褐色等。粒径在 0.3 ~ 1.2mm,如图 4 – 4 所示。

图 4 – 4 离子交换树脂

②密度。

对于一定含水率的湿树脂而言，表示方法有两种：真密度（又称湿真密度）和视密度（湿视密度）。湿真密度：树脂在水中充分膨胀后的颗粒密度。此值一般在 1.04 ~ 1.3 之间。湿视密度：树脂在水中充分膨胀后的堆积密度。此值一般在 0.6 ~ 0.85 之间。树脂堆积存在空隙，显然湿视密度小于湿真密度。

③离子交换容量和离子交换树脂的有效 pH 值范围。

强酸、强碱型的离子交换容量与 pH 值无关。弱酸型离子在碱性环境下有较高的交换能力，弱碱型离子在酸性环境中有较高的交换能力。仅从离子交换树脂角度来看可交换的有效 pH 值范围：强酸型：pH = 1 ~ 14；弱酸型：pH = 5 ~ 14；强碱型：pH = 1 ~ 12；弱碱型：pH = 0 ~ 7.5。强酸、强碱型的理论离子交换容量可根据单体摩尔质量和交联度计算，比如以交联度为 9% 的 H 型强酸性聚苯乙烯磺酸阳离子交换树脂为例：扣除交联剂质量，1g 树脂中纯聚苯乙烯磺酸质量为 0.91g，单体苯乙烯磺酸的摩尔质量是 184.4g。该树脂的理论离子交换容量为 4.93mmol·g^{-1}。

离子交换与离子的形态有关，pH 值影响离子的形态，比如 Cd（+II）在 pH 从酸性到碱性的过程中，其形态有 Cd^{2+}、$[Cd(H_2O)_6]^{2+}$、$[Cd(OH)(H_2O)_5]^+$、$[Cd(OH)_2(H_2O)_4]$、$[Cd(OH)_3(H_2O)_4]^-$ 等，显然聚苯乙烯磺酸钠强酸性阳离子交换树脂在不同 pH 值下与 Cd（+II）阳离子交换的交换能力不同。

④交换势和竞争性。

交换势以离子交换常数 K 的数值为依据，比如 RNa 与阳离子 M^{n+} 交换达到平衡：

$$nRNa + M^{n+} \Longrightarrow RM + nNa^+$$

OH 型的阴离子交换树脂与阴离子 N^{n-} 交换达到平衡：

$$nROH + N^{n-} \Longrightarrow RN + nOH^-$$

平衡状态下，离子交换常数 K 分别表达如下：

$$K = \frac{[Na^+]_e^n q_{(M)e}}{[M^{2+}]_e q_{(Na)e}^n} \text{或} \frac{[OH^-]_e^n q_{(N)e}}{[N^{n-}]_e q_{(OH)e}^n} \qquad (4-1)$$

K 越大，交换势越大，竞争性越强。

在常温、相同浓度条件下，竞争性顺序为：

a. 对强酸性离子交换树脂的阳离子竞争性顺序，阳离子价数起决定性作用，其次是离子的大小。价数相同，离子大的离子一般排在前面：

$$Th^{4+} > Al^{3+} > Ca^{2+} > Mg^{2+} > K^+ > NH_4^+ > Na^+ > H^+ > Li^+$$

b. 对弱酸性离子交换树脂的阳离子竞争性顺序，H^+ 居首位。

c. 对弱碱性离子交换树脂的阴离子竞争性顺序：

$$OH^- > SO_4^{2-} > CrO_4^{2-} > 柠檬酸根 > 酒石酸根 > NO_3^- > AsO_4^{3-} > PO_4^{3-} > MoO_4^{2-} > 醋酸根、I^-、Br^- > Cl^- > F^-$$

d. 对强碱性离子交换树脂的阴离子竞争性顺序无规律可循。

位于顺序前的离子可以从树脂上取代位于后列的离子。离子交换是可逆反应，增大原来被交换离子的浓度（如 Na^+）可使树脂再生或者说改变吸附方向。

4.1.3 吸附等温线和热力学

1. 吸附等温线

影响平衡吸附量的重要因素有：吸附剂和吸附质性质、吸附质平衡浓度、温度、pH值、其他竞争性成分。在温度等因素不变的条件下，把吸附量随平衡浓度的变化曲线称为吸附等温线。就单组分吸附来说，常见的单组分吸附等温线类型有：

（1）亨利（Henry）吸附等温式。

$$q_A = HC_e \tag{4-2}$$

式中：q_A——吸附质 A 的平衡吸附量，$mg \cdot g^{-1}$；H——吸附常数，$L \cdot g^{-1}$；C_e——吸附质 A 的平衡浓度，$mg \cdot L^{-1}$。这是一个线性关系，表面吸附性质非均匀的一般吸附剂，亨利吸附等温式只在低浓度条件下适用。

（2）朗格缪尔（Langmuir）吸附等温式。

假设吸附剂颗粒大小、孔径分布、吸附剂表面形态、吸附质形态（可能与温度、pH值有关）都不变。每个吸附活性点位通过化学键力只吸附一个吸附质分子或离子，已经吸附的吸附质不会再与水中其他的溶质产生化学键力，即假设吸附是单吸附层。未被吸附的吸附点位 q_0（$mmol \cdot g^{-1}$）与平衡浓度为 C_A 的吸附质 A、已经被吸附质占据的吸附点位 q_A（$mmol \cdot g^{-1}$）达成如下吸附平衡：

$$q_0 + A \Longleftrightarrow q_A$$

设总吸附活性点位是 q_m（$mmol \cdot g^{-1}$），那么有下式：

$$q_m = q_0 + q_A \tag{4-3}$$

q_0 为未吸附或是未离子交换的活性点位在吸附剂上的含量（$mmol \cdot g^{-1}$），q_A 为吸附剂吸附 A 的吸附量。假设吸附剂吸附点位的活性均匀，有相同的吸附自由能 ΔG_{ads}^{0}，则吸附平衡常数 K 为：

$$K = \frac{q_A}{q_0 C_A} = e^{-\frac{\Delta G_{ads}^0}{RT}} \tag{4-4}$$

变换式（4-4）得到 q_0 的表达式，代入式（4-3），得：

$$q_m = \frac{q_A}{KC_A} + q_A = \frac{q_A + q_A KC_A}{KC_A} \tag{4-5}$$

变换上式得 q_A 表达式：

$$q_A = \frac{q_m KC_A}{1 + KC_A} \tag{4-6}$$

这就是著名的 Langmuir 吸附等温式。这个关系式有两个边界条件可讨论：

①浓度 C_A 很小时，K 不是很大，q_A 和 C_A 近似线性关系；

②浓度 C_A 很大时，K 不是很小，q_A 达到最大吸附量 q_m。

Langmuir 吸附等温式中常数求法：

将式（4-6）变形，得：

$$\frac{C_A}{q_A} = \frac{1}{q_m K} + \frac{1}{q_m} C_A \tag{4-7}$$

将式（4-6）的两边取倒数，得：

$$\frac{1}{q_A} = \frac{1}{q_m} + \frac{1}{Kq_mC_A} \qquad (4-8)$$

就式（4-7）和式（4-8）作图，如果可以得到良好的线性关系，即可求出两个参数 q_m 和 K。

（3）弗罗因德利希（Freundlich）吸附等温式。

$$q_A = K_F C_A^{1/n} \qquad (4-9)$$

将式（4-9）两边取对数并变形，得：

$$\log(q_A) = \log(K_F) + \frac{1}{n}\log(C_A) \qquad (4-10)$$

同样也可作图从线性相关系数判断是否符合弗罗因德利希等温式，并得到其中的参数。Freundlich 吸附等温式即使适用，也只有在吸附质低浓度时。吸附质的浓度太高时，Freundlich 吸附等温式肯定不适用，否则到最大吸附量还会随着吸附质浓度的增大而增大，这是不合理的。

2. 影响吸附平衡的因素

达到吸附平衡是需要时间的。根据吸附自由能 ΔG_{ads}^0 数值可判断温度对吸附平衡常数 K 的影响。浓度增加，吸附量增加，直到到达最大吸附量。粒径、表面粗糙度、孔结构、pH 值也是影响吸附平衡的重要因素。

3. 吸附热力学*

Langmuir 吸附等温式中的参数 K 与吸附剂的比表面积（吸附剂颗粒大小、孔结构）、吸附剂表面吸附活性点位数、吸附质形态（可能与温度、pH 值有关）有关，并假设吸附点位活性比较均匀。求出不同温度下 Langmuir 吸附等温式中的常数 K，将式（4-4）取对数得吸附自由能 ΔG_{ads}^0 与 K 的关系式：

$$\Delta G_{ads}^0 = -2.303RT\log(K) \qquad (4-11)$$

再由吸附自由能 ΔG_{ads}^0、吸附焓变 ΔH_{ads}^0、吸附熵变 ΔS_{ads}^0 的关系：

$$\Delta G_{ads} = \frac{\Delta H_{ads}^0}{T} - \Delta S_{ads}^0 \qquad (4-12)$$

并假设吸附过程的吸附焓变和吸附熵变不随温度变化，则 ΔG_{ads}^0 对 $1/T$ 作图可求出吸附焓变和吸附熵变。如果不符合 Langmuir 吸附等温式就要用其他方法求出热力学参数。

4.1.4 吸附动力学和影响吸附速度的因素

1. 影响吸附速度的因素

吸附速度指单位重量吸附剂在单位时间内所吸附的物质的量。吸附速度关系到吸附所需要的时间或吸附床的容积。吸附速度取决于吸附过程中四个阶段中最慢的阶段。第一阶段：颗粒外部输送阶段。第二阶段：吸附质通过吸附剂颗粒表面的液膜达到外表面，在外表面上吸附。第三阶段：颗粒内部扩散阶段，吸附质由外表面向细孔深处扩散。第四阶段：吸附反应阶段，吸附质被吸附在细孔内表面上。如果吸附床某处出现堵塞，堵塞之处第一阶段是决定速度阶段。一般吸附速度是由第二阶段（或液膜扩散）或第三阶段（或内扩散）、第四阶段的速度决定的。如果是离子交换过程，被交换下来的离子向外扩散的过程也要包括在吸附过程中。

下面对此进行具体分析：

（1）吸附剂。

粒径、表面粗糙度、孔结构、表面性质、用量。

（2）吸附质。

①吸附质和吸附剂极性匹配：活性炭是非极性或称疏水性吸附剂，沸石、硅胶是极性或称亲水性吸附剂；

②表面自由力：ΔG_{ads}^0 负值越大，越易吸附；

③吸附质分子的大小：大小不同的吸附质在不同孔径孔道中的扩散速度肯定有差异，因此影响吸附质在吸附剂的内比表面积的吸附；

④表面特殊基团：这是对化学吸附来说的；

⑤吸附质和吸附剂的形态：pH 值发生改变时，吸附质和吸附剂的形态发生改变；

⑥吸附质的浓度。

（3）吸附过程的操作条件。

①水的 pH 值对吸附剂和吸附质表面的状态有影响，最佳 pH 值由试验确定；

②共存物质竞争吸附；

③温度升高不利于物理吸附，一般有利于化学吸附；

④接触时间与吸附速度有关；

⑤吸附剂再生状态。

2. 吸附动力学和吸附控制步骤判断*

吸附动力学由吸附步骤控制时，可根据以下方法判断。

（1）吸附控制步骤的一级吸附动力学方程判断。

一级吸附速率方程可由下式表示：

$$\frac{\mathrm{d}\,(q_t)}{\mathrm{d}t} = k_{1,ad}\,(q_e - q_t) \tag{4-13}$$

式中：q_e、q_t——分别是平衡吸附量（$\mathrm{mg \cdot g^{-1}}$）和 t 时的吸附量（$\mathrm{mg \cdot g^{-1}}$）；$k_{1,ad}$——一级吸附速率常数（$\mathrm{min^{-1}}$）；$\mathrm{d}\,(q_t)/\mathrm{d}t$——吸附速率（$\mathrm{mg \cdot min^{-1} \cdot g^{-1}}$）。

对上式积分得：

$$\log\,(q_e - q_t) = \log(q_e) - 2.303 k_{1,ad} t \tag{4-14}$$

如果 $\log\,(q_e - q_t)$ 对 t 作图有很好的相关系数，则控制步骤可用一级吸附动力学方程来描述。

（2）吸附控制步骤的二级吸附动力学方程判断。

二级吸附速率方程可由下式表示：

$$\frac{\mathrm{d}\,(q_t)}{\mathrm{d}t} = k_{2,ad}(q_e - q_t)^2 \tag{4-15}$$

式中：$k_{2,ad}$——二级吸附速率常数（$\mathrm{g \cdot mg^{-1} \cdot min^{-1}}$）；其他符号的含义与式（4-13）中的相同。

对式（4-15）积分得：

$$\frac{t}{q_t} = \frac{1}{k_{2,ad}(q_e)^2} + \frac{1}{q_e}t \tag{4-16}$$

如果 t/q_t 对 t 作图有很好的相关系数，控制步骤可用二级吸附动力学方程来描述。第二阶段或第三阶段的吸附控制步骤判断方法在这里就不再作介绍。

4.1.5 吸附和离子交换工艺

本节先讨论这两者共同的技术问题，然后再分开讨论各自的具体技术。不管是什么吸附，都可分为动态吸附和静态吸附。静态吸附在实际水处理中用得少，但是在科研中用得多。下面讨论在实际水处理和科研中用得多的动态吸附。

动态吸附在吸附床内运行，吸附床属于填料床。根据填料在吸附床中的运动状态，可分为固定床、膨胀床、流化床和流动床，如图 4-5 所示。其状态与许多因素有关，如颗粒粒径、比重、形状、水流速度、流体黏度、温度等。这里主要介绍用得多的固定床。

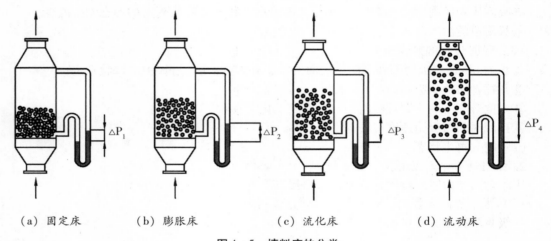

（a）固定床　　　（b）膨胀床　　　（c）流化床　　　（d）流动床

图 4-5　填料床的分类

4.1.5.1　固定床

操作过程中吸附剂或离子交换树脂固定填装在圆柱体设备中，故称固定床。这种吸附床设备简单、运行方便管理，应用最多。根据原水水质和处理要求分为：单床、多床、并联式、串联式和"并联＋串联"式。单床只应用于间歇式动态运行，连续动态运行一定要用多床。

根据水流方向，固定床可分为降流式固定床和升流式固定床。降流式固定床对进水中 SS 的预处理要求比升流式高，因为降流式固定床进水中的 SS 容易滞留在固定床的进水区，致使水头损失增加，运行费增大。而升流式固定床截留的 SS 可以在进水水流的作用下更多地进入固定床深处。当然不管是哪种进水方式，固定床运行相当长一段时间后，总会把 SS 截留，造成水头损失增大，可能会发生堵塞，使吸附剂的利用率下降。

进水必须进行去除 SS 和除油的预处理。如果进水吸附质浓度比较高，可用其他方法先把浓度降下来。

1. 固定床运行流程和穿透曲线

固定床运行流程之一如图 4-6 所示，这是两床并联。一个固定床在吸附运行，另一个固定床在再生。

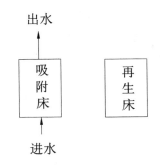

图 4 – 6　固定床运行流程之一

　　水开始通过固定床，水中的吸附质（包括离子交换的离子）便被吸附剂吸附，形成吸附带 δ，如图 4 – 7 所示。吸附带 δ 指水流方向上吸附未达到平衡的固定床的区域，也即吸附质的最前沿位置至吸附刚达到平衡的位置的区域。当继续进水，吸附带 δ 继续前移，当它的最前端刚好前移到出水口，吸附质开始从出水流出，随之出水中吸附质的浓度逐渐升高，使用一段时间后，当出水浓度 C_e 超过某一处理要求的限值 C_b 时，这个状态点或时间点称为穿透点。吸附带也包括离子交换带，吸附剂也包括离子交换树脂。

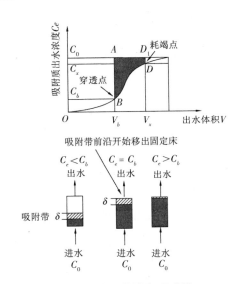

图 4 – 7　穿透曲线和吸附带

　　当出水浓度大于 C_b 时，停止进水，处理水量为 V_b。单床吸附，从吸附开始到穿透点 C_b 点，吸附剂去除的吸附质总量是 $C_0 V_b$ 与出水中吸附质总量 $\int_0^{V_b} C_e \mathrm{d}V$ 之差：

$$\int_0^{V_b} (C_0 - C_e)\, \mathrm{d}V = C_0 V_b - \int_0^{V_b} C_e \mathrm{d}V \tag{4 – 17}$$

　　来水转入已经完成再生的固定床，这时停止进水的固定床的吸附带内有相当一部分的吸附剂没有充分利用，该床需要用某种方法将吸附剂再生。也可以继续进水，但是要在这个固定床之后串联一个固定床。虽然前面固定床的出水没有达到处理要求，但经过第二个固定床处理后出水达到要求。这个流程的第一个固定床的吸附剂能够非常充分地利用，当然要达到100%的利用，在这之前的一段时间固定床的容积利用率很低，不合算。一般出水达到$0.90 \sim 0.95C_0$时，停止进水，进行再生，这样运行固定床的处理水量为V_x，如图4-7所示。

两个固定床串联操作，前一个固定床从吸附开始到吸附结束耗竭点［$C_x = (0.90 \sim 0.95) C_0$］，吸附剂去除的吸附质总量是$C_0V_x$与出水中吸附质总量$\int_0^{V_x} C_e dV$之差：

$$\int_0^{V_x} (C_0 - C_e) \, dV = C_0V_x - \int_0^{V_x} C_e dV \tag{4-18}$$

串联操作每个固定床的吸附量比单床操作固定床的吸附量大，超出的数值是式（4-18）与式（4-17）的差值，即图4-7中的阴影面积$ABDD_1$。

2. 固定床的吸附剂再生

（1）活性炭的再生。

高温再生是水处理中活性炭最常用的再生法。再生过程分五步：

①活性炭与水分离。

②干燥。

将待干燥的活性炭送入多段再生炉的干燥段，加热到100℃～150℃，将活性炭炭孔中的水分挥发出来。易挥发的有机物也挥发出来，难挥发的有机物部分炭化，留在孔内部。

③高温炭化。

将干燥后的活性炭送入高温炭化段加热到300℃～700℃，高沸点的有机物分解，一部分分解成低沸点有机物挥发出来，另外一部分炭化，留在活性炭炭孔内。

④活化。

将高温炭化后的活性炭送入活化段，将留于孔内的碳用活化气体（水汽、二氧化碳及少量氧气）将之气化，达到重新造孔的目的，活化温度一般为700℃～1000℃。

在活性炭再生过程中会产生废气，如甲烷、乙烷、乙烯、二氧化硫、二氧化碳、一氧化碳等，要进行净化，谨防废气污染。

⑤快速冷却。

将高温下活化的活性炭快速降温，减少其氧化。

（2）固定床的离子交换树脂再生。

①反冲洗。

停止离子交换的固定床在再生之前要反冲洗。反冲洗的目的是：a. 松动树脂层，使再生液能够良好地与树脂接触，改善传质，提高再生效果。b. 将细小的树脂颗粒和截留下来的SS冲洗到反冲洗水中，降低树脂层的水头损失，改善固定床的传质。反冲洗时树脂层膨胀30%～40%。反冲洗水是自来水或废再生液。

②再生。

各种离子交换树脂的再生液和浓度见表4-1。失效的离子交换树脂在再生液的作用下将吸附在上面的阳离子或阴离子重新交换下来，还原成原来的状态。再生的效果与反冲洗的效果、再生时间、再生液的浓度、再生液的流速等有关。再生程度一般控制在原来离子交换容量的60%～80%。

表 4-1　各种离子交换树脂的再生液和浓度

离子交换树脂		再生剂		
种类	离子形式	名称	浓度（%）	理论用量的倍数
强酸性	H 型	HCl	3 ~ 9	3 ~ 5
	Na 型	NaCl	8 ~ 10	3 ~ 5
弱酸性	H 型	HCl	4 ~ 10	1.5 ~ 2
	Na 型	NaOH	4 ~ 6	1.5 ~ 2
强碱性	OH 型	NaOH	4 ~ 6	4 ~ 5
	Cl 型	HCl	8 ~ 12	4 ~ 5
弱碱性	OH 型	NaOH	3 ~ 5	1.5 ~ 2
	Cl 型	HCl	8 ~ 12	1.5 ~ 2

再生液进水方式：再生液进水流向与原来进水流向一样的再生是顺流再生，反之是逆流再生。

③清洗。

这一步是再生必不可少的一步，将固定床内的再生液清洗干净才能重新进入离子交换阶段。

4.1.5.2　移动床和流动床

固定床的容积利用率和吸附剂的吸附能力利用率不能兼顾，再生总是在吸附剂的吸附能力几乎耗尽时进行。当吸附带移动到固定床的后半部，固定床的容积利用率不到 50%。为此，及时地将进水端的吸附接近饱和的吸附剂排出吸附床，及时地将新鲜的已经再生的吸附剂补充到吸附床内，就是移动床。这种吸附床都是从下部进水，这样就可以兼顾吸附床的容积利用率和吸附剂的吸附能力利用率。虽然这种运行方式有它的优点，但是运行起来还是有问题的，如吸附接近饱和的吸附剂移出的速度、新鲜吸附剂的补充速度、吸附剂移出时怎样保证吸附床内吸附剂不致乱层，也就是说操作要求很高，操作不好的话难以发挥该运行方式的优点。

流动床的特征是吸附饱和的吸附剂从吸附床排出与新鲜吸附剂的补充是连续的，流动床的构造复杂、操作要求更高。

这两种吸附床应用较少。

4.1.5.3　吸附固定床的设计和应用

1. 颗粒状活性炭床的应用和设计

活性炭吸附可以去除极性小的有机分子，也可以去除给水末端的余氯，防止游离态余氯对反渗透膜、离子交换树脂等的中毒污染。其设计应符合下列要求：

（1）当选用粒状活性炭吸附处理工艺时，应进行静态及炭柱动态试验，根据被处理水水质和出水水质的要求，确定用炭量、接触时间、水力负荷与再生周期等。

（2）用于污水再生处理的活性炭，应具有吸附性能好、中孔发达、机械强度高、化学性能稳定、再生后性能恢复好等特点。

预处理：用于给水处理的进水 SS 不大于 $5mg \cdot L^{-1}$，用于废水处理的进水 SS 不大于 $20mg \cdot L^{-1}$。pH 值建议在 5.5～8.5 之间。需除油。

在无试验资料时，活性炭的粒径建议在 0.8～3.0mm 之间，平均直径 1.5mm，设计参数如下：

接触时间 ≥10min；

炭层厚度 1.0～2.5m；

滤速 7～10m $\cdot$ h^{-1}；

水头损失 0.4～1.0m；

吸附罐的直径：0.2～4.0m。

活性炭吸附罐冲洗：经常性冲洗强度为 15～20L $\cdot$ m^{-2} $\cdot$ s^{-1}，冲洗历时 10～15min，冲洗周期 3～5 天，冲洗膨胀率为 30%～40%。

2. 离子交换的应用和设计

（1）进水预处理。

预处理的对象包括进水的水温、pH 值、悬浮物、油类、有机物、引起树脂中毒的高价离子和氧化剂等，目的是保障反应器中离子交换树脂交换容量得以充分发挥，并有效延长使用寿命。

离子交换树脂处理的进水重金属离子浓度不要太高，比如不大于 $200mg \cdot L^{-1}$，否则运行周期比较短。预处理有萃取、化学沉淀、混凝沉淀处理。

进水中除 SS 的预处理是沉淀或过滤或气浮。

离子交换与反渗透也是一种组合，必要的话离子交换常在其后面。

（2）离子交换法处理含铬废水。

用离子交换法处理含铬废水的基本工艺流程如图 4-8 所示。

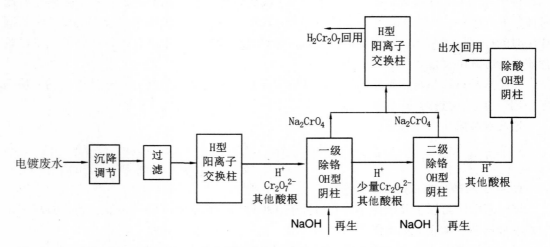

图 4-8 离子交换法处理含铬废水工艺流程

含六价铬废水经过预处理，先进入 H 型阳离子交换柱去除各种阳离子，在该离子交换柱的出水中六价铬主要以 $Cr_2O_7{}^{2-}$ 形式存在。$Cr_2O_7{}^{2-}$ 的离子优先在一级除铬 OH 型阴离子交换柱中被交换去除，经过第二个 OH 型阴柱时剩余的 $Cr_2O_7{}^{2-}$ 进一步被去除。第二个 OH 型阴柱的出水含有其他形式的酸，再经 OH 型阴柱处理后出水可回用。OH 型阴柱吸附 $Cr_2O_7{}^{2-}$ 饱和失效后，可用氢氧化钠溶液再生，恢复其交换能力。六价铬以铬酸钠形式洗脱下来。再经过 H 型阳离子交换柱去除 Na^+，六价铬以重铬酸形式回收。

3. 多种作用力的吸附法除氟

F^- 的交换势顺序位于末尾，普通阴离子交换树脂除 F^- 的效果不好。我国饮用水除氟方法中应用最多的是吸附法，活性氧化铝是常用的吸附剂，用活性氧化铝吸附除氟是比较经济有效的除氟方法。活性氧化铝是两性物质，等电点约在 9.5，当水的 pH 值小于 9.5 时可吸附阴离子。在酸性溶液中活性氧化铝对氟有极大的选择性。水中的氟离子通过物理、化学吸附，离子交换，使水中的氟含量达到国家《生活饮用水卫生标准》（GB5749—2006）规定的 $1.0mg \cdot L^{-1}$ 以内。

活性氧化铝使用前可用硫酸铝溶液活化，转化为硫酸盐型，反应如下：

$$(Al_2O_3)_n \cdot 2H_2O + SO_4{}^{2-} \longrightarrow (Al_2O_3)_n \cdot H_2SO_4 + 2OH^-$$

除氟时反应为：

$$(Al_2O_3)_n \cdot H_2SO_4 + 2F^- \longrightarrow (Al_2O_3)_n \cdot 2HF + SO_4{}^{2-}$$

活性氧化铝失去除氟能力后，可用 1% ~2% 硫酸铝溶液再生：

$$(Al_2O_3)_n \cdot 2HF + SO_4{}^{2-} \longrightarrow (Al_2O_3)_n \cdot H_2SO_4 + 2F^-$$

活性氧化铝对氟的吸附量一般为 $1.2 \sim 4.5mg \cdot g^{-1}$，这取决于原水的氟浓度、pH 值、活性氧化铝的颗粒大小等。

4.2　气浮法

气浮是细微气泡与水中的颗粒黏附，形成整体密度显著小于水的"气泡—颗粒"复合体，使悬浮粒子随气泡一起浮升到水面。气浮法去除水中颗粒物从字面上看是物理分离，但气浮分离的全过程没有这么简单。气浮分离的四个基本过程为：

①产生足够数量的不溶于水的细微气泡；

②气泡与悬浮物颗粒碰撞；

③气泡与悬浮物颗粒之间有亲和力并黏附；

④上浮分离。

因此气浮分离的全过程涉及物理和界面物理化学（界面面积变化、固/液、气/液和气/固的界面变化）过程。把气浮法归为物理化学处理法更能够体现这种方法的实质。

气浮法的去除对象主要有：油类、比重小于 1 或接近于 1 的悬浮物，特别是乳化油、藻类、短纤维。对易于形成沉淀的重金属离子和某些阴离子（如磷酸根）也有一定效果的去除。

废水处理用到气浮的场合：

①隔油池出水一般含有 $50 \sim 150mg \cdot L^{-1}$ 的乳化油，经过气浮处理，可将含油量降到 $30mg \cdot L^{-1}$，再经过二级气浮处理，出水含油量可降到 $10mg \cdot L^{-1}$ 以下。

②作为二级生物处理的预处理，保证生物处理进水水质的相对稳定。有些单元方法对

进水 SS 浓度要求高，气浮经常作为它们的预处理，比如用于吸附、超滤、微滤、曝气生物滤池之前的预处理。

③二级生物处理之后，作为二级生物处理的深度处理，确保出水水质符合有关标准的要求。

④连续运行的悬浮生长的活性污泥法，需要在生物反应池之后将流出的活性污泥分离，并将分离后的活性污泥部分回流到生物反应池。活性污泥分离有两个方法：沉淀（二沉池）和气浮。如果处理水量不大，且活性污泥不易沉降，可用气浮替代沉淀。如果污泥要回流至厌氧区或缺氧区则不宜用气浮分离活性污泥。

⑤用于污泥浓缩，特别适合浓缩生物除磷系统的富磷污泥。

气浮法常与沉淀法比较，轻飘的悬浮物宜用气浮法，密实的悬浮物宜用沉淀法。气浮法占地面积仅为沉淀法的 1/8 ~ 1/2，池容积仅为沉淀法的 1/8 ~ 1/4。处理后出水水质好，出水浊度及悬浮物低、溶解氧高。排出的浮渣含水率远远低于沉淀法排出的污泥。

4.2.1 细微气泡与悬浮物黏附热力学

不管什么气浮法，细微气泡与悬浮物高效黏附都是关键一步。

1. 产生细微气泡的热力学问题和衡量细微气泡的参数

（1）产生细微气泡的热力学问题。

细微气泡直径越小，单位体积空气分散度越高，与悬浮颗粒碰撞速度越大。不溶于水的气泡表面是疏水性的，气液界面面积越大，界面能越大。比如将 $1 m^3$ 的空气分散成半径 r 为 $40 \mu m$ 的细微气泡到水中，气液界面面积 $S_{g/w}$ 为：

$$S_{g/w} = 细微气泡的个数 \times 每个气泡的界面面积$$

$$= \frac{1}{\frac{4}{3}\pi r^3} \times 4\pi r^2 = \frac{3}{r} = \frac{3}{40 \times 10^{-6}} = 7.5 \times 10^4 \ （m^2） \tag{4-19}$$

空气在水中的界面张力为 $72.8 \ N \cdot m^{-1}$，$1 m^3$ 空气分散成这样的细微气泡的界面能为：

$$E_{g/w} = S_{g/w}\gamma_{g/w} = \frac{3\gamma_{g/w}}{r} = 5.46 \ （kJ） \tag{4-20}$$

空气分散度越高，界面能越大，热力学越不稳定，因此产生细微气泡是一个耗能过程。它与水中悬浮物碰撞，如果黏附前后界面能下降的话，黏附就是自发的。

（2）衡量细微气泡的参数。

①气泡直径和气泡密度。

直径在几十微米到 100 微米的细微气泡气浮效果比较好。相同体积空气的气泡数量越多，界面面积越大，越有利于与悬浮粒子的碰撞和黏附。气泡直径越大，上浮速度越快，在气浮池内的停留时间越短，可能还没有黏附就逸出水面。另外还会产生湍流，干扰"气泡—颗粒"复合体的浮升。

气泡密度是指单位体积水中所含细微气泡的个数，它是影响气泡与悬浮粒子碰撞速率的主要因素之一。在一定气水比的条件下，增大气泡密度的主要途径是降低气泡直径。

②气泡均匀性。

　　气泡均匀性指：a. 最大气泡与最小气泡的直径差。b. 小直径气泡占气泡总量的比例。大气泡数量的增多会造成两种不利影响：一是使气泡密度和界面面积大幅度减小，气泡与悬浮粒子的黏附性能和黏附量相应降低；二是大气泡上浮时会造成剧烈的水力扰动，不仅加剧了气泡之间的兼并，而且由此产生的惯性撞击力会将已与悬浮粒子黏附的气泡撞开。

　　③气泡稳定时间。

　　气泡稳定时间是指将有细微气泡的溶气水注入 1 000mL 量筒，从满刻度起到乳白色气泡消失为止的历时。良好的气泡稳定时间应在 4min 以上。气泡的稳定性与气泡直径、气泡密度和气泡界面的弹性、气水界面张力、水的粘度系数有关。缺乏表面活性物质的保护，气泡易破灭，不稳定。但过于稳定的泡沫污泥脱水比较难，因而稳定时间以数分钟为宜。

　　④气泡利用率。

　　气泡利用率是指能同悬浮粒子发生黏附的气泡量占产生的气泡总量的百分比。前面我们知道产生细微气泡需要消耗大量的能量和相应设备，提高气泡利用率是一个重要的经济问题。影响气泡利用率的主要因素是细微气泡的稳定性、尺度及其分布、气泡与悬浮物的可黏附性、气泡密度和悬浮物浓度、气固比等。各种气浮法通用的气固比的定义是单位时间内细微气泡产生装置在气浮池中产生的气泡重量与单位时间内进入气浮池的悬浮物重量之比。

　　2. 气泡与悬浮物黏附的热力学判断

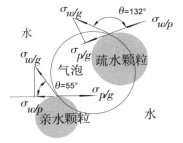

　　含有大量的细微气泡的溶气水具有巨大的气水界面能，是热力学不稳定体系。我们知道高能态都有下降的趋势。它们与悬浮粒子在水中相遇并黏附，是气浮中降低气泡/水间界面能的途径。下面对气泡与颗粒黏附前后的界面能的变化进行分析：

图 4 - 9　"气—液—粒"的黏附情况与接触角 θ 的关系

　　图 4 - 9 所示为"气—液—粒"三相体系及气泡与粒子的不同黏附情况。图中颗粒表面与水的接触角 θ（也称湿润角）是气水界面张力 $\sigma_{w/g}$ 和水固界面张力 $\sigma_{w/p}$ 的夹角。接触角 $\theta < 90°$ 者称为亲水性物质；如果接触角为零，那么水在这种物质表面会完全铺展。$\theta > 90°$ 者称为疏水性物质；θ 愈大，疏水性愈强。比如荷叶非常疏水，水在荷叶上成水珠，接触角很大，如图 4 - 10 所示。

图 4 - 10　荷叶上的水珠

　　从图 4 - 9 可以看出颗粒表面的亲水、疏水性与气泡黏附颗粒程度的关系。右侧颗粒接触角 θ 较大，气泡黏附颗粒较好，左下侧接触角 θ 较小，气泡黏附颗粒不好。若将气泡、水和粒子分别用 g、w 和 p 表示，而作用于三相界面的界面张力分别表示为：$\sigma_{w/g}$，$\sigma_{w/p}$，$\sigma_{p/g}$（单位均为 N·m^{-1}）。气泡与悬浮颗粒黏附前，气水界面面积和水固界面面积分别为 $S_{w/g}$ 和 $S_{w/p}$。根据界面能是界面张力与界面面积的乘积以及界面张力平衡原理，气泡与悬浮颗粒黏附前，颗粒与气泡的界面能之和 E_1（单位为 J）为：

$$E_1 = S_{w/p}\sigma_{w/p} + S_{w/g}\sigma_{w/g} \tag{4-21}$$

当气泡与悬浮颗粒黏附单位面积、气水界面面积和水固界面面积分别减少一个单位面积，即（$S_{w/g}-1$）和（$S_{w/p}-1$），气固两相黏附单位界面面积之后的三相共存的体系的界面能 E_2 及黏附前后的界面能变化值 ΔE 分别为：

$$E_2 = (S_{w/p}-1)\sigma_{w/p} + (S_{w/g}-1)\sigma_{w/g} + \sigma_{p/g} \tag{4-22}$$

$$\Delta E = E_1 - E_2 = S_{w/p}\sigma_{w/p} + S_{w/g}\sigma_{w/g} - (S_{w/p}-1)\sigma_{w/p} - (S_{w/g}-1)\sigma_{w/g} - \sigma_{p/g}$$
$$= \sigma_{w/p} + \sigma_{w/g} - \sigma_{p/g} \tag{4-23}$$

注意上式中省去黏附 1 个单位面积的"1"，但是面积单位不能省。这个能量差即为气泡和颗粒之间黏附单位面积的能量下降值，此值越大，气泡与颗粒黏附得越牢固。

下面分析图 4-9 的两种情况，当三者相对稳定，$\theta > 90°$时，三相界面张力的关系式为：

$$\sigma_{w/p} = \sigma_{w/g}\cos(180°-\theta) + \sigma_{p/g} \tag{4-24}$$

当 $\theta < 90°$时，三相界面张力的关系式为：

$$\sigma_{p/g} = \sigma_{w/p} + \sigma_{w/g}\cos\theta \tag{4-25}$$

将式（4-24）或式（4-25）的 $\sigma_{p/g}$ 表达式或 $\sigma_{w/p}$ 表达式代入式（4-23）得同一关系式：

$$\Delta E = \sigma_{w/g}(1-\cos\theta) \tag{4-26}$$

由上式可见，当粒子润湿性很好时，$\theta \to 0$，界面能并未减小，说明粒子不能与气泡黏附；反之，当粒子润湿性很差或很疏水时，$\theta \to 180°$说明粒子与气泡能紧密黏附，易于用气浮法除去。从 θ 判断黏附性，常以 90°为界。在气浮池中黏附的总能量变化与 ΔE（即 $\sigma_{w/g}$、$\cos\theta$）、气固界面黏附的总面积有关。气固界面黏附的总面积与气泡密度、悬浮物浓度、气固比、气泡与颗粒的黏附力、气水界面张力等有关。

如果水中的悬浮粒子是强亲水性物质，要用气浮法去除，就需要将其界面由亲水性转变为疏水性。如果要从微观去把握固体表面的亲水、疏水性，可从其表面存在的化学物质的结构来分析，表面极性基团较多的是亲水性的，反之则是疏水性的。

"颗粒—气泡"复合体的上浮速度：

当颗粒周围的流态为层流时，即雷诺系数 $Re < 2$ 时，则"颗粒—气泡"复合体的上升速度 $u_{\text{上}}$ 可按斯托克斯公式计算：

$$u_{\text{上}} = \frac{g(\rho_L - \rho_{SG})d^2}{18\mu} \tag{4-27}$$

式中：d——"颗粒—气泡"复合体的直径，m；ρ_L——水的密度，kg·m^{-3}；ρ_{SG}——"颗粒—气泡"复合体的表现密度；μ——水相的动力黏度，Pa·s 或 kg·m^{-1}·s^{-1}。

上述公式表明，$u_{\text{上}}$ 取决于水与复合体的密度差、复合体的有效直径、复合体的稳定性。"颗粒—气泡"复合体上黏附的气泡越多，则 ρ_{SG} 越小、d 越大，因而上浮速度亦越快。复合体的有效直径、稳定性与许多因素有关，比如 ΔE 大小、水流流态、气泡尺度、混凝、黏附形式等。

3. 黏附形式

细微气泡与悬浮粒子的黏附形式有三种。气泡可以黏附于粒子的外围，形成外围黏附（气泡在颗粒表面成核并增长和气泡顶托），如图 4 – 11 所示，这种黏附形成的复合体的直径不大。

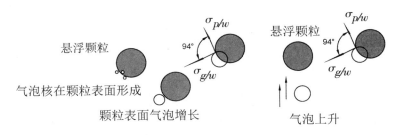

图 4 – 11　颗粒外围黏附

外围黏附的同时，气泡与颗粒也会絮凝，形成粒间裹挟气泡，如图 4 – 12 所示。

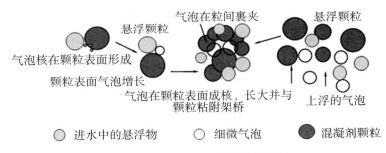

图 4 – 12　粒间裹挟气泡

这种黏附形成的复合体的尺度大，气固界面黏附面积也比较大，黏附的稳定性也更高。粒间裹挟气泡发生在絮凝和气浮共存的过程中：含有大量细微气泡的溶气水与投加了混凝剂并处于胶体脱稳凝聚阶段的颗粒黏附、相互聚集为带气絮凝体，形成粒间裹挟和中间气泡架桥黏附兼而有之的"共聚黏附"。共聚黏附既提高了气浮分离效果和分离速度，又提高了气泡的利用率。

共聚黏附具有省药剂、设备少、处理时间短和浮渣稳定性好等优点。

在气浮池中这三种黏附形式共存，以共聚黏附的气浮效果最好。

4. 化学药剂对气泡及其与颗粒黏附的影响

气浮常与混凝相结合，其原因是既有颗粒间的混凝，也有细微气泡与颗粒间的"共聚黏附"形成气泡裹挟的复合体。

浮选剂的作用：亲水粒子难以与气泡黏附，但是当加入浮选剂后，它强烈吸附浮选剂的亲水基，而迫使疏水基伸向水，从而使亲水性粒子的表面性质由亲水性转变为疏水性，如图 4 – 13 所示。此外，这类表面活性剂还能显著降低气水界面张力 $\sigma_{w/g}$，提高气泡膜的弹性和强度，使细微气泡不易破裂和兼并。当然，浮选剂不是只有正向改善气浮的作用，从式（4-26）可以看到$\sigma_{w/g}$降低，界面能下降值也减少。另外，浮选剂在气泡和颗粒表面都会吸附，气泡吸附浮选剂的疏水基而亲水基伸向水，气泡表面的疏水性降低。因此浮选剂在气浮中的作用是多方面的。

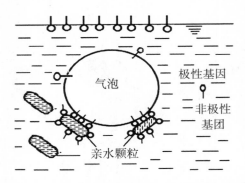

图4-13　浮选剂对亲水性颗粒表面性质的影响

4.2.2　细微气泡产生方法和不同类型的气浮法

气浮法的类型是按细微气泡得来的方法来划分的。气浮的细微气泡大多是空气气泡，只有电气浮的情况是例外。

4.2.2.1　电气浮

按阳极材料是否溶解，电气浮可划分为电凝聚气浮（如图4-14所示）和电解气浮。电凝聚气浮的阳极是可溶性金属阳极（如铁、铝），电解时阳极溶解，金属离子进入溶液，经过水解、聚合作用，产生多核羟基络合物及氢氧化物作为絮凝剂，对废水中悬浮物及油类进行絮凝和吸附。絮凝体与阴极产生的氢气细微气泡进行高效黏附，而被气浮去除。由于废水的成分复杂，污染物在电极上可能直接发生氧化反应和还原反应。电解产生的气泡微小而均匀（O_2气泡的粒径为$20\sim60\mu m$，H_2气泡的粒径为$20\mu m$）。

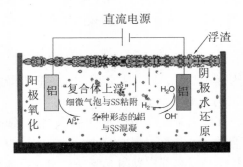

图4-14　电凝聚气浮中的作用

电解气浮是用不溶性导电电极对水进行电解作用。阴极、阳极表面分别会产生大量的H_2、

O_2 和 Cl_2（有时处理的水电导率偏小，需添加可溶性盐，如氯化钠，Cl^- 在阳极被氧化成 Cl_2）。

用电有两种：高压低电流的脉冲电和低电压、大电流的直流电，低电压在 $5 \sim 20$ V 之间。电气浮的影响因素主要有：电流密度、pH 值、水温、电解时间、极板间距。此外还与废水的电导率、电极连接形式、停留时间等有关。电流密度越大，单位时间内产生的细微气泡和在一定极板面积上产生的金属离子越多，金属离子水解产生的多核羟基聚合物也就越多，絮凝效果也越好。

这种气浮法操作复杂、电极结垢、电耗高。还有一点是氢气存在安全隐患。

4.2.2.2　溶气气浮法

主要的溶气气浮法（Dissolved Air Flotation，DAF）是加压溶气气浮法。另外一种是真空浮上法，这个方法一般是在减压条件下将在常压下溶解的空气释放出来而产生气泡，这种方法产气量有限。另外在减压条件下空气在微孔扩散板上也可产生足量的气泡，微孔易堵塞。真空系统要密封、比较复杂，所以真空浮上法用得少。

加压溶气气浮法的产气泡系统在加压下溶气，常压下通过空气释放器释放细微气泡。

加压溶气气浮法，水中的空气溶解度大，能产生的微细气泡量大，扰动性很小，整个工艺流程及设备较成熟，特别适用于絮粒松散、细小的固液分离。缺点是耗电量大、需要耐压溶气罐、溶气系统复杂。

1. 加压溶气及细微气泡产生

加压溶气产生细微气泡的过程包括加压空气溶解、溶气释放产气泡。

（1）空气溶解的基本原理。

溶解量和溶解速度是空气溶解的两个基本问题。空气溶解的设备有加压溶气罐、加压设备、进气设备、进溶气水设备。

在水温一定而溶气压力 p 不是很高的条件下，空气的平衡（饱和）溶解量 V 用亨利定律计算：

$$V = K_T p \tag{4-28}$$

式中：V——空气在水中的饱和溶解度，L（空气）· m^{-3}（水）；K_T——溶解度系数，L·$(kPa)^{-1}$·m^{-3}，与温度的关系如表 4-2 所示。

表 4-2　不同温度下的 K_T 值

温度（℃）	0	10	20	30	40	50
K_T 值［L·$(kPa)^{-1}$·m^{-3}］	0.289	0.220	0.182	0.160	0.135	0.120

不同溶气压力下，空气在水中的实际溶解量与溶气时间的关系如图 4-15 所示。溶气水和进入溶气罐的空气停留时间长，会增大溶气罐容积，溶气罐的成本增大，常用溶气时间是 $2 \sim 4$ min。空气在水中的实际溶解量与平衡溶解量之比称为空气在水中的饱和系数。饱和系数由溶气时间和溶解速度决定。填料罐的饱和系数为 $0.7 \sim 0.9$。

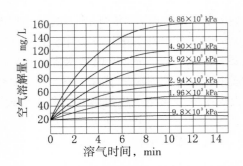

图4－15　空气在水中的实际溶解量与溶气时间的关系（水温20℃）

要提高溶气速度就要研究溶气机理，常用双膜理论来解释空气从空气相进入水相的机理，见图4－16。

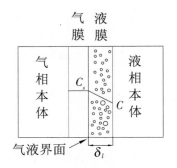

图4－16　空气溶解的双膜理论模型

在气液界面存在扩散传质的气膜和扩散传质的液膜，空气难溶于水，它向水中的传质速率受液膜阻力控制，此时，空气的传质速率可表示为：

$$N = K_L \left(C_s - C \right) = K_L \Delta C \tag{4-29}$$

式中：N——单位时间单位界面面积通过的空气质量，$mg \cdot m^{-2} \cdot min^{-1}$；$C_s$——一定条件下空气的饱和溶解度，$mg \cdot L^{-1}$；$C$——一定条件下空气的实际溶解度，$mg \cdot L^{-1}$；$K_L$——传质系数，$K_L = D/\delta_L$，$m \cdot min^{-1}$，$D$ 为空气在水中的扩散系数，$m^2 \cdot min^{-1}$。δ_L 为气液界面处液膜厚度，m。

设溶气罐的有效容积为 V，总的气液界面面积为 A，则由式（4－29）可得在溶气罐里单位时间单位体积溶解的空气质量 dC/dt：

$$\frac{dC}{dt} = N \frac{A}{V} = K_L \frac{A}{V} \left(C_s - C \right) = K_L a \left(C_s - C \right) \tag{4-30}$$

$$a = A/V \tag{4-31}$$

由上式可以看到，在一定的温度和溶气压力下（即 C_s 为定值时），要提高溶气速率，可通过：①增大液相流速和紊动程度来减薄液膜厚度 δ_L，从而增大液相传质系数；②增大单位体积的气液界面面积，以细小空气气泡进入溶气罐。提高溶气速度就可以在有限的溶气时间内提高空气在水中的溶解量，有可能产生更多的细微气泡；③改进溶气罐。

（2）溶气罐及其配套设备。

溶气罐有多种类型，见图 4-17，采用高效填料溶气罐有如下作用：①增强紊流强度，有助于减薄液膜厚度，提高溶气速度；②对进入溶气罐的尺度比较大的气泡有剪切作用，增大气液界面面积，也能提高溶气速度；③填料溶气罐必须是高效的，否则它增强的溶气速度效果不能补偿因溶气罐的有效容积 V 减小而缩短溶气时间的不利影响。

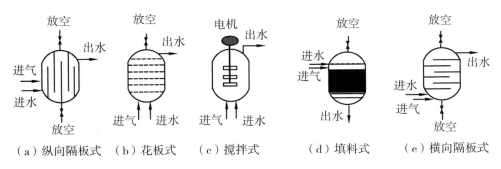

图 4-17　溶气罐类型

加压溶气气浮的供气方式可分为空压机供气、射流进气和泵前插管进气三种，以空气小泡方式进入溶气罐。

射流进气在射流器（见图 4-18）内实现，喷嘴射出的高速水流在吸入室形成负压，并经由吸气管吸入空气。在水气混合体进入喉管段后进行激烈的能量转换，然后进入扩压段（扩散段），进一步压缩气泡，从而增大空气在水中的溶解度。

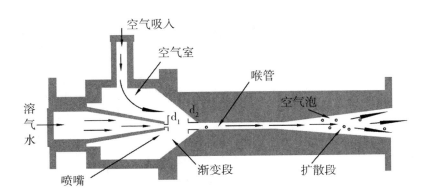

图 4-18　射流器的构造和进气过程

溶气罐的加压设备是加压泵或空气压缩机。

（3）溶解空气的释放和细微气泡产生。

高压条件下溶解空气的溶气水，进入气泡释放器，如图 4-19 所示。高效释放器都有一个共同特点，就是使加压溶气水在短暂时间内将压力降低到稍高于常压的压力，并在主消能室（即孔盒内）具有尽可能高的紊流速度梯度。一部分能量消耗在细微气泡增加的表面能。这样可得到细密的气泡，直径很小，在 $20 \sim 100 \mu m$ 之间。

图 4 - 19　气泡释放器

溶气释放气泡的最小半径可由下式计算：

$$r = \frac{2\sigma_{w/g}}{(p_{高} - p_{低})} \qquad (4-32)$$

式中：r——析出气泡的最小半径，m；$p_{高}$、$p_{低}$——分别为溶气水释放前后的压力，$N \cdot m^{-2}$；$\sigma_{w/g}$——气水界面张力，$N \cdot m^{-1}$。由上式可见，形成小的气泡的技术途径为：①$p_{高}$增大，r 减小。但是太高的溶气压力，不仅使能耗增大，而且对溶气设备的材质要求也会提高，适当的 $p_{高}$ 值在 $0.3 \sim 0.5 MPa$。②在气泡释放器中实现最大的合理压力降；③加入浮选剂可以降低溶气水的气水界面张力。

2. 加压溶气气浮流程

为了减少溶气罐内填料和避免空气释放器堵塞，用处理后的清水回流作为溶气水会比较好，尽管会增加进到气浮池的水量。这种流程称作出水回流加压溶气气浮，如图 4 - 20 所示。溶气水是 $10\% \sim 30\%$ 处理后的净化水。全部原水与混凝剂进行混合凝聚，凝聚完成后进入气浮池的接触区。在接触区加压溶气水经空气释放器减压产生大量细微气泡（由于这种水含有大量的细微气泡而呈白色，被称为"白水"），细微气泡捕捉进水中的凝聚态颗粒。在接触区和气浮区发生前面已经讨论过的几种黏附现象，特别是共聚粘附，在气浮区"絮体—气泡"复合体上浮至池面以及集渣槽，出水从池底排出。这种流程能耗低、混凝剂利用充分、溶气罐和空气释放器不易堵塞、操作较为稳定，因而应用最为普遍。

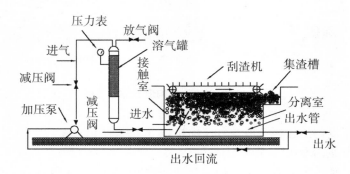

图 4 - 20　出水回流加压溶气气浮

清水由安装在池底的穿孔管排出。浮渣可由安装在池面的刮渣装置刮至集渣槽或用水力方式排渣。水力方式排渣节省排渣机械装置,是通过间歇式停止排水,池内水位上升而排渣。这种间歇式操作控制比较麻烦。

虽然加压溶气气浮法应用广泛,但是它存在两个问题:①回流加压溶气系统的能耗占到整个气浮设备总能耗的 50% 以上,能耗成为该气浮设备运行过程中的主要成本投入。主要耗能环节是加压溶气和释放器中细微气泡的析出。②回流溶气水增大了气浮池内的水力负荷。解决这两个问题的根本办法可能是研制直接产生细微气泡的布气装置。

4.2.2.3 分散空气(布气)气浮法

分散空气气浮法分吸气气浮、微气泡曝气(微孔气泡)气浮、射流气浮和叶轮气浮四种。分散空气气浮的设备简单,易于实现。传统分散空气气浮法产生的气泡粒径较大,一般不小于 1 000 μm。传统分散空气气浮法一般用于矿物浮选,也用于含油脂、羊毛等废水的初级处理及含有大量表面活性剂废水的泡沫浮选处理。新的、先进的分散空气气浮法在产生的细微气泡方面有了很大进步。

1. 吸气气浮

水泵水管吸气气浮是最原始、最简单的一种气浮法。这个方法设备简单,就普通水泵而言,其工作特性限制了吸入的空气量不能过多,一般不大于吸水体积的 10%。吸气量较难控制,水泵叶轮容易气蚀损坏,水泵挟气运行不稳定。

随着性能良好的多相泵的出现,出现了多相泵气浮系统。回流水在多相溶气泵(见图 4 – 21)经阀门节流形成一定的负压,导入空气,与回流水一起进入泵内,经过泵叶轮的高速剪切、加压溶解,迅速形成饱和的溶气水(见图 4 – 22),并在扩展管(见图 4 – 23)内进一步稳定,溶气后,再经过减压阀释放成乳白色的溶气水进入气浮池(见图 4 – 24),完成气浮分离过程。

图 4 – 21 多相溶气泵

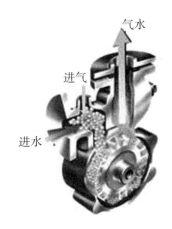

图 4 – 22 多相溶气泵内的溶气过程

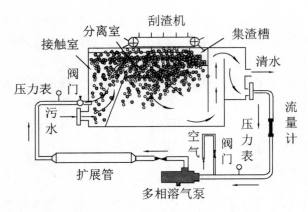

图 4-23　多相溶气泵气浮系统

图 4-24　多相溶气泵产生的细微气泡雾

与加压溶气系统相比较，多相溶气泵可取代加压溶气气浮流程中的加压泵、空压机、大型溶气罐、射流器及释放器等，可节省溶气和产生细微气泡的设施投资。

吸气气浮产生的气泡直径小于 $30\mu m$，由于气泡细小均匀，净化效果好，吸入空气最大溶解度达到 100%，溶气水最大含气量可达到 30%，泵的性能在流量变化和气量波动时十分稳定，为泵的调节和气浮工艺的控制提供了极好的操作条件，不会产生气蚀。

该技术性能长期稳定、易操作、易维护、低噪音、自动控制、结构简单、坚固耐用、拆装简便、效率高。

2. 微孔曝气气浮

压缩空气直接通过具有细孔隙的扩散板或微孔管，将空气分散成细小的气泡，见图 4-25。这种方法的优点是简单易行，缺点是空气扩散装置的微孔易于堵塞，气泡较大，浮选效率不高。

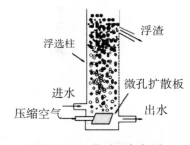

图 4-25　微孔曝气气浮

3. 射流气浮

射流气浮直接在射流器内实现产生细微气泡，射流器的构造如图 4-18 所示。

射流气浮在工艺上，与前面的溶气罐射流进气有很大区别。气浮的射流器吸气量不大，充分利用液体射流束的动能以形成足够强的剪切场，将吸入的少量气体剪切为细小气泡，并将其快速地分散到气浮池中。

4. 叶轮气浮

主要的最成功的叶轮气浮是涡凹气浮（Cavitation Air Flotation，CAF）。它利用长柄散气叶轮（如图 4-26 所示）的高速旋转在水底形成一个真空区，液面上的空气通过输气管进入水中并被切割，微气泡随之产生。涡凹气浮流程如图 4-27 所示，整个气浮系统很紧凑，见图 4-28 所示。

图 4-26　长柄散气叶轮

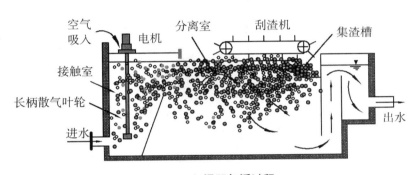

图 4-27　涡凹气浮过程

图 4-28　紧凑的涡凹气浮系统

4.2.3　设计计算

这里仅讨论回流加压溶气气浮法的设计，计算包括气浮所需空气量、加压溶气水量、溶气罐尺寸和气浮池主要尺寸等。

1. 气浮所需空气量

（1）有试验资料。

空气量 q_{aw} 计算式：

$$q_{aw} = QR'a_c\varphi \qquad (4-33)$$

式中：Q——气浮池设计水量，$m^3 \cdot h^{-1}$；R'——试验条件下的回流比，%；a_c——试

验条件下的释气量，mg（空气）·m^{-3}（水）；φ——水温校正系数，取 1.1~1.3（主要考虑水的黏滞度影响，试验时水温与冬季水温相差大，取高值）。

（2）无试验资料。

可由气固比（A/S）估算空气量 q_{aw}：

$$\frac{A}{S} = \frac{q_{aw}}{QC_S} = \frac{Q_R c_a \ (fp-1)}{QC_S} \tag{4-34}$$

式中：A/S——回流加压溶气气浮的气固比，指单位时间释放的空气重量（g·h^{-1}）与单位时间进入气浮池的 SS 重量（g·h^{-1}）之比；Q——设计水量，m^3·h^{-1}；C_S——入流废水的悬浮固体浓度，mg·L^{-1}；Q_R——溶气水回流量，m^3·h^{-1}；c_a——0.1MPa、常温下的空气饱和溶解度，mg·L^{-1}；p——溶气罐实际压力，MPa。压力表如图 4-29 所示，读数为 0 时，为 0.1MPa。由读数可知实际压力 p = 表压 + 0.1MPa；f——压力为 p 时，水中的空气溶解系数为 0.7~0.9。

图 4-29　压力表

去除水中 SS 的气固比数值范围一般为 0.005~0.06。如剩余污泥气浮浓缩时，气固比采用 0.03~0.04。确定气固比设计数值后，式（4-34）常用来计算溶气水回流量 Q_R。

溶气罐直径 D_d 按下式计算：

$$D_d = \sqrt{\frac{4 \times Q_R}{\pi I}} \tag{4-35}$$

式中：Q_R——溶气水回流量，m^3·h^{-1}。一般对于空罐，I 选用 1 000~2 000 m^3·m^{-2}·d^{-1}，对于填料罐，I 选用 2 500~5 000m^3·m^{-2}·d^{-1}。

溶气罐高 h：

$$h = 2h_1 + h_2 + h_3 + h_4 \tag{4-36}$$

式中：h_1——罐顶、罐底高度（根据罐直径而定），m；h_2——布水区高度，一般取 0.2~0.3m；h_3——贮水区高度，一般取 1.0m；h_4——填料层高度，当采用阶梯环时，可取 1.0~1.3m。

最后核算溶气罐内溶气水的停留时间时要考虑送入溶气罐的空气体积。

2. 气浮池

气浮池的功能是提供一定的容积和池表面积，使微气泡与水中悬浮颗粒充分混合、接触、黏附，并使带气颗粒与水分离。气浮池可分为平流式和竖流式两种基本形式。用隔墙将池分成接触室和分离室两个区域。接触室也称捕捉区，是含有大量细微气泡的溶气水与投加混凝剂之后的废水混合、细微气泡与悬浮物黏附的区域。分离室也称气浮区，是"悬浮物 + 微气泡"复合体上浮分离的区域，当然，黏附还会继续发生。

接触室和分离室的表面积都可基于过流率的概念来计算。

为避免打碎絮体，废水经挡板底部进入气浮接触室时的流速应小于 $0.1\text{m} \cdot \text{s}^{-1}$。废水在接触室中的上升流速一般为 $10 \sim 20\text{mm} \cdot \text{s}^{-1}$，停留时间应大于 60s。选定接触室中水流的上升流速 v_c 后，按下式计算接触室的表面积 A_c：

$$A_c = \frac{Q + Q_R}{v_c} \qquad (4-37)$$

式中：Q——处理水量，$\text{m}^3 \cdot \text{h}^{-1}$；$Q_R$——溶气水回流量，$\text{m}^3 \cdot \text{h}^{-1}$。接触室的容积一般应按停留时间大于 60s 进行复核。

分离室的表面水力负荷通常取 $5 \sim 10\text{m}^3 \cdot \text{m}^{-2} \cdot \text{h}^{-1}$，数值上等于分离室的向下平均水流速度。要求细微气泡和"悬浮物 + 微气泡"复合体上浮速度大于向下平均水流速度。当溶气气浮池的水力负荷较大或产生极细微的气泡时，出水容易携带气泡。如果后续构筑物还有滤池，特别是下向流滤池，气泡会存在于滤池的上层，会导致滤池水头损失的急剧升高，使滤池运行周期显著缩短。选定分离速度 v_s 即表面水力负荷后，按下式计算分离室的表面积 A_s：

$$A_s = \frac{Q + Q_R}{v_s} \qquad (4-38)$$

矩形池长宽比一般取 $1:1 \sim 2:1$，一般单格宽度不超过 10m、长度不超过 15m。

气浮池的有效水深 H 通常为 $2.0 \sim 2.5\text{m}$，按下式计算气浮池的净容积 V：

$$V = (A_c + A_s)H \qquad (4-39)$$

废水在分离室的停留时间与混凝剂种类、投加量、细微气泡密度和气泡尺度分布、黏附效果、悬浮物浓度等因素有关。以池内停留时间 t 进行校核，一般要求 t 为 $10 \sim 20\text{min}$。

4.3 萃取法

萃取是其他工业生产用于产品分离的重要工艺。废水中如果有很有用的成分而且浓度足够高，也许可用萃取回收，并减轻后续工艺的负荷。在这里仅介绍一些概念和设备。

在这里废水是被萃取相，萃取相有许多种，如不溶于水的有机溶剂萃取相、膜萃取相、反胶团萃取相、超临界萃取相。在这里仅介绍有机相为萃取相的萃取。萃取体系的两相由分散相和连续相构成，分散相或连续相可以是有机相，也可以是水相，如图 4-30 所示。

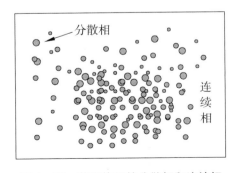

图 4-30 萃取体系的分散相和连续相

根据被萃取的成分是否发生化学反应,可分为物理萃取和可逆化学萃取。

物理萃取利用溶质在互不相溶的水相/有机溶剂相中不同的分配关系来分离。这个萃取比较适合回收和处理废水中亲油性较强的溶质,如含氮、含磷类有机农药,含除草剂、硝基苯类废水。要注意溶剂在水中的残留。

可逆化学萃取基本上是基于废水中的溶质和萃取剂中的络合剂之间的络合作用来达到分离目的的,分离对象是 Lewis 酸或 Lewis 碱、重金属离子。近年来,针对有机酸废水、酚类废水、有机磺酸类废水、苯胺废水、硝基苯类废水以及两性官能团有机废水、重金属废水都找到了许多合适的络合萃取体系。

有机物的络合萃取中被萃取的溶质与萃取剂的化学作用是常温下发生的络合反应,如络合剂与一些属于 Lewis 酸或 Lewis 碱的有机污染物的络合。这两者之间形成的络合物与溶剂的化学作用键能一般在 $10 \sim 60 kJ \cdot mol$,便于形成萃合物,实现相间转移,但是化学作用键能不能太高,否则络合剂再生和溶质回收不容易。

下面仅讨论物理萃取。

4.3.1　物理萃取的相间传质速率和萃取速率

废水被萃取时,污染物是被萃取物,为了叙述的直接,后面尽量少用萃取技术中的专业术语,比如被萃取物直接称为污染物,被萃取相就是废水。萃取操作的几个过程:

①萃取:有机萃取剂进入萃取设备并与废水充分接触,形成分散相和连续相,发生相间传质,污染物被萃取。

②分离:萃取后的分散相聚集并与连续相分离:萃取后分散相的液滴凝聚合并,与连续相分离形成两相,并在重力差别下将含有污染物的萃取剂与含有残留污染物的废水分离。

③萃取剂再生和萃取后的废水继续处理:将萃取剂中的污染物分离后,萃取剂得以再生,污染物得以回收。再生法之一是用水溶性再生剂,再生剂中某成分与污染物反应,使污染物重新进入水相。

含有残留污染物的废水可能继续被萃取或流入后续废水处理。

在萃取设备中萃取一般达不到平衡状态。设 Q_w、Q_o 分别为进入萃取设备的废水流量和萃取剂的流量。c_w'、c_w 分别为污染物在进水和废水被萃取后的出水中的浓度,显然 $c_w' > c_w$。c_o、c_o' 分别为污染物在使用前后的萃取剂中的浓度,$c_o' > c_o$。假设萃取设备的有效容积为 V,废水和萃取剂混合均匀,停留时间 $V/(Q_w + Q_o)$ 也是萃取时间,如图 4-31 所示。单位时间内物质 A 从废水转移到萃取有机相的量可表示为式(4-40)。

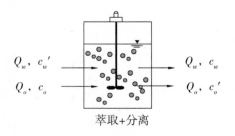

图 4-31　萃取的基本过程

$$Q_w(c_w' - c_w) = Q_o(c_o' - c_o) \tag{4-40}$$

单位时间单位设备有效容积的该污染物的萃取速率为 dc/dt，则单位时间内该污染物从废水转移到萃取有机相的量可表示为 $V(dc/dt)$。因设备体积不能太大，为了提高 $V(dc/dt)$，就需要提高 dc/dt。当分散相的分散度一定、Q_o/Q_w 的比值一定时，根据 Fick 定律和不溶性两相的相间传质的双膜理论，可推导出该污染物的 dc/dt 表示式：

$$-\frac{dc}{dt} = ka(c - c_w^*) \tag{4-41}$$

式中：c——污染物在萃取设备内废水中的浓度，$mol \cdot L^{-1}$，$c \leqslant c_w'$；c_w^*——有机相与废水之间达到萃取平衡时，污染物在废水中的浓度，$mol \cdot L^{-1}$，$c_w^* \leqslant c$；k——传质系数，$k = D/\delta_L$，D 为被萃取组分 A 在水相的扩散系数，$m^2 \cdot s^{-1}$，δ_L 为污染物 A 在界面传质的阻力液膜厚度，这里是在界面的水相液膜厚度，k 的单位为 $m \cdot s^{-1}$。δ_L 与紊流强度等因素有关；a——单位设备有效容积内的相间接触比表面积，$m^2 \cdot m^{-3}$。设界面总面积为 S，则 $a = S/V$。界面总面积 S 与分散相流量、分散相的分散度和 Q_s/Q_c 的比值有关，特别是分散相的分散度。

式（4-41）与式（4-30）的本质是一样的。

4.3.2　萃取剂的选择

1. 萃取分离效率高

（1）分配系数高。

分配系数指一定温度下被萃取组分污染物 A 在互成平衡的有机萃取相和废水相中的浓度比：

$$D_A = \frac{c_{oA}^*}{c_{wA}^*} \tag{4-42}$$

如果 A 组分在两相中有多种形态存在，则需要用它在各相中的总浓度来表示。分配系数越高，就会有越多的 A 组分溶入有机相，废水萃取处理后 c_{wA}^* 就会越低。

（2）多组分分离选择性系数高。

多组分分离选择性系数指两相平衡时，A、B 组分的分配系数之比。

2. 化学性质的要求

萃取剂应不易水解和热解，耐酸、碱、盐、抗氧化还原，腐蚀性小。

3. 物理性质

①溶解度：萃取剂在废水相中的溶解度要小，减小萃取剂带来的二次污染。污染物在有机相中溶解度要大。

②密度：有机相与水相的密度差大，有利于分层，不易产生乳化现象。两液相可采用较高的相对逆流速度。

③界面张力：界面张力影响到分散相的分散和分散相的聚集。界面张力越大，两相越难以分散混合，需要更多外加能量。但是界面张力越大，越有利于分散相液滴的聚结，也有利于防止萃取过程中的乳化现象，故一般选用界面张力较大的萃取剂。

④黏度：低黏度有利于两相的混合与分层、流动与传质，对萃取有利。对于大黏度萃取剂，可加入其他溶剂进行调节。

4. 回收易

萃取过程中，溶剂回收是费用最多的环节。有的萃取剂虽有许多良好的性质，但因回收困难而不被采用。溶剂回收常用的方法是蒸馏、蒸发、反萃取等。

5. 安全

无毒或毒性小、无刺激性、不易燃，难挥发（沸点高、蒸气压小）。

6. 其他

来源丰富，价格便宜，循环使用中损耗小。

4.3.3 萃取工艺和设备

为了增加相间传质，就要增加两相的充分接触，就要将分散相充分分散，增加界面面积，也需要增强紊流强度。萃取设备要补给能量，如搅拌、脉冲、振动等。基本过程是萃取与分离，两者有连续运行和间歇运行两种。分散相的动力和设备见表4-3。

表4-3　分散相的动力和设备

分散相的推动力	微分接触（逆流萃取）	逐段接触（错流萃取）
重力	喷淋塔、填料塔	筛板塔、流动混合器
机械搅拌	转盘萃取塔、搅拌萃取塔、振动筛板塔	混合澄清器
脉冲	脉冲填料塔、脉冲筛板塔	脉冲混合澄清器
离心分离	连续离心萃取器	逐级离心萃取器

1. 间歇运行的混合澄清萃取器

萃取剂在萃取设备中使用一次，废水被萃取处理一次。在萃取混合器中，通过搅拌将分散相分散到连续相中，经过一定时间萃取后，经连通管进入静置澄清装置进行分离，如图4-32所示。

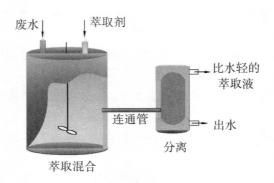

图4-32　混合澄清萃取器

2. 连续运行的萃取设备

连续运行萃取有两种流程：错流萃取（见图4-33）和逆流萃取（图4-34）。错流萃取中，萃取剂用一次，废水被萃取多次；逆流萃取中，萃取剂多次利用，废水被多次萃取处理。

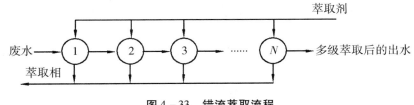

图 4 - 33　错流萃取流程

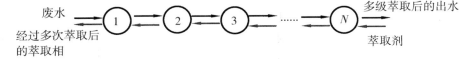

图 4 - 34　逆流萃取流程

逆流萃取设备如填料萃取塔、脉冲筛板萃取塔等，见图 4 - 35、图 4 - 36。

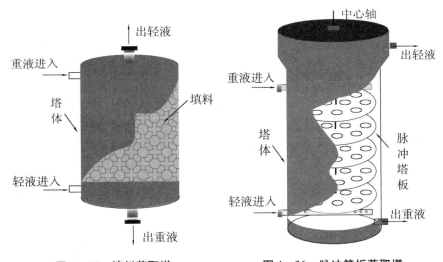

图 4 - 35　填料萃取塔　　　　**图 4 - 36　脉冲筛板萃取塔**

4.4　膜分离

膜分离技术是以浓差、压力或电场力推动膜对水和水中其他成分的选择性透过，来达到分离、纯化和浓缩的目的。这种具有选择性透过的多孔性薄膜称为分离膜。按主要驱动力，膜分离可分为扩散渗析、电渗析和压力驱动膜分离（微滤、超滤、纳滤和反渗透）。膜分离是普通过滤的扩展，两者差异在过滤介质和过滤对象。普通过滤分离的是肉眼可见的悬浮物，膜分离的对象是肉眼难以看清或根本看不到的污染物，如微米级颗粒、胶体颗粒、微生物、高分子和小分子、离子。纳滤、反渗透和电渗析是将水溶性溶质（分子或离子）和水分离。

如果膜孔眼小于分离对象，筛分仍然是重要的分离作用，在部分膜分离中甚至是主要作用，如微滤。但是在某些膜分离中除了筛分，还有物理化学和化学作用，如纳滤和反渗透。

膜分离去除废水中污染物的途径有两种：一是以电位差为主要驱动力，膜选择性地将废水中的污染物取出，将大部分进水淡化，留下少量浓水，如电渗析；二是以压力差和浓差为主要驱动力，膜选择性地阻挡水中某些物质，从而将之分离，剩下含有截留物的浓水，如扩散渗析、压力驱动膜分离。

膜分离法成本较高，在水处理中一般用于回收废水中的有用成分或水的回用。对于某些其他技术难以处理的，如处理垃圾渗滤液，膜分离是比较稳定有效的技术选项。

4.4.1 渗析法

在膜两侧有浓度差时，该溶质就从浓度高的一侧透过膜而扩散到浓度低的一侧，这种现象称渗析作用，也称扩散渗析、浓差渗析。渗析膜可以是一类不带电荷的多孔膜，它的孔径小于 $1\mu m$，大于小分子、离子的尺度。这种膜用于将溶液中大分子、微生物分离出来。渗析膜也可以是荷电膜，如离子交换膜扩散渗析。

4.4.2 电渗析处理法

1. 电渗析基本原理和离子交换膜

（1）电渗析基本原理。

电渗析过程如图 4-37 所示。电渗析的半透膜是离子（阴离子或阳离子）交换膜，离子交换膜是 4.3 节中的离子交换树脂的膜状物，分为阴离子交换膜和阳离子交换膜（简称阴膜和阳膜）。离子交换膜表面和孔道内表面分布着大量的共价键链接在碳链骨架上的带电基团，膜内存在强烈的电场。阳膜为负电场、阴膜为正电场，它们都分别排斥与各自电场性质相同的同性离子。在电场作用下，阳膜只允许阳离子通过，阴膜只允许阴离子通过。在装有离子交换膜的直流电场中，运行时，进水分别连续流经淡室、浓室以及极室。淡室中的离子向正电极和负电极运动，被分离的离子在膜的淡室侧发生选择性吸附、膜内解吸、扩散，在另一侧界面解吸，最终进入浓室。淡室出水即为淡化水，浓室出水即为浓盐水，这就是电渗析。该技术用于海水淡化、处理电镀废水以及反渗透处理含盐水过程中产生的浓水。

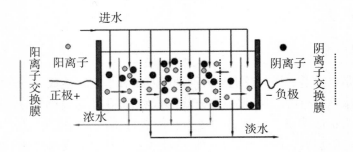

图 4-37　电渗析示意图

在电渗析过程中，电能主要消耗在溶液电阻、膜所受到的阻力以及电极反应中。极室出水不断排出电极过程的产物，以保证电渗析的正常进行。

在阳极发生的主反应：

$$2Cl^- \longrightarrow Cl_2 \uparrow + 2e$$

$$2H_2O \longrightarrow O_2 \uparrow + 4H^+ + 4e$$

次级反应：

$$Cl_2 + H_2O \longrightarrow HCl + HClO$$

在阴极发生的主反应：

$$2H_2O + 2e \longrightarrow H_2 \uparrow + 2OH^-$$

次级反应：

$$OH^- + Mg^{2+} \longrightarrow Mg(OH)_2 \downarrow$$

$$OH^- + Ca^{2+} \longrightarrow Ca(OH)_2 \downarrow$$

$$OH^- + HCO_3^- + Ca^{2+} \longrightarrow CaCO_3 \downarrow + H_2O$$

$$OH^- + HCO_3^- + Mg^{2+} \longrightarrow MgCO_3 \downarrow + H_2O$$

并且进水中可能存在多价离子在阴极室发生的氢氧化物沉淀。

（2）离子交换膜。

离子交换膜按其膜体相结构，可分为均相膜、异相膜、半均相膜 3 种。均相膜的化学组成均匀，是聚合电解质均匀地在成膜材料上成键。异相膜的化学组成不均匀，是离子交换树脂与黏合剂的混合物。半均相膜的聚合电解质与成膜材料混合得十分均匀，它的化学性能的均匀性比异相膜大为提高，但两者之间没有化学结合，如图 4 - 38 所示。

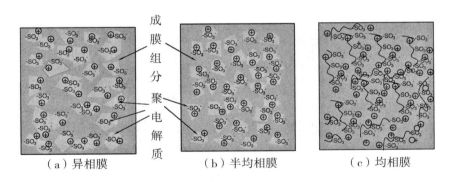

（a）异相膜　　　　（b）半均相膜　　　　（c）均相膜

图 4 - 38　离子交换膜体结构

膜的性能指标：

①膜交换容量，其单位与离子交换树脂一样，$mmol \cdot g^{-1}$ 为常用单位。一般膜的交换容量为 $2 \sim 3mmol \cdot g^{-1}$，比相应的离子交换树脂的交换容量小。交换容量越高，导电能力越强。一般来说，交换容量高的膜，由于水对膜的溶胀度大，膜的强度下降引起膜的选择性下降。

②含水量，指膜的内在水，用每克干膜所含水的百分比表示（％）。膜的含水量与其

交换容量和交联度有关，随着交换容量提高，含水量增加。交联度大的膜，含水量也会相应降低。膜的含水量与膜的导电能力呈正相关。一般膜的含水量为20%~40%。

③导电性（膜电阻），是指25℃时，于$0.1mol \cdot L^{-1}KCl$溶液或$0.1mol \cdot L^{-1}NaCl$溶液中测定的膜电阻（$\Omega \cdot cm$），也用膜面电阻即单位膜面积的电阻（$\Omega \cdot cm^2$）表示。一般来讲，在不影响其他性能的情况下电阻越小越好，以降低电能消耗。膜交换容量越小，膜越厚，膜电阻越大。实际上膜电阻还与溶液及温度有关。

④膜的选择透过性，对于理想的离子交换膜，反离子的迁移数为1，同号离子的迁移数为0。一般要求实用的离子交换膜的反离子迁移数大于0.9。

⑤膜的机械强度主要取决于它的化学结构、增强材料等。膜的交联度越大，膜的机械强度越大，其交换容量和含水量越小。

⑥膨胀性能（尺寸稳定性），膜的膨胀和收缩应尽量小，而且均匀。组装时必须考虑膜的膨胀性能。膜膨胀时，会造成压力损失增大、漏水、漏电和电流率下降等不良现象。

⑦化学性能指膜的耐酸碱、耐溶剂、耐氧化、耐辐照、耐温、耐有机污染等性能。

⑧膜厚，均相膜的厚度小于异相膜，异相膜的最大厚度为0.5mm。

⑨孔隙尺度，其孔径多为几十纳米至几百纳米。均相膜的孔隙尺度小于异相膜的孔隙尺度。

2. 普通电渗析器构造

在电渗析器中，由阳膜和阴膜构成的浓室和淡室组成一个池对，由池对组成膜堆，一般两级间有上百个池对。一个电渗析系统中的电极对数目称为极数，水流方向数称为段。应用广泛的膜堆构造是板框型，一般由离子交换膜、浓室、淡室、极室、配水隔板、惰性电极、夹紧装置、进水、淡水流道、浓水通道、极水通道和管路等组成，如图4-39所示。

图4-39 普通电渗析器构造实图

3. 电渗析过程中的浓差极化和结垢

（1）电渗析过程中的浓差极化。

物料在浓室、淡室流动时，离子交换膜和流动的水之间存在一个滞留层如图4-40。当电流通过离子交换膜时，溶质离子发生定向迁移。当工作电流增加到一定程度时，主体溶液中的离子不能迅速补充到膜的表面，当电流增大到所谓的极限电流时，膜与滞留层界

面的离子浓度 c_- 和 c_+ 降到零。在这种情况下，没有更多可用的离子载带电流。膜边界层的电压陡增，施加到水分子的电势能也陡增，当电压增加到 0.82V 时，造成较高的能耗和水的解离：

$$H_2O \underset{V=0.82V}{\overset{\text{电解离}}{\rightleftharpoons}} H^+ + HO^-$$

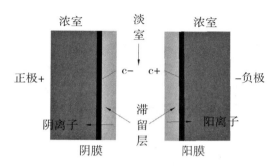

图 4 - 40　离子交换膜滞留层的浓差极化

在超极限电流时，滞流层的电流是由 H^+ 和 OH^- 的定向运动形成的，水解离是极度浓差极化的结果。

浓差极化是电渗析器运行中的重要问题，其危害如下：

①降低电流效率。

极化导致淡水室水分子大量解离，水的解离造成 H^+ 和 OH^- 的迁移，部分电能消耗在水的解离和与脱盐无关的 H^+ 和 OH^- 离子迁移上，使电流效率下降。另外因结垢增加膜电阻，也会降低电流效率。

②降低除盐率和水产率。

由极化引起水解离，由此引起的结垢，导致除盐率和水产率降低。

③淡水 pH 值下降。

（2）结垢和预防结垢。

浓差极化是结垢的主要原因之一。电渗析运行过程中由四种不同的作用产生四类污垢：

①前面我们看到的电极上的反应，会造成电极表面极化。负极表面的反应使负极水呈现碱性，造成负极表面和极室的阳膜上形成氢氧化物沉淀和碳酸盐沉淀。紧靠负极室的淡室的阳膜滞留层发生严重浓差极化时，水解离的 H^+ 通过阳膜进入负极室，对负极水中的 OH^- 有一定程度的中和，减弱负极室中的沉淀。

②淡室中水解离的 OH^- 向正极方向移动，并透过阴膜，在阴膜的浓室侧表面上形成氢氧化物沉淀和碳酸盐沉淀。

③浓室中 Ca^{2+} 和 SO_4^{2-} 的浓度升高，引起 $CaSO_4$ 在浓室的阴膜和阳膜表面沉淀。

④进水预处理没有完全去除的带负电的有机物、胶体和微生物等，在直流电场作用下向正极移动，在浓室、淡室的全部膜的负极侧表面沉积，阴膜上结垢更严重。

结垢的不利影响是全面的，会降低电极和膜的导电性能、产水量和膜的性能等。

预防结垢的措施：

①电渗析器的电极极性定时周期性倒换，这是倒极电渗析，后面将讨论。

②操作电流在极限电流之下，减少极化。

③定期清洗。针对不同的结垢，采用不同的清洗剂，如柠檬酸（针对钙离子、镁离子和其他多价离子）、乙二胺四乙酸钠（针对钙离子、镁离子和其他多价离子）和碱液（针对带负电的有机物，如腐殖质、蛋白质等）进行清洗。清洗周期为每周或每月一次。

④做好进水预处理。

前面我们看到结垢和膜污染都与进水中的某些物质在电渗析过程中发生的复杂变化有关，因此需要对不同的进水进行必需的预处理，如普通过滤、混凝、化学杀菌、pH 值调节、微滤或超滤、活性炭处理等，来达到电渗析器进水要求。进水指标有浊度、耗氧量、游离氯量、含铁量、含锰量、水温、硬度等。

⑤强化传质，减薄滞留层厚度。

4. 电渗析的类型

普通电渗析存在诸多缺点，需要改进，下面是几种改进型电渗析：

（1）频繁倒极电渗析。

频繁倒极电渗析是为解决普通电渗析器的膜和电极表面结垢问题而出现的。它的运行过程是定时地（一般为 15～20min）正负电极极性相互倒换一次，原来的浓室变成淡室，pH 值会下降，原来阴膜浓水侧面上的氢氧化物沉淀和碳酸盐沉积逐渐溶解。原来负极室阳膜表面的污垢也随着负极室变为正极室而逐渐溶解。倒极后，原来的淡室变成浓室，在阴膜的另一面上又逐渐沉淀起来。但是因为电极极性的频繁倒换，让沉淀没有生成条件，同时还具备自身清洗作用。

硫酸盐结垢一旦析出，则很难再溶解。然而其晶核长大需要一定时间，在频繁倒极的电渗析运行中，由于电极极性不断发生变化，使 $CaSO_4$ 在膜面上无法生成。

对于通常是带负电的有机物、胶体和微生物，在直流电场作用下，也要做定向迁移。由于基团较大，它们不能透过膜而只是黏附在膜表面上，频繁倒极的作用，使其反复改变迁移方向，难以黏附，容易随水排出。

（2）填充床电渗析。*

填充床电渗析也称电去离子或连续去离子技术，如图 4-41 所示。填充床电渗析与常规电渗析不同的是，淡室中填充了离子交换剂，如离子交换树脂、离子交换纤维以及无机离子交换剂等。填充床电渗析的工作原理包括除盐和再生两步。其除盐机理包括电渗析的脱盐作用、树脂对离子的吸附作用及离子沿树脂的迁移作用。由于交换树脂颗粒不断发生吸附—解吸作用，构成"离子通道"，树脂填充床中的离子交换和迁移速率远远大于填充床周围溶液的质量传输速率，结果使电渗析淡水室的电导率大大增加。电导率的大大增加使极化现象减弱，极限电流提高，装置去离子能力显著提高，出水水质明显提高。当超过极限电流或淡室水高度纯化时，膜和树脂附近的界面层发生极化，使水电离为 H^+ 和 OH^-，并与被树脂吸附的电解质离子交换，从而使树脂得到再生。

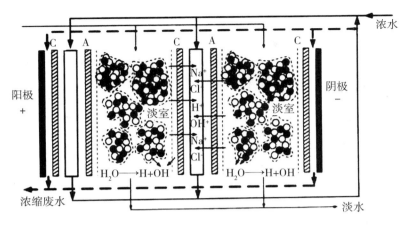

图 4 – 41　填充床电渗析

（3）双极膜电渗析。*

当向有双极膜的溶液中反向加压时，当电流通过离子交换膜时，中间夹层离子浓度很低，在双极膜的两侧极易发生浓差极化，水离解成 H^+ 和 OH^-，并定向移动，如图4 – 42所示。

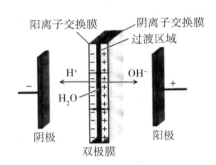

图 4 – 42　双极膜电渗析产生 H^+ 和 OH^-

将双极膜与阴膜或阳膜组合成双极膜电渗析系统，如图 4 – 43 所示，能够直接将含盐废水中的盐转化为对应的酸和碱，但浓度（酸最大浓度为 $2mol \cdot L^{-1}$，碱最大浓度为 $6mol \cdot L^{-1}$）和纯度两方面都受到限制。这种电渗析技术在 20 世纪 90 年代开始飞速发展。

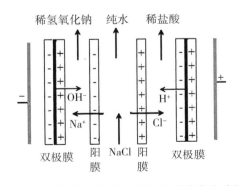

图 4 – 43　双极膜电渗析处理 NaCl 溶液产生酸和碱

4.4.3 压力驱动膜分离

压力驱动膜分离用于分离直径小于 $10\mu m$ 的颗粒，按国际纯化学和应用化学严格定义，各种压力驱动膜分离对象如图 4-44 所示。

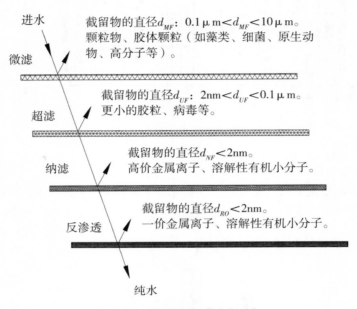

图 4-44 各种压力膜分离对象

在压力驱动下，膜对水和水中成分的选择性将进水分成两部分：一部分是透过液或产水，另一部分是含有截留物的浓缩液或废液。

压力驱动膜孔径范围是决定其操作压力和分离对象粒径的最重要的因素，按膜孔径范围分成微滤膜、超滤膜、纳滤膜、反渗透膜，其孔径范围顺序：

微滤膜 > 超滤膜 > 纳滤膜 > 反渗透膜

各种膜的孔径范围是，$d_{微滤膜(MF)}$ 为 $0.05\sim10\mu m$；$d_{超滤膜(UF)}$ 为 $1\sim100nm$；$d_{纳滤膜(NF)}$ 约 $1nm$；$d_{反渗透膜(RO)}$ 为 $0.1\sim1nm$。根据不同定义其孔径范围会稍有差异。按国际纯化学和应用化学对孔隙（直径 d_p）的分类：

微孔：$d_p < 2nm$；

中孔：$2nm < d_p < 50nm$；

大孔：$d_p > 50nm$。

压力驱动膜分离的基本流程是：

废水—砂滤—碳滤—保安过滤（去除碳粉）—微滤—超滤—反渗透或纳滤—纯水

产水中阻力来自膜、进出水沿路上的阻力。膜孔径越小，阻力越大。正常运行时，产水量与压力成正比。操作压力比跨膜压力差大得多，跨膜压力差一般在 $0.2\sim100kPa$。压力驱动膜分离的操作压力大小顺序为：

微滤 < 超滤 < 纳滤 < 反渗透

4.4.3.1　压力驱动膜的组成、构造、性质参数

1. 压力驱动膜的化学成分

压力驱动膜的化学成分决定膜的许多特性以及在膜制备上的应用，比如微滤膜对亲水性的要求没有反渗透膜、纳滤膜那么高，膜的亲水性可以从其化学成分得到充分理解。

目前主要的压力驱动膜是天然纤维素类和合成有机膜，如：

①纤维素类。醋酸纤维素应用最多，世界上第一张反渗透膜是 1960 年制造出的醋酸纤维素膜。其优点很多，如亲水性好、水通量较高等。纤维素中没有完全酯化的羟基会被余氯等氧化性物质氧化成醛、酮。同时其存在适用 pH 值范围窄，为 3~8（甚至更窄，为 5~6）、受压压实等缺点，期望出现新的优质改性纤维素。可应用于制备各种膜。

②聚酰胺类。亲水性较好。不耐氯，适用 pH 值范围为 3~11。可用于微滤和超滤，更多地用于反渗透膜。

③聚砜类。亲水性较差。在微滤膜、超滤膜以及反渗透和纳滤的复合膜的基膜中都有广泛应用。

④聚醚砜类。

⑤聚烯烃类。亲水性较差、耐化学性较好、不耐氯。只有超滤和微滤适用。

⑥全氟聚合物。亲水性较差。

无机膜是指以金属及其氧化物、陶瓷、沸石、多孔玻璃等制成的分离膜，主要用于微滤膜、超滤膜等方面。无机膜耐热性和化学稳定性好，抗微生物及力学性能突出，使用寿命较长，但无机膜性脆，加工成型以及组件制备难度较大。

微滤膜和超滤膜主要有无机膜（陶瓷膜和金属膜）和有机高分子膜。微滤膜的膜材料主要有醋酸/硝酸纤维素、聚偏氟乙烯、聚砜、聚丙烯腈、聚氯乙烯、聚丙烯等。超滤膜的膜材料主要有纤维素及其衍生物、聚碳酸酯、聚氯乙烯、聚偏氟乙烯、聚砜、聚酰胺。纳滤膜和反渗透膜以亲水性较强的有机膜为主。

2. 压力驱动膜的构造

根据其性质差异可分为均相膜和非均相膜、对称膜和非对称膜、荷电膜和中性膜。对称膜有多孔膜和致密膜。虽然反渗透膜和纳滤膜本质上仍然是多孔膜，但是其孔径很小，被看作致密膜。

微滤膜的孔径比较大，阻力比较小，做成比较厚的可耐受运行压力的均相膜。超滤膜、纳滤膜和反渗透膜的阻力很大，膜越厚阻力越大，因此这几种膜都做成非对称膜，非对称膜是非均相膜。非对称膜断面构造是皮层结构，是由表皮层（活性层）和支撑层组成的复合膜。

图 4-45 所示为典型的醋酸纤维非对称膜的断面结构示意。它是由表面活性层、过渡层和多孔支持层组成的非对称膜，总厚度为 100μm。表面层结构致密，厚度为 0.1~1μm，厚度占膜总厚度的 1% 以下。多孔层呈海绵状，其中孔隙为 0.1~0.4μm。过渡层则介于两者之间。

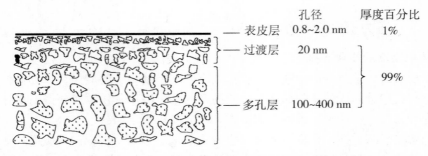

图 4 - 45　典型的醋酸纤维非对称膜的断面结构示意图

微滤膜的孔隙率为 30% ~ 90%，超滤膜活性层的孔隙率为 0.5% ~ 10%，支撑层孔隙率为 50% ~ 90%。

3. 压力驱动膜的性质参数

（1）分离效率。

分离效率即截留率 R 或称去除率，指被膜截留的特定物质的量占溶液中该特定物质总量的比率：

$$R = \frac{c_f - c_p}{c_f} \times 100\% \tag{4-43}$$

式中：R——截留率；c_f——原料液中特定物质的浓度，$mg \cdot L^{-1}$；c_p——透过液中特定物质的浓度，$mg \cdot L^{-1}$。

对于反渗透膜，截留率即为除盐率，实际测试中常用水的电导率代替含盐量。截留率是表征压力驱动膜分离过程中分离效果的重要指标。

（2）渗透通量。

渗透通量也称渗透速率、过滤速率，简称通量，指膜分离过程中在一定工作压力下单位时间内通过单位膜面积上的透过液量。渗透通量与膜的孔径分布、孔隙率、膜表面亲水性、膜厚、压力、膜污染、水质、温度等有关。

（3）膜的物理化学形态。

膜的物理化学形态包括：膜的表面孔结构形态（膜表面和截面表面形态、膜孔径及其分布、孔道构造、孔隙率等）；热稳定性和化学稳定性；抗污染性能，疏水性表面更易遭受污染；力学性能。

4.4.3.2　压力驱动膜分离机理

1. 微滤和超滤分离机理

微滤膜是均质膜，而超滤膜是复合膜。微滤的操作压力一般在 0.1 ~ 0.3MPa，超滤的操作压力在 0.1 ~ 0.5MPa。微滤膜阻力很小，微滤过滤速度较快。微滤的截留物粒径 d_{MF}：$0.1\mu m < d_{MF} < 10\mu m$，如颗粒物、胶体颗粒（如藻类、细菌、原生动物、高分子）等。超滤的截留物粒径 d_{UF}：$2nm < d_{UF} < 0.1\mu m$，如胶体颗粒、病毒等。超滤膜的过滤精度范围也常用分子量来衡量，可在 1 000Da ~ 50kDa 之间。

这两种膜的分离机理主要是筛分，其次还有吸附、针对微滤而言的膜表面形成的滤饼层（微滤的分离对象颗粒物间架桥形成的滤饼层）、针对超滤而言的膜表面形成的凝胶层（超滤的分离对象颗粒物间架桥形成的凝胶层），如图 4 - 46 所示。颗粒物能不能被膜截留与膜孔隙尺寸分布、进水中颗粒的尺寸和形状、膜表面的化学性质、滤饼层（或凝胶层）有关。

（a）筛分截留　　　　　（b）孔道吸附　　　　　（c）滤饼过滤

图 4 - 46　微滤和超滤分离机理

比膜孔径大或尺寸相当的颗粒通过筛分截留。

吸附可以截留比膜孔径小的颗粒。表面的吸附很快达到稳定平衡，吸附引起的直接截留不是主要的，但是由此会改变膜的孔隙尺度却不可忽视。对某些物质（如天然有机物）的吸附是引起膜污染的首要因素。

微滤膜截留的部分颗粒不会被流动的料液完全带入水相而形成滤饼层，等于是在原来的膜上形成另外一层过滤介质，由此改变了膜的过滤性能，可以截留更小尺寸的颗粒。

超滤过程中随着水和不能截留的溶质的透过，膜表面截留物浓度不断升高，直到膜表面形成一层呈不流动的溶液，该溶液称作凝胶层。凝胶层增加了对透过液的阻力，通量下降。

超滤中颗粒物的尺寸和形状是另外一方面的重要因素，比如球形细菌和棒状细菌或丝状细菌、线性高分子和高度分支的高分子的过滤性能很不一样。

2. 反渗透和纳滤分离原理

如图 4 - 47 所示，用反渗透膜将纯水和盐水隔开，水就会自动地透过反渗透膜流向盐水，直至达到化学位平衡，这时的液柱高就是渗透压 π，这就是渗透现象。反渗透又称逆渗透，是在高于料液的渗透压的压力作用下，水通过反渗透膜进入膜的纯水侧，从而得到纯水，而溶液中的其他组分（如盐）被阻挡在膜高压侧，以浓溶液的状态排出，从而达到有效分离。纳滤膜也称松散型反渗透膜。

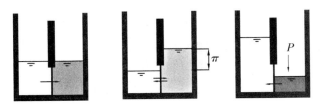

水分子渗透　　　水分子渗透平衡　加压力大于 π 的水分子反渗透

图 4 - 47　渗透和反渗透过程

反渗透广泛用于海水或盐水脱盐、垃圾渗滤液、电镀废水处理、纯水制造。

反渗透膜是中性致密膜。反渗透的操作压力一般在几个 MPa，其操作压力很大，因此运行费高、设备要求高。在比反渗透膜孔径大的膜上带电，可以降低操作压力，还能够高效分离高价离子和溶解性小分子，这种膜就是纳滤膜。纳滤膜表面有带电基团，阻碍多价离子的渗透。可能的荷电密度为 0.5～2meq（毫克当量电荷，milligram equivalent）·g^{-1}。对许多中等分子量的溶质，如消毒副产物的前驱物、农药等能有效去除。纳滤的操作压力 ≤ 1.50MPa，截留分子量为 200～2 000。对一价离子的截留率不是很高。

筛分、吸附作用在反渗透和纳滤分离中依然起到了十分重要的作用，但是仅仅这些作用还不足以说明反渗透和纳滤分离，对此已提出了多种机理：

（1）溶解—扩散理论。

反渗透膜及纳滤膜属于致密膜，溶剂和溶质以溶解的方式进入膜体，它们在膜内的溶解速率不同。膜体内溶剂和溶质的迁移是扩散迁移。水在膜内的溶解速率和扩散速率远大于溶质，溶质在原液侧富集，水则透过致密膜，从而实现水的淡化。反渗透膜的选择透过性与膜孔径及其结构，膜的化学及物理性质，组分在膜中的溶解、吸附和扩散性质等有关。

（2）荷电理论。

纳滤膜一定是荷电膜，荷电膜的透水量较电中性膜有所增加。静电排斥作用使荷电膜能够分离比其膜孔径小的带电粒子和粒径相似而荷电性能不同的组分。荷电基团的引入可适当提高聚合物膜的玻璃化温度，从而使膜的耐热性得以增强。膜孔径的增大、膜与溶液之间的静电作用使膜表面的溶液的渗透压降低，从而适于低压操作。荷电膜界面处形成的凝胶层较为疏松，易于清洗。膜的抗污染能力较强，可延长膜的使用寿命。

其他还有氢键理论模型、优先吸附—毛细管模型。

4.4.3.3　压力驱动膜组件和分离系统

工业应用的压力驱动膜可做成卷式、管式、中空纤维等组件。板式膜是最老的，只有实验室在用。

1. 卷式膜

卷式膜组件结构如图 4 - 48 所示，在两片膜中夹入一层多孔支撑材料，将两片膜的三个边密封而黏结成膜袋，另一个开放的边沿与一根多孔的透过液收集管连接。在膜袋外部的原料液侧再垫一层网眼型间隔材料（隔网），即膜/多孔支撑体/原料液侧隔网依次叠合，绕中心管紧密地卷在一起，形成一个膜卷，再装进圆柱形压力容器内，构成一个螺旋卷式膜组件。使用时，原料液沿着与中心管平行的方向在隔网中流动。透过膜的透过液则沿着螺旋方向在膜袋内的多孔支撑体中流动，最后汇集到中心管而被导出，浓缩液由压力容器的另一端引出。由于颗粒物容易堵塞膜，通常纳滤和反渗透采用卷式组件结构。

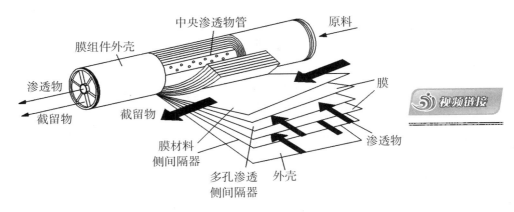

图 4 - 48　卷式膜组件结构

2. 管式膜（多孔膜）

管式膜的结构：主要是把膜和多孔支撑体均制成管状，使两者装在一起，管状膜可以在管内侧，也可在管外侧，再将一定数量的这种膜管以一定方式联成一体，如图 4 - 49 所示。

图 4 - 49　管式膜组件构造

管式膜组件的优点是原料液流动状态好，流速易控制；膜容易清洗和更换；能够处理含有易悬浮物的、黏度高的，或者能够析出固体等易堵塞液体通道的料液。缺点是设备投资和操作费用高，单位体积的过滤面积较小。用于微滤。

3. 中空纤维膜

中空纤维膜是一种丝膜，外径 0.65 ~ 2mm，壁厚 0.1 ~ 0.6mm。中空纤维膜组件的组装是把大量的中空纤维膜装入圆筒耐压圆柱体容器内，圆柱体的直径为 0.1 ~ 0.3m，长度为 0.9 ~ 5.5m。通常将纤维束的一端封住，另一端固定在用环氧树脂浇铸成的管板上，如图 4 - 50 所示。

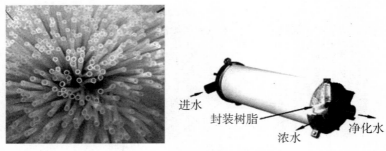

图 4 - 50   中空纤维膜组件构造

中空纤维膜过滤有内压式和外压式两种操作，如图 4 - 51 所示。内压式进水从内管进入，透过液流出膜外，汇集后从另一头流出，浓缩液从管内另一头汇集流出。外压式是进水从膜组件一端侧面进入膜外侧，透过液进入管内，汇集后从另一头流出，浓缩液从另一头一侧流出。

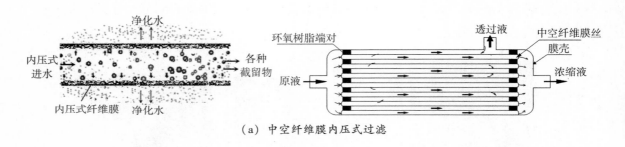

（a）中空纤维膜内压式过滤

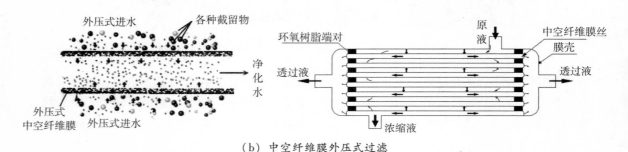

（b）中空纤维膜外压式过滤

图 4 - 51   中空纤维膜过滤的两种操作

中空纤维式膜组件的优点是设备单位体积内的膜面积大，不需要支撑材料，寿命可长达 5 年，设备投资低。缺点是膜组件的制作技术复杂，管板制造也较困难，易堵塞，不易清洗。中空纤维膜是一种使用最广泛的膜组件，广泛应用于微滤和超滤。但是膜组件的技术是不断进步的，其他膜组件也在应用。精细中空纤维膜更细，仅用于反渗透。

各种膜组件的配置形式多采用圆柱体膜壳式。膜分离流程都很紧凑，膜分离环境干净整洁，微滤和超滤的厂区一角见图 4 - 52。

（a）微滤　　　　　　　　　　（b）超滤

图 4 – 52　膜分离厂区干净整洁

4.4.3.4　运行过程和参数

1. 进水方式

压力驱动过滤的进水操作方式有死端操作和错流操作，如图 4 – 53 所示。死端过滤是将原水置于膜的上游，在压力差的推动下，水和小于膜孔径的颗粒透过膜，大于膜孔径的颗粒则被膜截留。形成压差的方式可以是在原水侧加压，也可以是在滤出液侧抽真空。死端过滤随着过滤时间的延长，被截留颗粒在膜表面形成泥层，使过滤阻力增加，在操作压力不变的情况下，膜的通量下降。死端过滤的泥层和通量变化见图 4 – 54（a）。因此，死端过滤只能间歇进行，必须周期性地清除膜表面的泥层或更换膜。

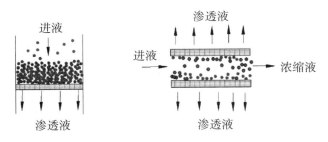

（a）死端过滤（无流动过滤）　　（b）错流过滤（流动过滤）

图 4 – 53　压力动力过滤的水流方式

错流过滤中料液以平行于膜面的方向进入，过滤中大于膜孔径的物质也被截留，错流过滤的通量也会下降，但是由于膜面的切向力，水流能够把膜面的截留物形成的泥层冲刷掉，膜的原有性能在一定程度上得以恢复。另外也能有效地减薄膜表面的滞留层厚度。因此，错流过滤的滤膜表面不易产生浓差极化现象和结垢问题，过滤通量衰减较慢。错流过滤的泥层和通量变化见图 4 – 54（b）。错流过滤周期较死端过滤周期长。

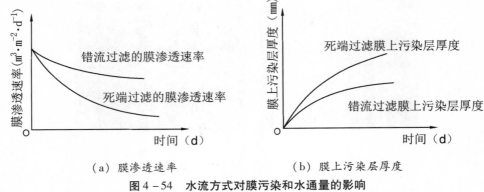

（a）膜渗透速率　　　　　（b）膜上污染层厚度

图 4 - 54　水流方式对膜污染和水通量的影响

错流过滤的水流流速通常要求在 $0.5 \sim 1m \cdot s^{-1}$，为此常要求浓缩液回流与料液一起加压进入膜管，因此错流过滤又称循环过滤。通常透过液流量小于进水流量的 25%。

错流过滤的运行方式比较灵活，既可以间歇运行，又可以实现连续运行。

进水方式与膜组件结构有关。中空纤维膜和管式膜的内压式进水方式有错流过滤和死端过滤，外压式进水方式有死端过滤。卷式膜组件介于错流过滤和死端过滤之间。

进水水质也是进水方式的选择依据，当原水悬浮物和胶体含量较低时可选用死端过滤方式，例如水源为井水、自来水等；当原水悬浮物和胶体含量较高时选用循环过滤方式，例如水源为地表水、废水等。

2. 压力驱动膜表面的浓差极化和膜污染及其影响

（1）浓差极化。

在超滤、纳滤和反渗透的分离过程中，膜表面都有一滞留层。透过液流过膜，截留物在膜与滞留层的界面的浓度大于其在本体液相中的浓度，在滞留层中形成浓度梯度，如图 4 - 55 所示。

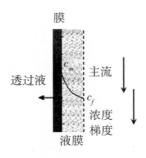

图 4 - 55　浓差极化过程

影响浓差极化的相关因素：①进料液截留对象浓度的增加引起浓差极化。首先是原水的截留物浓度，再就是透过率越大，截留对象浓度增大越快，比如死端过滤开始的透过率比较大，浓差极化增加很快。错流过滤由于浓液回流，造成进料液截留物浓度增大。②操作压力。操作压力越大，产水通量越大，在膜表面的浓缩效果越大。③水流流速和水流方向。错流过滤的平行膜面的水流速度较大，致使滞留层厚度减小，有利于降低浓差极化，而死端过滤则不是这样。④此外还有水的黏度系数和温度等。

微滤中透过液流过膜，在膜表面虽然不会产生浓差极化，但是会有滤饼形成。

（2）浓差极化对操作压力的影响。

任何溶液都具有相应的渗透压，其数值取决于溶液中溶质的粒子数，而与溶质的性质无关。当发生浓差极化时膜表面的截留物浓度大大增加，就会大大增加渗透压，增加操作阻力。不计溶质的渗透系数差异，渗透压 π（Pa）的数学表达式为：

$$\pi = RTc \tag{4 - 44}$$

式中：R——气体常数，$8.314 J \cdot K^{-1} \cdot mol^{-1}$；$T$——绝对温度，K；$c$——水中溶解性粒子浓度，$mol \cdot L^{-1}$。

计算盐的渗透压时要用离子的总浓度，而且与离子的价数有关。

（3）膜污染。

由于料液中的颗粒物、胶粒或溶质与膜本体存在物理化学作用或机械作用而引起的膜表面或膜孔内吸附、堵塞、浓差极化，使膜的透过性与分离性发生可逆和不可逆变差的现象，称作膜污染。这里不包括料液中某些成分与膜的化学作用对膜的破坏。微滤膜污染主要是由吸附、堵塞引起的，特别是滤饼层。超滤膜污染是由浓差极化引起的高分子或生物型凝胶层引起的。纳滤膜和反渗透膜的污染原因有由浓差极化引起的碳酸盐、硫酸盐、氢氧化物沉淀。

浓差极化和膜污染的危害主要表现为以下几点：

①使膜表面溶质浓度增高，引起渗透压的增大，从而减小传质驱动力；

②在纳滤膜和反渗透膜、超滤膜表面分别形成沉淀或凝胶层，增加透过阻力；

③膜表面形成的沉积层或凝胶层会改变膜的分离特性；

④当有机溶质在膜表面达到一定浓度时有可能使膜发生溶胀或恶化膜的性能；

⑤严重的浓差极化会导致结晶析出，阻塞孔道，使运行恶化。

减少浓差极化和膜污染的途径主要有以下几种：

①对原料液进行预处理；

②对组件结构进行优化，设计合适的膜组件结构，在组件中加内插紊流器以增加湍动程度，减薄边界层厚度；

③对运行过程进行优化，如采用横切流、脉冲流、螺旋流、提高流速等手段减慢凝胶层的形成；

④合理选择运行压力、进水方式；

⑤定期进行物理清洗和化学清洗。

3. **压力驱动膜分离对进水水质的要求和预处理方法**

对进入压力驱动膜分离系统的进水进行预处理以达到进水水质要求，以减少膜污染，提高膜使用寿命。提高各种膜针对性的分离效率。延长出水周期，减少清洗。反渗透的故障85%以上是由预处理达不到要求引起的。这四种压力驱动膜分离系统的进水指标种类有些是一样的，指标数值有所不同，也有不一样的指标。以反渗透的进水要求为最高。预处理方法有混凝、澄清、普通过滤、吸附、消毒、脱氯、软化、调节 pH 值、加阻垢剂。超滤和微滤也是反渗透和纳滤的预处理。

（1）余氯。

余氯对膜有氧化等作用，这四种膜都要控制进水中的余氯浓度，如醋酸纤维膜要求最大允许连续余氯的含量为 $1mg \cdot L^{-1}$。复合膜抗氯性差，一般不允许含有余氯。

采用加氯杀菌后，需加亚硫酸氢钠或经活性炭过滤消除余氯。

（2）铁。

反渗透给水中的允许铁含量如表 4-4 所示：

表 4-4 反渗透给水中的允许铁含量

氧含量（$mg \cdot L^{-1}$）	pH 值	允许铁含量（$mg \cdot L^{-1}$）
<0.5	<6.0	4.0
0.5~5	6~7	0.5
5.0~10	>7.0	0.05

降低反渗透给水中铁的含量可以采用曝气—锰砂过滤法。

（3）硅。

浓水中不允许析出不溶解的胶体硅而引起结垢。

（4）颗粒物质、SDI 和浊度。

污染密度指数 SDI（Silt Density Index）代表了水中颗粒、胶体和其他能阻塞各种水净化设备的物体含量。

测定 SDI 值的标准方法的基本原理是测量在 0.207MPa 给水压力下用 $0.45\mu m$ 微滤膜过滤，接满 500mL 水样的原水所需要的时间。测量装置见图 4-56。

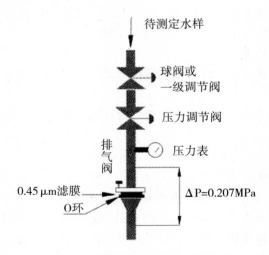

图 4-56 测量 SDI 的装置示意图

污染密度指数 SDI 的计算公式:

$$SDI = 100 \times P_{30}/T_t = 100 \times [1 - (T_1/T_f)]/T_t \tag{4-45}$$

式中: P_{30}——在 0.207MPa 给水压力下的滤膜堵塞百分数, $P_{30} = (T_f - T_1)/T_f$。下标 30 指操作压差是 30psi [1psi = 0.070 3kg (力) · cm^{-2}], 30psi = 0.207 MPa。P_{30} 越小, 堵塞越小。T_t——总测试时间, 单位为 min。通常 T_t 为 15min。T_1——第一次过滤 500mL 水所需时间。T_f——15min (或更短时间) 以后取样所需时间。

不允许 SDI 大于 5 的颗粒进入高压泵及反渗透器。以 15min 计, P_{30} 应不超过 75%。

(5) 有机物。

水中不允许含有油和脂, 当油或脂超过 0.1mg · L^{-1} 时, 就应采用活性炭过滤器进行去除。一般来说, 当水中的总有机碳 TOC 含量超过 3mg · L^{-1} 时, 即应考虑去除, 特别是高分子有机物。

由于细菌会以醋酸纤维为食物, 因此醋酸膜易受细菌的侵袭, 对原水必须彻底杀菌。对于复合膜, 虽然不受细菌的侵袭, 但细菌黏膜会造成膜的污堵, 一般可采用加氯杀菌, 加氯量要根据需氯量实验加以确定。消毒之后要除氯。

(6) 碱土离子。

必须防止 CaCO$_3$、CaSO$_4$、SrSO$_4$、BaSO$_4$ 和 CaF$_2$ 垢。

为减少化学沉淀的膜结垢, 可采取以下方法: ①减小浓液回流率, 降低系统水的回收率, 避免超过某些测定物的溶度积; ②采取离子交换软化去除钙离子; ③加酸去除碳酸或重碳酸离子; ④加阻垢剂。

(7) 调节 pH 值。

满足各种膜使用的 pH 值范围。pH 值会干扰弱酸盐和氢氧化物沉淀, 改变蛋白质和微生物形态。pH 值位于等电点时, 蛋白质和微生物更容易污染膜。

习题

1. 试讨论 pH 值对离子交换容量的影响。
2. 请计算交联度为 8% 的聚苯乙烯磺酸的理论交换容量。
3. 请说明交换势的含义。
4. 离子交换的运行周期由哪几个阶段组成。
5. 试讨论影响离子交换速度的因素。
6. 石油化工含酚废水用活性炭作二级深度处理进行脱色和除酚, 若废水流量为 50m^3 · h^{-1}, 污染物浓度用 COD 表示, 测得 COD = 30mg · L^{-1}, 吸附达到平衡时活性炭投加量与平衡浓度的试验结果如下:

表 4 - 5　试验结果

活性炭投加量（mg·L^{-1}）	50	100	150	200	250	500
平衡浓度（mg·L^{-1}）	18	11	7.5	5.0	3.5	1.0

试判断活性炭吸附酚最符合什么吸附等温式。

7. 有同质量的粉状和粒状活性炭其表面积相同，显然其表面积分布有何不同？对吸附过程有何影响？实际应用的是哪种活性炭，为什么？

8. 从萃取设备萃取工艺上考虑，我们应如何提高萃取效果？

9. 什么叫交联度，对树脂的性质有何影响？

10. 用钠型离子交换树脂处理含钙、镁离子废水时，钙镁离子可以交换到树脂中取代钠离子。而用 NaCl 再生时，钠离子又能将吸附的钙、镁离子洗脱下来。试说明原因。这两种交换的推动力有何不同？

11. 有机物的物理吸附和化学吸附，吸附前后它的红外光谱有何不同？

12. 请说说各种膜分离中膜污染和膜的清洗。

13. 请比较反渗透、纳滤、超滤和微滤的操作压力。试说明反渗透膜、纳滤膜、超滤膜和微滤膜的孔径范围并排序。

14. Ag^+ 和 Na^+ 都是一价阳离子，为什么 Ag^+ 可以将离子交换树脂上的 Na^+ 交换下来？

15. 吸附剂的比表面积是关系到吸附速度和吸附量的重要因素，比表面积包括内比表面积和外比表面积，大的内比表面积固然有意义，但是其扩散阻力比较大。颗粒越小，扩散阻力小的外比表面积越大。但是粉状吸附剂不适用于吸附床，如果用于吸附池又面临着吸附剂与水分离的困境。如何克服粉状吸附剂的这个问题？

16. 吸附既是一种处理方法，也是其他许多处理过程中普遍发生的现象，是理解其他许多处理方法必须的知识。请总结一下与吸附有关的其他处理方法。

17. 为什么要求纳滤膜和反渗透膜具有亲水性？在构造上为什么不能做成均相膜？

18. 废水中含 NaCN $100mg·L^{-1}$，用反渗透法将其浓缩为 $500mg·L^{-1}$ 时，求其最初和最终的反渗透压是多少。

19. 比较死端过滤和错流过滤的浓差极化。

20. 请将砂滤、碳滤、保安过滤、MF、UF、RO 或 NF 连接成合理的流程。

21. 反渗透对进水水质的要求很高，为什么要去除进水中的余氯、油、三价铁、硅、SS、TOC？控制指标值是多少？如何去除这些物质？

22. 请叙述测定 SDI 的方法。

23. 试比较各种气浮工艺得到的微细气泡的大小。

24. 从能量变化的角度分析微细气泡与颗粒黏附的判断依据、不同黏附形式与气浮效果的关系、影响气浮效果的因素。

25. 试给出各种气浮法的准确、严谨、完整、简练的气固比定义。在加压溶气气浮设计中气固比 A/S 在 0.005 ~ 0.06，试思考有哪些因素变化需要考虑选择比较偏大的气固比数值。

26. 论述浮选剂和混凝剂在气浮中的作用。

27. 根据从双膜理论分析怎样提高溶气速度。

28. 试论述气浮池中界面能变化的影响因素。

29. 分散空气气浮有哪些进展？关于溶气气浮和涡凹气浮的比较及适用场合请扫码阅读相关资料。

30. 为什么部分回流水加压溶气流程普遍采用的是加压溶气流程？采用这种流程的缺点是什么？

第5章　生物处理法基础理论和反应器

5.1　微生物的新陈代谢

新陈代谢：微生物不断从外界环境中摄取营养物质，通过生物酶催化复杂的生化反应，在体内不断进行物质转化和交换的过程。

分解代谢：分解复杂营养物质，降解高能化合物，获得能量。分解代谢为合成代谢提供能源和合适的碳源。

合成代谢：通过一系列的生化反应，将营养物质转化为复杂的细胞成分。合成代谢为分解代谢提供分解的物质基础和发动机。这就是说相当一部分污染物被转化为微生物，生物法去除污染物存在一个很大的问题是产生大量的以微生物为主体的污泥。为了减少污泥产量，怎样使污染物更多地进入分解代谢，而更少地进入合成代谢，是一个很重要的问题。

底物：进水中可被微生物通过酶的催化作用而进行生物化学变化的物质称为底物或基质。

能量循环：合成三磷酸腺苷（Adenosine Triphosphate，ATP）将能量储存：

$$AMP（一磷酸腺苷）\xrightarrow{\sim P} ADP（二磷酸腺苷）\xrightarrow{\sim P} ATP（三磷酸腺苷）$$

ATP 水解产生能量，在一定条件下让储存的能量为微生物活动所利用。

呼吸作用的生物现象：呼吸作用中发生能量转换，供细胞合成、其他生命活动，多余的能量以热量形式释放。通过呼吸作用，复杂有机物逐步转化为简单物质。呼吸作用过程中吸收和同化各种营养物质。

5.1.1　微生物的呼吸

1. 好氧呼吸

（1）异养型微生物。

异养型微生物以有机物为底物（电子供体），其终点产物为二氧化碳、氨和水等无机物，同时放出能量。如下式所示：

$$C_6H_{12}O_6 + 6O_2 \longrightarrow 6CO_2 + 6H_2O + 2\ 817.3kJ$$

$$C_{11}H_{29}O_7N + 14O_2 + H^+ \longrightarrow 11CO_2 + 13H_2O + NH_4^+ + 能量$$

异养微生物又可分为化能异养微生物和光能异养微生物。

化能异养微生物：氧化有机物产生化学能而获得能量的微生物。包括有机废水的好氧生物处理（如活性污泥法、生物膜法、污泥的好氧消化）中的绝大多数细菌、放线菌和几乎全部真菌。

光能异养微生物：以光为能源，以有机物为供氢体还原 CO_2，合成有机物的一类异养微生物。稳定上层的藻类的光合作用等属于这种类型的呼吸。

（2）自养型微生物。

自养型微生物以无机物为底物，其终点产物也是无机物，同时放出能量。

自养微生物又可分为光能自养微生物和化能自养微生物。

光能自养微生物：需要阳光或灯光作能源，依靠体内的色素光合作用合成有机物。如下式所示：

$$6CO_2 + 6H_2O \xrightarrow{\text{光合作用}} C_6H_{12}O_6 + 6O_2$$

化能自养微生物：化能自养微生物不具备色素，不能进行光合作用来合成有机物。所需的能量来自氧化 NH_3、H_2S 等无机物。大型合流污水沟道和污水沟道存在下式所示的生化反应：

$$H_2S + 2O_2 \longrightarrow H_2SO_4 + 能量$$

生物脱氮工艺中的生物硝化过程：

$$NH_4{}^+ + 2O_2 \longrightarrow NO_3{}^- + 2H^+ + H_2O + 能量$$

2. 厌氧呼吸

厌氧呼吸：按厌氧反应过程中的最终受氢体的不同分为发酵和无氧呼吸。甲烷发酵要求严格厌氧、密封条件，酸发酵可以不密封，但都需要合适的氧化还厚电位。

（1）发酵（消化）。

厌氧呼吸是在无氧气的情况下进行的生物氧化。厌氧微生物只有脱氢酶系统，没有氧化酶系统。在呼吸过程中，底物中的氢被脱氢酶活化，从底物中脱下来的氢经辅酶传递给除氧以外的有机物或无机物，使其还原。

厌氧呼吸的受氢体不是氧气。在厌氧呼吸过程中，底物氧化不彻底，最终产物不是二氧化碳和水，而是一些较原来底物简单的化合物。这种化合物还含有相当的能量，故释放能量较少。由脱羧产生二氧化碳。

供氢体和受氢体都参与有机化合物的生物氧化作用，最终受氢体就是供氢体的分解产物（有机物）。发酵分为酸发酵和甲烷发酵。甲烷发酵要求严格厌氧、密封条件，酸发酵可以不密封，但都需要合适的氧化还原电位。

这种生物氧化作用不彻底，最终形成的还原性产物是比原来底物简单的有机物。在反应过程中，释放的自由能较少，故厌氧微生物在进行生命活动过程中，为了满足能量的需要，消耗的底物要比好氧微生物的多。更多的底物进入发酵，而不是细胞合成。

（2）无氧呼吸。

无氧呼吸是指含氧酸根离子和无机氧化物，如 $NO_3{}^-$、$NO_2{}^-$、$SO_4{}^{2-}$、$S_2O_3{}^{2-}$、CO_2 等代替 O_2，作为最终受氢体的生物氧化作用，产物分别是 N_2、H_2S 或 S、CH_4。

在反硝化作用中，受氢体为 $NO_3{}^-$，可用下式表示：

$$C_6H_{12}O_6 + 4NO_3{}^- \longrightarrow 6CO_2 + 6H_2O + 2N_2 \uparrow$$

反硝化是由反硝化菌来完成的。反硝化菌是兼性菌，在有氧条件下进行有氧呼吸，无氧条件下有硝酸盐或亚硝酸盐则进行无氧呼吸。这种不含游离氧 DO，而含有含氧酸盐的条件称作缺氧条件。

在无氧呼吸过程中，供氢体和受氢体之间也需要细胞色素等中间电子传递体，并伴随有磷酸化作用，底物可被彻底氧化，能量得以分级释放，故无氧呼吸也产生较多的能量用于生命活动。但由于有些能量随着电子转移至最终受氢体中，故释放的能量不如好氧呼吸的多。

在厌氧/好氧交替运行的系统中，兼性菌在厌氧条件下会有其独特的代谢活动，比如生物除磷系统中的聚磷菌，见第7章7.5节。

5.1.2 好氧生物处理

好氧生物处理是在有游离氧DO（分子氧）存在的条件下，好氧异养微生物降解有机物，使其稳定、无害化的处理方法。

有机物被微生物摄取后，通过代谢活动，约有1/3被分解、稳定，并提供其生理活动所需的能量；约有2/3被转化，合成新的细胞，进行微生物自身生长繁殖。

一般有机物的好氧生物处理的反应速度较快，所需的反应时间较短，故处理构筑物容积较小，且处理过程中散发的臭气较少。目前对中、低浓度的有机废水，或者说 BOD_5 浓度低于 $500mg \cdot L^{-1}$ 的有机废水，采用好氧生物处理法。这种方法有悬浮态生长的活性污泥法、附着态生长的生物膜法及其变型。

好氧生物处理还可以进行氨氮的硝化，与缺氧反硝化脱氮结合可实现氨氮脱氮。"好氧+厌氧"组合系统可形成聚磷菌，在好氧条件下过量摄磷，见第7章7.5节。

5.1.3 厌氧生物处理

厌氧生物处理是在没有游离氧存在的条件下，兼性菌与厌氧菌降解和稳定有机物等污染物的生物处理方法。

在这个过程中，有机物的转化分为三阶段进行，见表5-1。有机物部分转化为 CH_4，还有部分被分解为 CO_2、H_2O、NH_3、H_2S 等无机物，并为细胞合成提供能量；少量有机物被转化、合成新的细胞。厌氧消化时，仅少量有机物用于合成，只有5%~15%的有机物被用于细胞合成，故相对于好氧生物处理法，厌氧生物处理法的污泥增长率小得多。

表5-1 有机物厌氧消化三阶段

生化阶段	I	II		III
物态变化	液化（水解）	酸化（1）	酸化（2）	气化
生化过程	大分子不溶性有机物转化为溶解性小分子有机物	溶解性小分子有机物转化为 $H_2 + CO_2$ 及酸、醛、醇	酸化（1）后的产物转化为 $H_2 + CO_2$ 和乙酸等	$CH_4 + CO_2$ 等
菌群	发酵细菌水解酶	发酵细菌	产氢产乙酸菌	产甲烷菌
发酵工艺	酸发酵（不包括产甲烷的不完整发酵）			
	产甲烷发酵（完整发酵）			

高浓度有机废水（一般 COD≥2 000mg·L⁻¹）和难降解有机物可采用厌氧生物消化预处理，然后用好氧处理。厌氧处理常在中温操作，需要加热，研究表明废水的 COD 必须至少在 5 000mg·L⁻¹以上，才能做到加热废水的能源自给。

我们在后面将学习传统意义上的厌氧消化。除此以外，我们还要学习缺氧条件下的反硝化菌脱氮、厌氧条件与聚磷菌在好氧条件下的过量摄磷的关系。

5.2　微生物的生长规律及影响其生长的条件

5.2.1　微生物的生长曲线

在生物处理中，微生物是一个混合群体，其中微生物的生长规律一般以生长曲线来反映。按微生物生长速率，其生长可分为四个生长期：

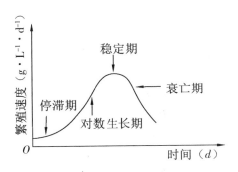

图 5-1　微生物的生长曲线

①停滞期（迟缓期或调整期或适应期）：如果微生物被接种到与原来生长条件不同的废水中（营养类型发生变化，污泥培养驯化阶段），或污水处理厂因故中断运行后再运行，则可能出现停滞期。这种情况下，污泥需经过若干时间的停滞后才能适应新的废水，或从衰老状态恢复到正常状态。停滞期是否存在或停滞期的长短，与接种微生物的习性和数量、废水性质、生长条件等因素有关。

②对数生长期（生长旺盛期）：当水中有机物浓度高且培养条件适宜，则微生物可能处在对数生长期。处于对数生长期的污泥絮凝性较差，呈分散状态，镜检能看到较多的游离细菌，混合液沉淀后其上层液混浊，含有机物浓度较高。

③稳定期（静止期或平衡期）：当水中有机物浓度较低，污泥浓度较高时，污泥则有可能处于稳定期。在稳定期尽管细菌数量没有变化，但是细菌的生命活动没有停止，只不过增加的细菌数和死亡的细菌数相等。处于稳定期的活性污泥絮凝性好，混合液沉淀后上层液清澈。处理效果好的好氧活性污泥法构筑物后部中，污泥处于稳定期。

④衰亡期（衰老期）：当污水中有机物浓度较低，营养物明显不足时，则可能出现衰亡期。处于衰亡期末期的污泥松散、沉降性能好，混合液沉淀后上清液清澈，但有细小泥花。

在生物处理中，有机物多时，以有机物为食料的细菌占优势，数量最多；当细菌很多时，出现以细菌为食料的原生动物，原生动物的出现是出水水质良好的标志；在微生物停留时间长的处理系统甚至会出现以细菌及原生动物为食料的后生动物。

在生物处理过程中，如果条件适宜，活性污泥或生物膜的增长过程与纯种单细胞微生物的增殖过程大体相仿。但由于活性污泥或生物膜是多种微生物的混合群体，是一个微生态系统，其生长受废水性质、浓度、水温、pH 值、溶解氧等多种环境因素的影响，因此，在处理构筑物中通常仅出现生长曲线中的某一两个阶段。处于不同阶段的污泥，其特性有很大的区别。

我们要了解生物处理过程中不同微生物生长之间的关系和影响，比如串联合作关系、竞争关系、协同关系、捕食关系等。

5.2.2　影响微生物生长的相关因素

1. 微生物的营养

微生物要求的营养物质必须包括组成细胞的各种原料和产生能量的物质，主要有：

①水：代谢过程的介质。细菌约 80% 的成分为水分。

②碳源：碳素含量占细胞干物质的 50% 左右，碳源主要构成微生物细胞的含碳物质和供给微生物生长、繁殖和运动所需要的能量。碳源的去向是合成代谢和分解代谢的产物。

在生物处理法中有两个与碳源关系密切的参数：BOD_5 或 COD 的微生物降解速率 v；BOD_5 或 COD 的微生物负荷 L_s。两者单位都是 ［（BOD 或 COD 质量）／（微生物质量）·时间］。前者数值取决于有机物的可降解性和微生物的降解能力，在一定条件下是一个稳定值。而后者数值取决于设计和运行中出现的各种因素的变化。两者单位相同，但是数值可能很不同。当 $L_s > v$ 时，出水水质下降，因此在设计和运行管理中特别注意不要出现 $L_s > v$。设计 L_s 数值依据来自试验或中试，或来自设计手册。

③氮源：提供微生物合成细胞蛋白质的物质。

④无机元素：主要有磷、硫、钾、钙、镁等及微量元素。作用：构成细胞成分、酶的组成成分、维持酶的活性、调节渗透压、为自养型微生物提供能源。

磷：核酸、磷脂、ATP 转化；

硫：蛋白质组成部分，好氧硫细菌能源；

钾：激活酶；

钙：稳定细胞壁，激活酶；

镁：激活酶，叶绿素的重要组成部分。

⑤生长因素：氨基酸、蛋白质、维生素等。

一般好氧微生物对 C（换算成 COD）、N、P 的营养比例要求是 100∶5∶1。产甲烷菌的生长对 C、N、P 的营养比例要求为 COD∶N∶P＝200∶5∶1，也有人认为这个比例关系可高至 300∶5∶1。

2. 温度

各类微生物所生长的温度范围不同，为 5℃ ~80℃。

依微生物适应的温度范围，微生物可以分为中温性（20℃ ~45℃）、好热性（高温性）（45℃以上）和好冷性（低温性）（20℃以下）三类。

当温度超过最高生长温度时，会使微生物的蛋白质迅速变性及酶系统遭到破坏而失活，严重者可使微生物死亡。低温会使微生物代谢活力降低，进而处于生长繁殖停止状态，但仍保存其生命力。

3. pH 值

不同的微生物有不同的 pH 值适应范围。细菌、放线菌、藻类和原生动物的 pH 值适应范围在 4～10 之间；大多数细菌适宜中性和偏碱性（pH＝6.5～7.5）的环境；异养菌、硝化菌、反硝化菌、聚磷菌、产甲烷菌、厌氧产酸菌等都有其合适生长繁殖的 pH 值。

生物处理过程中应保持最适 pH 值范围。当废水的 pH 值变化较大时，应设置调节池，使进入反应器（如曝气池、厌氧发酵等）的废水保持在合适的 pH 值范围。

4. 溶解氧

溶解氧是影响生物处理效果的重要因素。

好氧微生物处理的溶解氧一般以 2～4mg·L^{-1} 为宜，而绝对厌氧生物处理，氧化还原电位为 -420～-150mV。

5. 有毒物质

在工业废水中，有时存在着对微生物具有抑制和杀害作用的化学物质，这类物质我们称为有毒物质。其毒害作用主要表现在细胞的正常结构遭到破坏以及菌体内的酶变质，并失去活性。在废水生物处理时，对这些有毒物质应严加控制，使毒物浓度控制在允许范围内。

6. 时间

时间是任何变化的基本因素。

请注意污染物的停留时间与水力平均停留时间的差异，在悬浮生长微生物反应器中污染物与水力平均停留时间差别不大，但是在微生物附着生长反应器，一旦污染物进入生物膜，其停留时间比水力平均停留时间要长。

5.3　反应速度

生物化学反应是一种以生物酶为催化剂的化学反应。生物处理中，人们总是创造合适的环境条件去得到希望的反应速度。

代谢的基质与合成代谢的细胞生物量、分解代谢产物有如下关系：

$$S \rightarrow Y \cdot X + z \cdot P \qquad (5-1)$$

式中：S——一个单位重量的底物；X——合成代谢的细胞生物量；Y——理论产率系数，其含义是降解单位重量的底物产生多少单位重量的细胞生物量；P——分解代谢产物；z——代谢单位重量的底物产生多少单位重量的分解代谢产物。

在生物处理中反应速度指单位时间（或单位时间单位体积）里底物的减少量、最终产物的增加量或细胞的增加量。

5.4　米歇里斯—门坦方程式

5.4.1　酶促反应的中间产物假说

一切生化反应都是在酶的催化下进行的，这种反应亦可以说是一种酶促反应或酶反应。酶促反应速度受酶浓度、底物浓度、pH 值、温度、反应产物、活化剂和抑制剂等因素的影响。

中间产物假说：酶促反应分两步进行，即酶与底物先络合成一个络合物（中间产物），这个络合物再进一步分解成产物和游离态酶，控制步骤在中间产物形成这一步。以下式表示：

$$S + E \underset{k_{-1}}{\overset{k_1}{\rightleftharpoons}} ES \xrightarrow{k_2} P + E \tag{5-2}$$

式中，S——反应物；E——酶；ES——酶—中间产物（络合物）；P——产物。

在有足够底物，且其他因素不变的情况下，酶促反应速度与酶浓度成正比。当底物浓度在较低范围内，而其他因素恒定时，这个反应速度与底物浓度成正比，是一级反应。

当底物浓度增加到一定限度时，所有的酶全部与底物结合后，酶反应速度达到最大值，此时再增加底物的浓度对速度无影响，是零级反应。但各自达到饱和时所需的底物浓度并不相同，甚至有时候差异很大。

5.4.2　米氏方程式

1913 年前后，米歇里斯和门坦提出了表示整个反应中底物浓度与酶促反应速度之间的关系式，称为米歇里斯—门坦（Michaelis-Menten）方程式，简称米氏方程式，即：

$$v = v_{\max} \frac{S}{K_m + S} \tag{5-3}$$

式中；v——酶促反应速度，$mg \cdot L^{-1} \cdot h^{-1}$；$v_{\max}$——最大酶促反应速度，$mg \cdot L^{-1} \cdot h^{-1}$；$S$——底物浓度，$mg \cdot L^{-1}$；$K_m$——米氏常数，$mg \cdot L^{-1}$。

当 K_m 和 $v_{\max}$ 已知时，酶促反应速度与酶底物浓度之间的定量关系为：

$$K_m = S \left(\frac{v_{\max}}{v} - 1 \right) \tag{5-4}$$

当 $v = v_{\max}/2$ 时，$K_m = S$，即 K_m 是 $v = v_{\max}/2$ 时的底物浓度，故又称半速度常数。

5.4.3　米氏常数的测定

对于一个酶促反应，K_m 值的确定方法有很多。可用图解求 K_m 值。此法先将米氏方程式改写成如下的形式，即

$$\frac{S}{v} = \frac{1}{v_{\max}} S + \frac{K_m}{v_{\max}} \tag{5-5}$$

实验时，选择不同浓度 S，测定对应的 v。$\frac{S}{v}$ 对 S 作图，即可得出纵坐标轴上的截距 $K_m/v_{\max}$ 和直线斜率 $1/v_{\max}$，就可以求出 K_m 及 $v_{\max}$。

5.5　微生物群体增长速率——莫诺特方程式

微生物增长速度和微生物本身的浓度、底物浓度之间的关系是生物处理中的一个重要课题。有多种模式反映这一关系。当前公认的是莫诺特（Monod）方程式：

$$\mu = \mu_{\max} \frac{S}{k_S + S} \tag{5-6}$$

式中：S——限制微生物增长的底物浓度，$mg \cdot L^{-1}$；μ——微生物比增长速度，即单位生物量的增长速度；μ_{max}——μ 的最大值，此时微生物比增长速度 μ 达到最大值，底物浓度很大；k_S——饱和常数，$mg \cdot L^{-1}$。

$$\mu = \frac{dX_V/dt}{X_V} \tag{5-7}$$

式中：X_V——以 VSS 表示的微生物浓度，S——限制性底物浓度，$mg \cdot L^{-1}$；$mg \cdot L^{-1}$；dX_V/dt——微生物增长速率，$mg \cdot L^{-1} \cdot h^{-1}$。

一些微生物的 μ_{max} 和 k_S 见表 5-2。

表 5-2　水处理中好氧和厌氧微生物的 μ_{max} 和 k_S

微生物类型	污水类型	μ_{max}（h^{-1}）	k_S（$mg \cdot L^{-1}$）
好氧微生物（常温）	生活污水	0.16~0.4	25~100（BOD_5）
	大豆废水	0.50	35（BOD_5）
	纺织废水	0.29	86（BOD_5）
厌氧微生物（25℃）	生活污水	0.17	3 720（COD）

5.6　底物降解速率

在一切生化反应中，微生物的增长是底物降解的结果，彼此之间存在着一个定量关系：

$$Y = \frac{dX_V}{dS} \text{或} Y = \frac{dX_V/dt}{dS/dt} = \frac{v_{XV}}{v_s} \text{或} Y = \frac{dX_V/dt}{dS/dt} = \frac{\mu}{q} \tag{5-8}$$

式中：Y——理论产率系数；X_V——以 VSS 表示的微生物浓度；S——限制性底物浓度，$mg \cdot L^{-1}$；$v_{XV} = \frac{dX_V}{dt}$——以 VSS 表示的微生物增长速度；$v_s = \frac{dS}{dt}$——底物降解速度；$\mu = \frac{dX_V/dt}{X_V}$——以 VSS 表示的微生物比增长速度；$q = \frac{dS/dt}{X_V}$——底物比降解速度。

结合式（5-6）和式（5-8）可得到：

$$q = \frac{\mu_{max}}{Y} \frac{S}{k_S + S} \tag{5-9}$$

$$\frac{dS}{dt} = \frac{\mu_{max}}{Y} \frac{SX_V}{k_S + S} \tag{5-10}$$

5.7　生物处理工程的基本数学式

生物处理工程实践中，人们已经把前述的米氏方程式和莫诺特方程式引用进来，结合微生物悬浮生长反应器处理系统的物料衡算，提出了所需的生物处理的数学模式，供生物处理系统的设计和运行之用。

推导微生物悬浮生长反应器生物处理工程数学模式的几点假定：

①整个处理系统处于稳定状态，反应器中的微生物浓度和底物浓度不随时间变化，维持一个常数。即：

$$\frac{dX_V}{dt} = 0 \ \text{或} \ \frac{dS}{dt} = 0 \tag{5-11}$$

②反应器中的物质按完全混合的情况考虑，整个反应器中的微生物浓度和底物浓度不随在反应器的位置 l 变化，维持一个常数。而且，底物是溶解性的。即：

$$\frac{dX_V}{dl} = 0 \ \text{或} \ \frac{dS}{dl} = 0 \tag{5-12}$$

③整个反应过程中，氧的供应是充分的（对于好氧处理）。微生物表观增长速度 $\left(\frac{dX_V}{dt}\right)_{obs}$，应该从理论增长速度 $Y\left(\frac{dS}{dt}\right)$ 扣除自身的内源代谢减少量，内源代谢速度是：

$$\left(\frac{dX_V}{dt}\right)_d = -K_d X_V \tag{5-13}$$

因此表观微生物增长速度 $\left(\frac{dX_V}{dt}\right)_{obs}$ 表达式如下：

$$\left(\frac{dX_V}{dt}\right)_{obs} = Y\frac{dS}{dt} - K_d X_V \tag{5-14}$$

式中：$\left(\frac{dX_V}{dt}\right)_{obs}$ ——微生物表观增长速度，g VSS（挥发性活性污泥）·L^{-1}·h^{-1}；Y——理论产率系数；$\frac{dS}{dt}$ ——底物利用（或降解）速度，g BOD 或 COD·L^{-1}·h^{-1}；K_d——内源呼吸（或衰减）系数，d^{-1}；X_V——反应器中挥发性活性污泥浓度，g VSS·L^{-1}。

表观产率系数 Y_{obs} 的定义：

$$\left(\frac{dX_V}{dt}\right)_{obs} = Y_{obs}\frac{dS}{dt} \tag{5-15}$$

由式（5-14）两边同时除以 $\left(\frac{dX_V}{dt}\right)_{obs}$，得：

$$1 = \frac{Y}{Y_{obs}} - \frac{K_d}{\mu} \tag{5-16}$$

由上式可得表观产率系数 Y_{obs} 与理论产率系数 Y 的关系：

$$Y_{obs} = \frac{Y}{1 + K_d\dfrac{1}{\mu}} \tag{5-17}$$

理论产率系数，宜根据试验资料确定。无试验资料时，对于好氧活性污泥一般取 0.25~0.7kg VSS·$(kg\ COD)^{-1}$，产酸菌取 0.15~0.20kg VSS·$(kg\ COD)^{-1}$，产甲烷菌取 0.03~0.04kg VSS·$(kg\ COD)^{-1}$。厌氧菌在新陈代谢过程中，因所产生的能量较低，故细菌生长缓慢，世代时间较长，以葡萄糖分解为例，好氧性分解每摩尔葡萄糖可获得 0.686

千卡能量，而厌氧分解仅 52 卡。好氧分解代谢释放的能量比厌氧分解代谢释放的能量多得多，因此其繁殖速度也快得多。厌氧消化时，只有 5% ~ 15% 的 COD 被用于细胞合成，而好氧代谢则有可能一半以上的 BOD 被用于细胞合成，因此好氧处理后的污泥量比厌氧消化后的污泥多。

5.8　生物反应器和重要参数

对于人工强化的生物处理反应器，按其在反应器中的生长形态来分总的来说有两大类：悬浮生长微生物反应器和附着生长微生物反应器。如果扩展到自然条件下的生物处理法承担污染物降解的就不只是微生物，还有动物、植物以及自然条件下的作用。

我们要创造合适的条件（既需要科学合理的设计也需要科学合乎技术要求的管理）使污染物在反应器中的降解达到我们预期和需要达到的目标。前面已经讨论过生物处理的两个基本问题：污染物酶催化降解和微生物繁殖的基本规律。科学规律经常以丰富多彩的技术形式展现在人们的眼前，因此我们需要结合反应器和工艺流程来把握相关的内容，在这一节先简要介绍微生物处理反应器，在以后各章节再具体学习研究。

5.8.1　悬浮生长微生物反应器

以菌胶团形态悬浮生长在反应器内的微生物，被称作活性污泥，其中的微生物根据其生长的氧化还原条件分为好氧、厌氧和缺氧三种，各自承担不同的去除污染物的功能。活性污泥来自现有的污水处理厂或在实验室、厂进行培养驯化。使活性污泥呈悬浮态的作用有水力、搅拌、曝气或其他气体气泡，在这些动力作用下活性污泥不沉降，且与进水呈良好的混合状态。

悬浮生长微生物反应器的基本描述：

（1）池型。

悬浮生长微生物反应器按水流的形态和流向可分为完全混合态、平流推流式、上向推流、时间推流。

完全混合反应器内反应条件基本相同，如活性污泥浓度、有机基质浓度、溶解氧（如果是好氧处理）、pH 值、温度等，因此污染物降解速度在整个反应器内都是一样的，出水水质与反应器内的水质相同。

理想推流式反应器在流体流动方向上没有混合。悬浮生长微生物反应器的推流可以是平流推流、向上竖流推流或时间推流。推流式反应器还有一个特点是污染物从进水端到出水端浓度不同，而且逐渐降低。实际推流式反应器都不是真正意义上的理想推流式反应器。平流推流式曝气池从 1920 年应用以来，至今一直在广泛应用，与完全混合反应器的应用并驾齐驱。当前这两种曝气池的实际效果相差不大，因而完全混合的计算模式也可应用于推流式曝气池的设计计算。究其原因可以从耗氧速率的变化规律给予解释：在进水端耗氧速率超过氧的实际传氧速率，有机物降解并不是简单地按前面的基质降解公式计算，因此未降解的有机物向曝气池后部移动，这样真正参与降解的有机物的表观浓度不像真正推流式反应器中反应物浓度随曝气池位置下降得那么明显。

现代厌氧发酵反应器中废水的流向更多的是升流式，反应器的动力学模型没有好氧反应器模型成熟。

完全混合和向上推流反应器可以是方形和圆形。平流推流式只有方形。

时间推流反应器是指间隙式进水反应器，浓度变化同普通推流式反应器一样是逐渐降低的。

完全混合和平流推流式反应器中呈悬浮态的活性污泥显然会流出反应器，从式（5-13）和式（5-15）可知，其挥发性活性污泥浓度 X_v 是微生物生长和污染物降解的一个重要因子。对于这一类反应器，微生物悬浮在水中，并随水流出反应器。要保持反应器足够的微生物量，必须实现活性污泥和水的高效分离，并将其回流到反应器。

（2）固液分离和污泥量保持问题。

从固液分离和污泥回流来看，悬浮生长微生物处理流程有 5 种形式：

第一种是在悬浮生长的微生物反应器之外单独设置二沉池，然后将浓缩后的污泥回流至反应器，见图5-2。对于好氧活性污泥，如果其沉降性能不是很好，还可以选择用气浮代替二沉池，不过回流气浮浓缩污泥之前需要脱气。悬浮生长微生物反应器可以全好氧（全曝气）、全厌氧发酵，也可以是厌氧/好氧组合或缺氧/好氧或厌氧/缺氧/好氧组合（这里的缺氧或厌氧是为反硝化脱氮或生物除磷的需要而设的）。

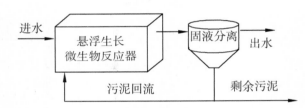

图5-2　在反应器之外单独设置二沉池的悬浮生长微生物反应器

第二种是序批式活性污泥反应器（Sequencing Batch Reactor，SBR）（普通 SBR，见图5-3），它是间歇式反应器，待反应结束后停止搅拌或曝气，又作沉淀池。普通 SBR 反应器及其变型的具体讨论见第 7 章 7.3 节和 7.5 节。

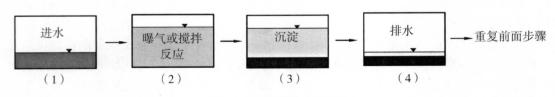

图5-3　普通 SBR 反应器

第三种是固液分离在反应器之内，基本模型见图5-4，固液分离设置在反应器的上部，具体构造在以后的相关章节论述，如升流式好氧活性污泥床、升流式厌氧活性污泥床、生物流化床。

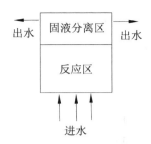

图 5 - 4　在反应器内设置固液分离的上流式活性污泥反应器

第四种是在长渠型反应器内分出一小段设置一个沉降区，如图 5 - 5 所示，这是以后要学习的氧化沟。

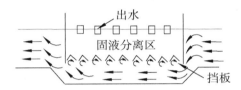

图 5 - 5　在反应器内设置一个沉降区

第五种是运用微滤超滤膜分离技术实现保持污泥量的膜生物反应器。

5.8.2　附着生长微生物反应器——生物膜反应器

另外一类反应器是好氧或厌氧或兼性微生物附着在滤料上的反应器，统称附着生长微生物反应器，即生物膜反应器，它们大多数都被称作"某种"生物滤池。

1. 滤料

许多材料可作为生物膜的生长之地，如碎石料、陶粒、塑料、纤维等，其形状有规则和不规则、蜂窝状、粒状、丝状等，如图 5 - 6 所示。早期生物膜法用的是一些天然材料，如今有些天然岩石经深度加工改善了其作为滤料的性能，如图 5 - 6（c）所示为火山岩加工制成的均匀性良好的陶粒。

（a）生物转盘的盘片　　（b）蜂窝状塑料　　　（c）陶粒　　　　（d）纤维

图 5 - 6　各种生物膜滤料

生物膜滤料的要求，除了第 2 章 2.5 节中过滤对滤料的要求外，还有：
①有利于微生物在其上着床；

②活性差的微生物容易脱落。

2. 生物膜

这里的"生物膜"（Biofilm）指长在滤料表面上，由微生物群落及其产生的胞外聚合物构成的薄层缠绕结构，如图5-7所示为好氧生物膜及膜内的丝状菌。

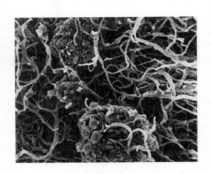

图5-7　好氧生物膜及膜内的丝状菌

3. 生物膜的起始、发展、成熟、脱落和更新

要形成生物膜，首先微生物须在滤料表面附着（着床），然后在适宜的生存条件下进行新陈代谢并增殖，最后形成具有一定厚度和密度的生物膜。生物膜的形成过程见图5-8。

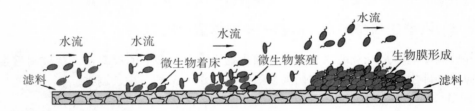

图5-8　形成生物膜的生长基本过程

由左向右看图5-8，微生物在滤料表面形成生物膜包括以下步骤：水中的悬浮微生物向滤料表面运送→可逆附着（着床）→不可逆附着（着床）→固定微生物增长并形成生物膜→脱落更新，下面简要叙述：

（1）悬浮微生物向滤料表面运送。

微生物从液相向滤料表面的运送主要是通过以下两种方式完成的：

①微生物借助水力动力及各种扩散力向滤料表面迁移；

②由微生物的布朗运动、微生物自身运动、重力或沉降作用完成。

一般来说在动态环境中，水力运送是微生物从液相转移到滤料表面的主导力量。另外，微生物个体一般都非常小，通常在 $1\mu m$ 左右，具有胶粒属性，在局部静态环境（比如粗糙滤料的凹处），微生物自身的布朗运动增加了微生物与滤料表面的接触机会。

（2）可逆附着过程。

微生物被运送到滤料表面后，二者间将直接发生接触，通过各种物理或化学力作用使微生物附着固定于滤料表面，如范德华力、静电引力。可逆附着指附着与脱附的双向动态过程。脱附力是冲刷力或简单的布朗运动或是微生物自身的运动。

（3）不可逆附着过程。

在实际运行中，微生物若能够在滤料上充分地附着，微生物会分泌一些黏性代谢物质，如多聚糖，这些体外多聚糖类物质在滤料表面起到了生物黏结作用，因此这阶段附着的微生物不易被中等水力剪切力冲刷掉，这就是不可逆附着过程。可逆附着和不可逆附着的区别就在于是否有生物聚合物参与微生物与滤料表面间的相互作用。

（4）固定微生物的增长。

经过不可逆附着过程后，微生物在滤料表面获得了一个相对稳定的生存环境，它将利用周围环境所提供的其生存所需的营养物质不断地进行新陈代谢，不断地繁殖，逐渐形成成熟的生物膜。成熟的生物膜厚度大多在 mm 级，厌氧生物膜比好氧生物膜更厚。

长在滤料上的生物膜必须新旧更新，否则滤料的间隙一定会被堵塞。

4. 生物膜量和堵塞问题

生物膜反应器的生物膜量是一个非常重要的问题，既要单位体积反应器内高微生物量又不要堵塞。滤料是否会堵塞可从两个方面来考虑：滤料的空隙尺度和空隙率、在合适厚度的生物膜下建立生物膜生长速度和脱落速度的基本平衡。影响生物膜生长速度的因素，除了式(5-17)中的那些，还与滤料的性质（如比表面积、表面亲水疏水性、表面电性等）、运行方式、运行条件流程、布水和水力（有些生物膜反应器还有布气和气泡的冲刷）冲刷力、微生物的等级、微生物的生长阶段有关。这些问题将在以后有关章节展开讨论。

5. 生物膜的表征和空间分布规律

（1）生物膜的表征。

单位容积滤料表面生长的生物膜量、膜厚、组成、生长周期等。

（2）生物膜的分层结构（空间上从量变到质变）及其意义。

进水区负荷较高，生物膜较厚。出水区生物膜较薄。

由于基质的可降解性的差异，在池不同位置和不同厚度位置会逐渐形成适应其水质环境的微生物菌落。

生物膜对传质有较大的阻力，不同的物质在膜内的扩散能力不同，在好氧生物膜中，氧分子扩散能力最弱，因而膜浅层是好氧层，内层是厌氧层。好氧层的厚度大约为 2mm，2mm 以上为厌氧层。污染物在膜内（厌氧层和好氧层）降解，降解产物从内向外排出。BOD 物质，特别是水溶性有机物在膜内的扩散能力强于氧分子，可以进入厌氧层。对于厌氧生物膜，由于进水有机物浓度高，特别是水溶性有机物在膜内的扩散能力强，厌氧生物膜比好氧生物膜厚。这两种情况见图 5-9 和图 5-10。

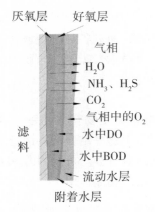

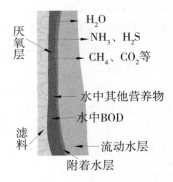

图 5-9　好氧生物膜中的传质　　　　图 5-10　厌氧生物膜中的传质

6. 生物膜反应器

厌氧和好氧生物膜反应器各有其特点。后者比前者有更多的样式，其基本原因可归结为好氧代谢和厌氧代谢的不同规律所致，读者可在以后的学习中多加体会。

5.8.3　复合生长生物处理法

比如稳定塘、土地处理法和人工湿地，见第9章。

5.8.4　生物处理反应器的重要工艺参数

1. 细胞平均停留时间

生物处理系统中总是有一定量的微生物承担去除污染物的任务，去除的污染物一部分被分解，一部分被微生物同化，扣除微生物内源代谢的量，单位时间总是有相当量的新繁殖的微生物。如果系统中微生物总量（用总悬浮物表示）为 $(X)_T$，单位时间系统中新繁殖的微生物量（用 SS 表示）为 $(\Delta X/\Delta t)_T$，为保证系统中微生物量是稳定的，单位时间必须排出与新繁殖的微生物量相当的微生物量，因此细胞平均停留时间（Mean Cell Retention Time，MCRT）为：

$$MCRT = \frac{生物处理系统中的微生物总量}{每日从系统中排走的微生物量或每日系统中新繁殖的微生物量} = \frac{(X)_T}{(\Delta X/\Delta t)_T}$$

$$(5-18)$$

MCRT 又称为污泥龄（Solids Retention Time，SRT）或 θ_C。显然细胞平均停留时间影响到微生物在系统中的生长阶段，因此既与微生物的活性有关，也与系统中微生物的量有关，是影响微生物性能和降解污染物活性的重要因素。

（1）悬浮生长微生物处理系统中微生物的停留时间。

悬浮生长微生物（活性污泥）处理系统中的污泥龄的一般表达式为：

$$MCRT = \frac{活性污泥处理系统中的活性污泥总量}{每日从系统中排走的活性污泥量或每日系统中新繁殖的活性污泥量} = \frac{(X)_T}{(\Delta X/\Delta t)_T}$$

$$(5-19)$$

污泥龄的单位为 d。对于 SBR 反应器及其变形，反应器内的污泥量就是这个系统内的污泥量。但是对于设置有二沉池的情况，见图 5 - 2。如果只把反应器内的污泥计入在内，不计二沉池的污泥，其污泥龄的公式进一步表达为：

$$\theta_C = \frac{VX}{Q_W X_R + (Q - Q_W) X_e} = \frac{VX_V}{Q_W X_{VR} + (Q - Q_W) X_{Ve}} \tag{5-20}$$

式中：V——反应器的有效容积，m^3；X——悬浮生长构筑物内微生物（用固体悬浮物 SS 表示）浓度，$mg \cdot L^{-1}$；Q_W——每日从二沉池排走的剩余污泥流量，$m^3 \cdot d^{-1}$；X_R——二沉池的污泥斗中的 SS 污泥浓度，$mg \cdot L^{-1}$；Q——进水流量，$m^3 \cdot d^{-1}$；X_e、X_{Ve}——分别为二沉池的出水中 SS 悬浮物的浓度和挥发性活性污泥浓度，$mg \cdot L^{-1}$；X_V 和 X_{VR}——分别为悬浮生长构筑物内和二沉池的污泥斗内的挥发性活性污泥浓度，$mg \cdot L^{-1}$。

在之后学习的不同悬浮生长构筑物内，式（5 - 20）的具体表达可能不同，还请特别注意。按污泥龄的本义，计算污泥龄时分子项应该是活性污泥系统中的污泥总量，从图 5 - 2 可知污泥总量应包括构筑物内的污泥量和固液分离构筑物内的污泥量。显然式（5 - 20）中分子项不是活性污泥系统中的污泥总量，但是为什么又可以这么处理呢？第 7 章 7.10 节学习中再讨论这个问题。

式（5 - 20）的简化式见第 7 章 7.7.3 节。

由比增长速率 μ 的定义可以得到比增长速率与污泥龄的关系：

$$\mu = \frac{dX_V/dt}{X_V} = \frac{V dX_V/dt}{V X_V} = \frac{V dX/dt}{V X} = \frac{1}{\theta_C} \tag{5-21}$$

从上式和式（5 - 17）可得到表观产率系数 Y_{obs} 和理论产率系数 Y 的关系：

$$Y_{obs} = \frac{Y}{1 + K_d \theta_C} \tag{5-22}$$

学习了污泥龄的概念，式（5 - 22）还可以通过变换式（5 - 14）得到。式（5 - 14）：

$$\left(\frac{dX_V}{dt}\right)_{obs} = Y \frac{dS}{dt} - K_d X_V$$

上式两边同时除以 dS/dt，并通过以下变换：

$$\left(\frac{dX_V}{dt}\right)_{obs} \bigg/ \frac{dS}{dt} = Y - K_d X_V \bigg/ \frac{dS}{dt} \tag{5-23}$$

$$Y_{obs} = Y - K_d X_V \bigg/ \frac{dS}{dt} \tag{5-24}$$

$$Y_{obs} = Y - K_d X_V \left(\frac{dX_V}{dt}\right)_{obs} \bigg/ \frac{dS}{dt} \left(\frac{dX_V}{dt}\right)_{obs} \tag{5-25}$$

$$Y_{obs} = Y - Y_{obs} K_d / \mu \tag{5-26}$$

$$Y_{obs} = Y - Y_{obs} K_d \theta_C \tag{5-27}$$

由式（5 - 27）可得式（5 - 22）。

（2）生物膜反应器中微生物平均停留时间的问题。

在生物膜反应器中微生物平均停留时间 MCRT 也可称生物膜龄（Biofilm Retention Time，BRT）或 θ_C，与前面类似，也可一般表达为：

$$MCRT = \frac{\text{生物膜处理系统中的生物膜总量}}{\text{每日从系统中排走的生物膜量或每日系统中新繁殖的生物膜量}} = \frac{(X)_T}{(\Delta X/\Delta t)_T}$$

$$(5-28)$$

生物膜龄的单位为 d。但是要像活性污泥系统那样具体表达为一个实用的公式还是相当困难的。因为长在滤料上的生物膜在空间上量的分布不一样，反应器内的生物膜量测定不像悬浮生长反应器内活性污泥的测定那么简便，因此不大容易得到反应器内生物膜的总量数值，不过对生物膜反应器中微生物平均停留时间一般比活性污泥更长是可以理解的。

2. 微生物量和有机物负荷

单位时间进到生物处理系统的水量为 Q，污染物初始浓度为 S_0，经过系统中总量为 $(X)_T$ 的微生物处理后污染物出水浓度为 S_e，单位时间去除的污染物量为 $Q(S_0 - S_e)$。那么 $Q(S_0 - S_e) / (X)_T$ 就是单位时间单位重量的微生物去除的污染物量，这就是污染物污泥负荷。如果污染物是有机物，那就是有机污泥负荷。这个负荷的单位与前面的底物去除速度的单位一样。我们知道每个生物处理系统中的微生物在一定的条件下有一定的底物去除速度，因此为了保证每个生物处理系统中去除污染物的效果，就必须维持污染物污泥负荷与底物去除速度这两个数值相当。如果污染物污泥负荷大于底物去除速度，处理效果会下降。

3. 水力停留时间

生物处理反应器总是在一个合理时间内去除一定量的污染物。

在悬浮生长微生物处理反应器中水力停留时间就是污染物的停留时间，或者是污染物的去除时间。在生物膜反应器中污染物的停留时间与水力停留时间不一样。

习题

1. 水中微生物主要分为哪几类？简述各类微生物在去除污染物中的作用。

2. 细菌的呼吸作用有哪几种类型？根据微生物生命代谢对氧气的要求微生物可以分为哪几类？

3. 写出活性污泥表现增长速率与理论产率系数和内源代谢速率常数的关系式。

4. 写出厌氧微生物和好氧微生物对 COD、N、P 的营养要求比值。

5. 怎样利用细菌生长曲线来控制生物处理的运行管理？

6. 试区别好氧生物处理与厌氧生物处理有何不同。

7. 影响生物处理的主要因素有哪些？

8. 列出本书介绍的生物处理法中主要的自养菌、兼性菌和厌氧菌的名称。

9. 列出本课程中有哪些微生物之间是串联合作关系、竞争关系、协同关系。

10. 写出表观产率系数 Y_{obs} 与理论产率系数 Y 的关系。

11. 请列出不同微生物繁殖的 pH 值适应范围。

12. 解释缺氧的含义。

13. 时间是去除污染物的重要因素，请阐述在悬浮生长微生物反应器和附着生长微生物反应器——生物膜反应器中的水力停留时间、污泥停留时间和污染物停留时间。

14. 悬浮态的活性污泥生物反应器系统怎样实现活性污泥和水的分离，以保持活性污泥反应器中有符合技术要求的活性污泥量？

15. 生物膜反应器中的微生物平均停留时间不像悬浮生长微生物反应器内微生物的停留时间有一个应用方便的公式，为什么？

16. 请叙述生物膜生长的基本过程。

17. 请从微生物生长阶段、微生物量角度来阐述污泥龄或生物膜龄是生物处理法中一个非常重要的技术参数。

第6章 厌氧生物处理法

对于高浓度有机废水必先经过传统的厌氧消化处理或者说传统的厌氧消化处理适合处理高浓度有机废水。将有机物浓度大幅度降低后，再用好氧生物处理将有机物浓度降低到排放要求。只有一种厌氧消化可以用于处理低浓度有机污水，这就是本章6.2.7节将讨论的厌氧内循环反应器，这是最成功的厌氧颗粒污泥膨胀床（Expanded Granular Sludge Bed，EGSB）之一。难降解的有机废水需要先厌氧预处理以提高其可生化性，然后再好氧生物处理。

6.1 厌氧生物处理的基本原理

1. 有机物完整厌氧消化的三个阶段

有机物完整厌氧消化的三个阶段是水解发酵阶段、产酸产氢阶段和产甲烷阶段，如图6-1所示。

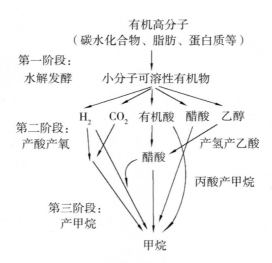

图6-1 厌氧消化的三个阶段

（1）水解发酵阶段。

水解发酵阶段是将大分子不溶性复杂有机物在胞外酶的作用下，水解成小分子溶解性脂肪酸或醇类、醛类、酮类等，然后渗入细胞内。参与的微生物主要是兼性细菌与专性厌氧菌。不溶性有机物的水解发酵速度较缓慢。

兼性细菌的附带作用是消耗掉进水带来的溶解氧，为专性厌氧细菌的生长创造有利条件，此外还有真菌以及原生动物（鞭毛虫、纤毛虫、变形虫）等，可统称为水解发酵菌。

在该阶段，进水中三种有机物的分解情况如下：

①碳水化合物水解成单糖，是最易分解的有机物；

②脂肪的水解产物主要为甘油、酸等；

③含氮有机物水解产氨较慢，故蛋白质及非蛋白质的含氮化合物（嘌呤、嘧啶等）继碳水化合物及脂肪的水解后进行，经水解为脲、胨、肌酸、多肽后形成氨基酸。

上述三种有机物的水解速率常数见表6－1。

表6－1　三种有机物的水解速率常数

有机物		水解速率常数（h^{-1}）
碳水 化合物	纤维素	0.04～0.13
	半纤维素	0.54
脂肪		0.08～0.17
蛋白质		0.02～0.03

从水解速率常数可看出水解过程的快慢，不难理解不同的水质需要不同的水解停留时间。

（2）产酸产氢阶段。

产酸产氢阶段是将第一阶段的产物降解为简单脂肪酸（乙酸、丙酸、丁酸等）并脱氢。奇数碳有机物还产生 CO_2，如戊酸：

$$CH_3CH_2CH_2CH_2COOH + 2H_2O \longrightarrow CH_3CH_2COOH + CH_3COOH + 2H_2$$

$$CH_3CH_2CH_2CH_2COOH + 2H_2O \longrightarrow CH_3CH_2CH_2COOH + 3H_2 + CO_2$$

参与该阶段作用的微生物主要是专性厌氧菌、产氢产乙酸菌，此阶段速率较快。乙酸是产甲烷的主要前体（一般认为约72%）。

（3）产甲烷阶段。

产甲烷阶段是将第二阶段的产物还原成 CH_4，参与作用的微生物是绝对厌氧菌（产甲烷菌）。它们都是原核生物，分离鉴定的产甲烷菌已有200多种。

2. 产甲烷菌的特点

（1）产甲烷菌生长很缓慢。

产甲烷菌在人工培养条件下需经过十几天甚至几十天才能长出菌落，在自然条件下甚至更长。产甲烷菌生长缓慢是因为它可利用的底物很少，只能利用很简单的物质。同时产甲烷菌世代时间也长，需几天乃至几十天才能繁殖一代。

（2）微生物产率低。

产甲烷菌的产率系数一般认为是 $0.03g\ VSS \cdot (g\ COD)^{-1}$，当然这个数值跟生长条件有关，如果生长条件不利，就不会有产甲烷菌生长繁殖。

（3）对温度敏感。

乙酸盐转化为甲烷的饱和常数 k_S 和一级反应速度常数 k 与温度的关系见表 6 – 2。一般温度在 30℃ ~ 38℃ 和 50℃ ~ 57℃。

表 6 – 2　乙酸盐转化为甲烷的 k_S 和 k 与温度的关系

温度（℃）	k_S（mg·L^{-1}）	k（d^{-1}）
35	164	6.67
25	930	4.65
20	2 130	3.85

（4）对 pH 值敏感。

最大范围在 6.0 ~ 8.0，最佳范围为 6.8 ~ 7.5。但当发酵条件控制不好，温度、进料负荷、原料中的 C、N、pH 等可能会出现酸化或液料过碱，酸化出现较多。

（5）严格厌氧。

氧化还原电位 – 560 ~ – 350 mV。产甲烷菌都是专性严格厌氧菌，对氧非常敏感，遇氧后会立即受到抑制，甚至死亡。

（6）微量元素。

镍是产甲烷菌必需的微量金属元素，是细菌尿素酶的重要成分。产甲烷菌生长除需要 Ni 以外，还需 Fe、Co、Mo、Se、W 等微量元素。

（7）对有毒物质敏感。

3. 产酸菌和产甲烷菌的特性比较

从表 6 – 3 可以看到，产酸菌的繁殖条件比产甲烷菌的繁殖条件更有优势。产酸和产甲烷的协调不佳，会导致酸化过快，pH 值下降太快，抑制产甲烷菌的繁殖。

表 6 – 3　产酸菌和产甲烷菌的特性比较

各项参数	产甲烷菌	产酸菌
世代时间（d）	10d 左右（15℃ ~ 20℃）	0.125
产率系数 [g VSS·（g COD）$^{-1}$]	0.03	0.15 ~ 0.34
细胞活力 [g COD·（g VSS）$^{-1}$·d^{-1}]	5.0 ~ 19.6	39.6
对 pH 值的敏感性	敏感	不太敏感
最佳 pH 值范围	6.8 ~ 7.5	5.5 ~ 7.0
氧化还原电位（mV）	< – 350（中温） < – 560（高温）	– 150 ~ 200
最佳生存温度（℃）	30 ~ 38（中温） 50 ~ 57（高温）	20 ~ 35
对有毒物质的敏感性	敏感	敏感性不强

6.2　厌氧反应器的分类和工艺

在第 5 章 5.7 节我们已经对生物反应器有了一定的认识,下面对厌氧反应器进行具体的讨论:厌氧反应器与好氧反应器在构造上有各自不同的发展特点,厌氧反应器的发展重点是怎样既保持反应器内高微生物量又能有较好的传质效果、厌氧发酵的各阶段的协调和运行的稳定性、完整厌氧发酵和不完整厌氧发酵的应用。

6.2.1　厌氧反应器的类型

从消化能力来看,厌氧反应器类型可分成三代:

(1) 第一代厌氧消化工艺。

①普通厌氧消化池;

②厌氧接触工艺。

(2) 第二代厌氧消化工艺。

①上流式厌氧污泥床(Up-flow Anaerobic Sludge Bed/Blanket,UASB)反应器;

②厌氧滤床(Anaerobic Filter,AF);

③厌氧流化床(Anaerobic Fluidized-Bed Reactor,AFB)反应器;

④厌氧生物转盘;

⑤其他,如厌氧完全混合反应器和厌氧折流反应器。

(3) 第三代厌氧反应器和其他改进工艺。

①厌氧颗粒污泥膨胀床(Expanded Granular Sludge Bed,EGSB)反应器;

②厌氧复合床(Upflow Blanket Filter,UBF)(AF + UASB)反应器;

③内循环厌氧(Internal Circulation,IC)反应器;

④复合厌氧(Hybrid Anaerobic Reactor,HAR 或 HYBR)反应器;

⑤水解工艺和两阶段厌氧消化工艺;

⑥厌氧膜生物反应器。

从发酵完整性来看,有两大类:水解酸化反应器和完整厌氧消化反应器。

总的来说厌氧处理法有如下优缺点:

(1) 优点。

①污泥量少,产率系数小,0.15 ~ 0.2g VSS · (g COD)$^{-1}$;

②污泥的浓度更高或生物膜更厚,可提高负荷,不受 DO 的限制;

③不需要曝气,节省曝气所需动力;

④可回收能源;

⑤氮和磷用量较少,与好氧生物处理的 COD : N : P = 100 : 5 : 1 相比,厌氧生物处理的 COD : N : P = 200 : 5 : 1,处理相同量的 COD 所需 N 和 P 较少,这对进水中缺少营养的工业废水有针对性;

⑥内源代谢慢,长时间闲置,重启比较快。

（2）缺点。

①生长速度慢，启动时间长，接种量也要比较多；

②对有机负荷和 pH 值的变化敏感（指产甲烷菌）；

③一般不能作最终处理；

④如果进水存在硫酸盐，硫酸盐还原菌会与产甲烷菌产生竞争。硫酸盐可能会还原成硫化氢，硫化氢对产甲烷菌有抑制作用，而且有难闻的气味。

6.2.2　厌氧反应器的发展

由于厌氧微生物生长缓慢，世代时间长，故保持厌氧微生物足够长的停留时间是厌氧发酵工艺成功的关键条件。高速率厌氧处理系统必须满足的原则是：保持大量的厌氧活性污泥和足够长的污泥龄；保持废水和污泥之间的充分接触或者说传质良好。最早的厌氧接触工艺做不到这一点。

采用固定化生物膜或培养沉淀性能良好的厌氧污泥（颗粒化污泥）来保持高浓度厌氧污泥，从而在采用高的水力负荷时不发生严重的厌氧活性污泥流失，而且有高的有机容积负荷。为此，在 20 世纪 70 年代末期人们成功地开发了各种新型的厌氧工艺，例如，厌氧滤床、上流式厌氧污泥床反应器、厌氧颗粒污泥膨胀床和厌氧流化床反应器等。这些反应器的一个共同特点是可以将固体停留时间与水力停留时间分离，固体停留时间可以长达上百天。这使得厌氧处理高浓度有机废水的停留时间可以从过去的几天或几十天可以缩短到几小时或几天。这一系列厌氧反应器被称为第二代厌氧反应器。其中最成功的是上流式厌氧污泥床反应器。

在上流式厌氧污泥床反应器内有高浓度的厌氧污泥，为了保证这个优点，进水上升流速不能很高，因此传质效果不是很好。反应器布水的均匀性，是避免短流和改进传质的一方面。从另一方面讲，厌氧反应器的传质动力来自进水的混合和产气的扰动。比上流式厌氧污泥床反应器内的流速更高的反应器可以改善传质，但是反应器的高度必须更高，否则不能保持反应器内高浓度的厌氧污泥。正是对于这一问题的研究促进了第三代厌氧反应器的开发和应用。在进水水量不足、无法采用高的水力负荷的情况下，可将出水回流。

实际应用最多的是上流式厌氧污泥床反应器，在国内外厌氧处理法中占比近 60%。

要处理高浓度的有机废水和难降解有机废水，将厌氧处理和好氧处理前后结合起来是必不可少的。第三代厌氧反应器也可用于低浓度有机污水处理。

6.2.3　厌氧接触法

如图 6-2 所示，在厌氧接触法工艺中，最大的问题之一是悬浮生长的厌氧活性污泥表面附着有微细沼气气泡，不能直接进入二沉池，必须采用有效的改进措施，比如真空脱气。且由于污泥在二沉池中还具有活性，还会继续产生沼气，有可能导致已下沉的污泥上浮。最有效的改进方式是寻找更好的厌氧反应器。

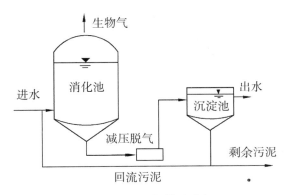

图 6-2 厌氧接触法流程

6.2.4 厌氧生物滤池

厌氧生物滤池和第 8 章好氧生物滤池都是生物膜法。厌氧生物滤池中在滤料表面附着厌氧生物膜，在滤料的空隙中截留大量悬浮生长的厌氧微生物，废水通过滤料层向上流动或向下流动时，废水中的有机物被截留、吸附及分解转化为甲烷和二氧化碳等。

厌氧生物滤池的三种形式，如图 6-3 所示。与好氧生物滤池相比，厌氧生物滤池易堵塞，传质不好。

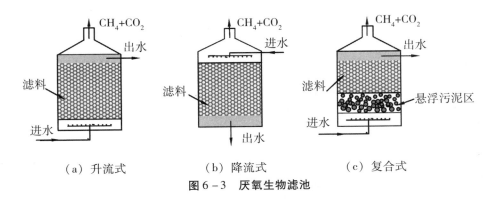

（a）升流式　　　（b）降流式　　　（c）复合式

图 6-3 厌氧生物滤池

从工艺运行的角度来看，厌氧生物滤池具有以下特点：

①厌氧生物滤池中厌氧生物膜的厚度为 1～4mm；

②与好氧生物滤池一样，其生物固体浓度沿滤料层高度而有变化；

③升流式厌氧生物滤池中的生物固体浓度的分布比降流式厌氧生物滤池更均匀；

④厌氧生物滤池适合于处理多种有机废水。温度在 25℃～35℃时，拳状滤料的有机容积负荷为 3～6kg COD·m^{-3}·d^{-1}，塑料滤料的有机容积负荷可达到 3～10kg COD·m^{-3}·d^{-1}。

与传统的厌氧生物处理工艺相比，厌氧生物滤池的突出优点是：

①生物固体浓度高，有机容积负荷高；

②SRT 长，可缩短 HRT，耐冲击负荷能力强；

③启动时间比厌氧接触法短，停止运行后的再启动也较容易；

④无须回流污泥，运行管理方便；

⑤运行稳定性较好。

主要缺点是易堵塞，会给运行造成困难。厌氧生物滤池虽然可以通过反冲洗来改善堵塞问题，但是反冲洗强度不能太高，以防止厌氧生物膜脱落太多，不能及时恢复所需的生物膜量。因此需要控制进水 COD 的容积负荷和进水 COD 的浓度。当进水 COD 浓度过高，比如 $>8\,000\text{mg} \cdot \text{L}^{-1}$ 时，应出水回流进行稀释。控制这两个参数也是为了达到后续好氧处理对进水 COD 数值的要求。

计算与设计的主要内容包括：①滤料的选择；②滤料体积的计算；③布水系统的设计；④沼气系统的设计等。

滤料体积的计算：

滤料体积的计算方法以有机负荷法为主，即：

$$V = Q \ (S_0 - S_e) \ /L_{v\text{COD}} \tag{6-1}$$

其中：$L_{v\text{COD}}$——去除有机容积负荷，$\text{kg COD} \cdot \text{m}^{-3} \cdot \text{d}^{-1}$；需要根据具体的滤料、废水水质以及经验数据或直接的小试和中试试验结果最终确定。S_0、S_e——进水 COD 浓度和出水 COD 浓度。一般采用的滤料层的高度为 $2 \sim 5\text{m}$。

6.2.5 厌氧生物转盘

厌氧生物转盘也是一种厌氧生物膜法。它是在旋转轴上安装了很多圆片，用电机带动旋转，如图 6-4 所示。厌氧生物转盘是将整个装置全部浸在水中，或者在水槽上加盖绝对密封，旋转轴可以不浸入水中，以减少旋转轴的运行故障。这对装置的要求很高，再加上厌氧处理法要求生物量很高，因此盘片上厌氧生物膜很厚，旋转动力要求很大，也容易造成盘片间的堵塞，如图 6-5 所示。厌氧生物转盘不是主流厌氧反应器。

图 6-4　转盘示意图

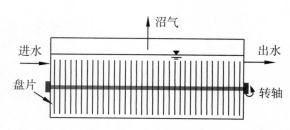

图 6-5　厌氧生物转盘

6.2.6 上流式厌氧污泥床反应器

20 世纪 70 年代荷兰瓦格宁根（Wageningen）农业大学的 Lettinga 教授开发了第二代厌氧反应器——上流式厌氧污泥床反应器，简称 UASB 反应器。

高效 UASB 反应器内厌氧污泥是颗粒化的、产甲烷活性高、颗粒污泥沉降性能良好，生物平均浓度可达 $50\text{g} \cdot \text{L}^{-1}$。UASB 反应器具有很高的有机容积负荷，在 $20 \sim 30\text{kg}$ $\text{COD} \cdot \text{m}^{-3} \cdot \text{d}^{-1}$。

6.2.6.1 UASB 反应器的特点

1. 构造

池型有圆形和矩形两种，如图 6 - 6 所示。UASB 反应器包括以下几个部分：进水和配水、反应器的池体、三相分离器和沼气收集与利用系统、排泥系统。

图 6 - 6 圆形和矩形 UASB 反应器

2. UASB 反应器的技术核心

UASB 反应器的技术核心是在这个反应器内培养得到的颗粒化厌氧污泥和三相分离器。

（1）颗粒化厌氧污泥。

如图 6 - 7 所示是 UASB 反应器中的颗粒化厌氧污泥。UASB 反应器有别于通过外设污泥回流或生物膜来保持符合技术要求的高微生物量的技术途径。UASB 反应器利用沉降性能良好的颗粒化厌氧污泥和三相分离器，实现了甲烷气相、水相和颗粒化污泥相三相分离，实现水力停留时间和污泥停留时间的分离，从而延长了污泥龄。污泥龄一般为 30 天以上，保持了高浓度的污泥，底部污泥的浓度达 $60 \sim 100 \text{g} \cdot \text{L}^{-1}$。

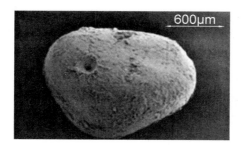

图 6 - 7 UASB 反应器内成熟颗粒化厌氧污泥

颗粒化厌氧污泥具有良好的沉降性能和高比产甲烷活性 $[\text{g CH}_4 \cdot (\text{g VSS})^{-1} \cdot \text{h}^{-1}]$，相对密度（$1.04 \sim 1.08$）小。靠产生的气体和进水水力来实现污泥与基质的充分接触，节省了回流污泥的设备和能耗，也无须单独附设沉淀分离装置，同时反应器内无需投加填料或载体，提高了容积利用率，避免了滤池的堵塞问题，具有能耗低、成本低的特点。

（2）三相分离器。

各种三相分离器的构造如图6-8所示。

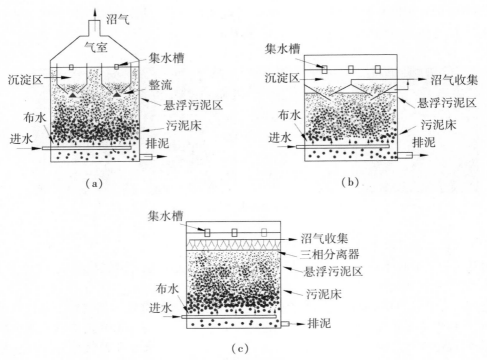

图6-8 三相分离器的各种构造

功能：三相分离、收集反应室产生的沼气、悬浮物沉淀和污泥自回流。

与三相分离效果有关的因素包括：三相分离器构造、稳定的污泥颗粒化、水力负荷、布水均匀性。将甲烷气与固液分离，创造在沉降区颗粒化污泥良好的沉降条件。沉降下来的污泥从回流缝滑落回到反应器。

（3）反应器高和高径比。

高4~6m，高径比一般小于2。反应器的单体最大容积一般宜小于2 000m³。因为容积过大，在运行、管理、配水及启动等方面都存在困难。不过现在最大的UASB反应器已经做到5 500m³。

（4）UASB的上升流速。

数值范围为0.5~1.5m·h⁻¹，甚至更低，这是形成污泥床和上部污泥沉降对上升流速的限制，也起到水力筛选颗粒化污泥的作用。反应器的传质推动力来自上升水流和上窜的沼气泡。UASB反应器污泥床浓度很高，要求上升水流流速比较小，因此反应器内传质不是很好。

（5）对中高浓度有机废水的容积负荷。

有机容积负荷可达20kg COD·m⁻³·d⁻¹以上，COD去除率均可稳定在80%左右。有机物容积负荷很高，原因之一是污泥浓度很高。高容积负荷必定有高的产酸速度，产甲烷菌必须及时将乙酸和二氧化碳转化成甲烷,以防 pH 值降低抑制产甲烷。产酸和产甲烷两个步骤的速度是怎么协调的呢?

对于这个问题可以从三方面理解:(1)颗粒化污泥的分层结构。其分层结构由外到内为水解细菌、发酵细菌、氢细菌和乙酸菌、产甲烷菌、硫酸盐还原菌、厌氧原生动物,其中产甲烷丝菌是厌氧活性污泥的中心骨架。厌氧消化的三个阶段都在颗粒化污泥内部完成。(2)我们测得的水中 pH 值与颗粒化污泥内部的 pH 值应该有所不同。外部水解酸化产生的小分子酸,电离出的 H^+ 更易扩散至水相,颗粒化污泥内部的 pH 值可能比水相中的 pH 值高。(3)H_2/CO_2 产甲烷途径也起到重要作用。

(6)污泥产量低。

与传统好氧工艺相比,污泥产量低,污泥产率一般为 0.05 ~ 0.10kg VSS · (kg COD)$^{-1}$,甚至更高,仅为活性污泥产泥量的 1/5 左右。反应器产生的剩余污泥是新厌氧系统运行所必需的菌种。

6.2.6.2 UASB 反应器的启动

UASB 反应器成功的关键是培养出颗粒化的厌氧污泥,这需要控制好各种因素:

(1)接种污泥。

UASB 反应器可采用絮状污泥或颗粒污泥进行启动。接种污泥的数量和活性是影响反应器成功启动的重要因素之一。一般絮状接种污泥浓度控制在 30 ~ 40g VSS · L^{-1},颗粒污泥接种浓度控制在 20 ~ 30g VSS · L^{-1}。

(2)废水的性质。

Lettinga 认为低浓度废水有利于 UASB 反应器的启动。COD 浓度以 4 000 ~ 5 000mg · L^{-1} 为宜。SS 须同时满足两个条件,即 SS 小于 1 000mg · L^{-1} 和 SS/COD 小于 0.5,UASB 反应器才能启动成功。

(3)温度。

UASB 反应器在常温、中温和高温下均能顺利启动,并形成颗粒污泥。

(4)pH 值。

最适宜的 pH 值为 6.8 ~ 7.2 或 7.5。

(5)启动负荷。

UASB 反应器启动初始阶段的负荷率必须较低,一般情况下为 0.05 ~ 0.10kg COD · (kg VSS)$^{-1}$ · d^{-1}。启动容积负荷应小于 1kg COD · m^{-3} · d^{-1},上升流速应小于 0.2m · h^{-1}。进水 COD 浓度大于 5 000mg · L^{-1} 或有毒废水应进行适当稀释。当观察到气体产量增加并正常运行后,再增加负荷,每周可增加约 50%,这取决于欲处理的废水,但负荷不宜大于 0.6kg COD · (kg VSS)$^{-1}$ · d^{-1}。在启动期间必须防止超负荷或过低负荷。

当直接采用厌氧颗粒污泥启动时,因采用的接种量较大,同时颗粒污泥的活性比其他种泥要高得多,启动的初始负荷可提高至 3kg COD · m^{-3} · d^{-1}。

(6)投加无机絮凝剂和细微颗粒物。

在 UASB 启动初期,人为地向反应器中投加适量的无机絮凝剂和细微颗粒物如黏土、陶粒、颗粒活性炭等。

（7）水力负荷。

水力负荷对絮状污泥和逐渐颗粒化的污泥有水力选择性作用。

（8）氧化还原电位，见表6-3。

6.2.6.3　UASB反应器的设计

厌氧水处理过程一般包括预处理、厌氧处理（包括沼气的收集、净化和利用）、污泥处理等部分。

1. 预处理设施

预处理设施包括去除大的固体的格栅和去除砂的沉砂池，避免固体在厌氧反应器内积累。预处理还包括调节、营养盐补充和pH值调控。

产甲烷菌对水质、水量和冲击负荷较为敏感，所以对于工业废水应设计适当尺寸的调节池，对水质、水量进行调节，这是厌氧反应稳定运行的保证。调节池还可考虑兼有沉淀、混合、加药、中和和预水解酸化等功能。对于复杂废水，在调节池中取得一定程度的酸化会有利于后续的厌氧处理。通常，流入UASB反应器之前的废水酸化率控制在30%～75%。

当废水中存在对于产甲烷菌具有毒性或抑制性的化合物时，采用预酸化可以去除或改变有毒或抑制性化合物的结构。

当废水存在较高的Ca^{2+}时，保持偏酸性进水可以避免在颗粒污泥表面和内部产生$CaCO_3$结垢。

处理含高悬浮物浓度废水时，酸化对颗粒物的降解是有利的。

完全酸化是没有必要的，因为完全酸化后，废水pH值下降太多，需要投加化学药剂调节系统pH值。有证据表明完全酸化对UASB反应器的颗粒化进程有不利影响。

2. UASB反应器的设计计算

（1）UASB反应器的体积。

UASB反应器体积的计算方法有有机物容积负荷法和水力停留时间法，计算式为：

$$V = \frac{QS_0}{q} \tag{6-2}$$

$$V = HRT \times Q \tag{6-3}$$

式中：V——反应器有效容积，m^3；Q——废水流量，$m^3 \cdot d^{-1}$；q——有机容积负荷，$kg\ COD \cdot m^{-3} \cdot d^{-1}$；$HRT$——水力停留时间，$h$；$S_0$——进水有机物浓度，$g\ COD \cdot L^{-1}$。

对于某种特定废水，反应器池体积这个参数还不能从理论上推导得到，反应器的容积负荷一般应通过试验确定。容积负荷值与反应器的温度、废水的性质和浓度、颗粒化污泥浓度和状况有关。如果有同类型的废水处理资料，可以参考有关设计手册选用。

（2）UASB反应器的高度。

对于UASB反应器的高度，应综合考虑运行和经济这两方面，高度变化对这两方面的影响见表6-4。最经济的UASB反应器高度（深度）一般是在4～6m之间，并且在大多数情况下这也是系统最优的运行范围。

表 6-4　UASB 反应器高度对运行和经济的具体影响

影响	高度变化
运行	1. 高度增加，需要高流速，以增加污泥与进水有机物之间的接触； 2. 过高的流速会引起污泥流失，为保持足够多的污泥，上升流速不能超过一定的限值，因此反应器的高度也会受到限制。采用传统 UASB 反应器，上升流速的平均值一般不超过 $0.5\mathrm{m}\cdot\mathrm{h}^{-1}$； 3. 高度越高，$CO_2$ 溶解度增加，pH 值越低。pH 值不能低于产甲烷菌对 pH 值的要求
经济	1. 池深增加，土方工程增加，但占地面积则减小； 2. 高程选择会影响水和污泥的提升； 3. 考虑当地的气候和地形条件，将 UASB 反应器建造在半地下可减少建筑和保温费用

（3）UASB 反应器的面积和长、宽。

从布水均匀性考虑，长：宽 < 4：1 较为合适。在同样的面积下，一个圆形反应器的周长比一个正方形反应器的总边长短约 12%。两个或两个以上反应器是个数设计的基本要求，矩形反应器可以采用共用壁，这时矩形反应器更省材料。一般来说矩形断面便于三相分离器的设计和施工。池型的长宽比对造价也有较大的影响。

（4）UASB 反应器的升流速度。

高度确定后，UASB 反应器高度 H 与上升流速 v 之间的关系如下：

$$v = \frac{Q}{A} = \frac{H}{HRT} \tag{6-4}$$

式中：Q——废水流量，$\mathrm{m}^3\cdot\mathrm{h}^{-1}$；$A$——UASB 反应器的水平面积，$\mathrm{m}^2$；HRT——水力停留时间，h。

UASB 反应器的上升流速 v 的选择范围为 $0.5\sim1.5\mathrm{m}\cdot\mathrm{h}^{-1}$，也有更低的上升流速。上升流速大对污泥沉降和污泥回流不利，也不利于维持反应器内高浓度污泥。但是上升流速过低又不利于污泥水间传质和水力作用对颗粒化污泥的筛选。

式（6-4）中的 v 是 UASB 反应器进水区的平均上升流速，实际上反应器内流体流速是比较复杂的，在反应器内有几个不同的流体流速，如产气后的流体上升流速 v_1、污泥回流缝内上升流体流速 v_2、分离气相后的水流在沉降区的流速 v_3、回流缝内污泥下滑速度 v'。图 6-9 表示了一种简单设计的三相分离器中存在的流体的流速关系，分离气相后的水流流速 v_3 与 v 比较接近。回流缝内上升水流流速还要考虑反应器上部污泥沉降区的污泥回流要求。

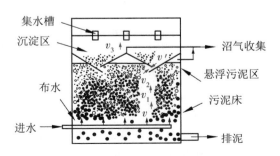

图 6-9　UASB 反应器中各种流速

（5）排泥设备。

原则上有两种污泥排放方法：从不同高度直接排放和用泵将污泥泵出。

排泥的高度是重要的，它应是排出低活性的污泥并将高活性的污泥保留。UASB 反应器下部污泥床的污泥是颗粒化的，而在上层是絮状污泥。剩余污泥应该从污泥床的上部排出。排泥操作要点：

①建议清水区高度 0.5～1.5m；

②污泥排放可采用定时排泥，周排泥一般为 1～2 次；

③需要设置污泥液面监测仪，可根据污泥面高度确定排泥时间；

④剩余污泥排泥点设在污泥区中上部为宜；

⑤沿池纵向多点排泥；

⑥由于 UASB 反应器底部可能会积累颗粒物质和小砂粒，应设置间歇式下部排泥。

（6）三相分离器的设计。

从图 6-8 看到三相分离器的构造有不同的设计，设计的共同着眼点有污泥回流缝设计、气室设计、三相分离器占反应器容积比和位置设计，以防止 UASB 消化区中产生的气泡被上升的液流夹带入沉淀区，造成污泥流失。

（7）进出水设计。

UASB 反应器的进出水设计非常重要，因为运行良好的 UASB 反应器内污泥浓度高，进出水要兼顾配水均匀性和搅拌效果。要能观察到进水管的堵塞，并能有效地清除。进水方式有连续式和脉冲式，其中连续式有一管一孔式、一管分支多孔式，图 6-10 是这两种连续式配水示意图。只要保证一管一孔配水的每根配水管流量相等，就可得到均匀布水。可采用高于反应器的水箱式（或渠道式）进水分配系统。这种敞开的布水器的一个优点是可以容易用肉眼观察堵塞情况。

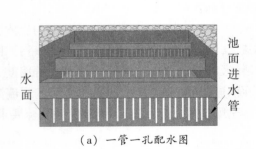

（a）一管一孔配水图　　　　（b）一管分支多孔式配水图

图 6-10　UASB 反应器的配水方式

（8）气体收集。

产甲烷 UASB 反应器需要及时收集产气。

（9）加热和保温。

UASB 反应器不在反应器内部直接加热，而是将进入反应器的废水预先加热。UASB 反应器采用保温措施，需要进行甲烷热量和热平衡计算。

6.2.6.4 升流式厌氧污泥床的应用和流程举例

1. 应用范围

升流式厌氧污泥床工艺主要适用于酒精、制糖、啤酒、淀粉加工、各类发酵工业、皮革、罐头、饮料、牛奶与乳制品、蔬菜加工、豆制品、肉类加工、造纸、制药、石油精炼及石油加工、屠宰等各种中、高浓度工业废水处理工程。

2. 流程举例

屠宰厂废水处理流程如图 6 – 11 所示。

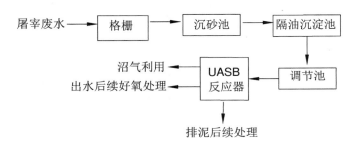

图 6 – 11　屠宰废水的 UASB 反应器处理流程

6.2.7　厌氧颗粒污泥膨胀床反应器

荷兰 Wageningen 农业大学较早进行了关于厌氧颗粒污泥膨胀床（EGSB）反应器的研究。EGSB 反应器实际上是改进的 UASB 反应器，其运行在高的上升流速下使颗粒污泥处于悬浮状态，从而保持了进水与污泥颗粒的充分接触。EGSB 反应器的特点是颗粒污泥床通过采用高的上升流速 6 ~ 12m·h^{-1}，运行在污泥膨胀状态。EGSB 反应器特别适于低温和低浓度污水。当沼气产率低、混合强度低时，较高的进水动能和颗粒污泥床的膨胀高度将获得比 UASB 反应器好的运行结果。

厌氧内循环（IC）反应器是成功的 EGSB 反应器，如图 6 – 12 所示。它是基于 UASB 反应器颗粒化和三相分离器概念而改进的新型反应器，属于 EGSB 反应器的一种。IC 可以看成是由两个 UASB 反应器的单元相互重叠而成。它的特点是在一个高的反应器内将沼气的分离分为两个阶段，底部一个处于极端的高负荷，上部一个处于低负荷。

IC 反应器构造的特点：

①大高径比（4 ~ 8），高度 20m 左右。

②生物量大（可达到 60g·L^{-1}），处理高浓度有机废水，可达高有机负荷（8 ~ 25kg COD·m^{-3}·d^{-1}）。也能处理低浓度有机废水。

③结构紧凑，节省占地面积。

④实现内循环，不必外加动力。污泥龄长。特别是由于存在着内、外循环，传质效果好。

⑤抗冲击负荷能力强，具有缓冲 pH 值的能力。内循环为反应器起到了自动平衡 COD

和毒物冲击负荷的作用。

⑥出水稳定性好。

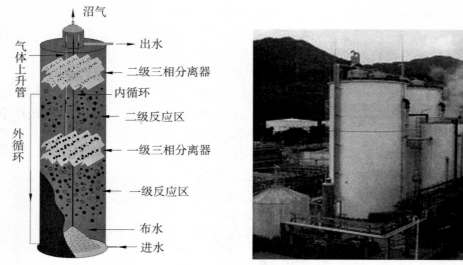

图 6 - 12　IC 反应器

6.2.8　厌氧复合床反应器

许多研究者为了充分发挥升流式厌氧污泥床与厌氧滤池的优点，采用了将两种工艺相结合的反应器结构，被称为厌氧复合床反应器，也称为 UBF 反应器。厌氧复合床反应器的结构见图 6 - 13，一般是将厌氧滤池置于污泥床反应器的上部。一般认为这种结构可发挥 AF 和 UASB 反应器的优点，改善运行效果。

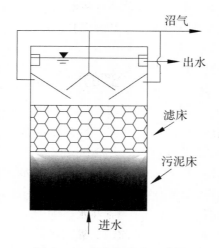

图 6 - 13　厌氧复合床反应器

当处理含颗粒性有机物组分的污水（如生活污水）时，采用厌氧复合工艺可能更有优势：第一级是絮状污泥的水解反应器，运行在相对低的上升流速下。颗粒有机物在第一级被截留，而不是先进入滤池，这样能够有效减少滤池堵塞。部分颗粒有机物转变为溶解性化合物，随后进入第二个反应器主要是产甲烷发酵。

6.2.9　两相厌氧消化工艺

两相厌氧消化工艺是 20 世纪 70 年代后期随着厌氧微生物学的研究不断深入应运而生的。它着重于工艺流程的变革，而不是像上述多种现代高速厌氧反应器那样着重于反应器构造的变革。其基本出发点是，在单相反应器中，存在着脂肪酸的产生与被利用产甲烷之间的平衡，维持两类微生物之间的协调与平衡十分不易。两相厌氧消化工艺就是为了克服单相厌氧消化工艺的上述缺点而提出的。在同一个反应器分成两相或在前后串联的两个反应器中分别培养酸发酵细菌和产甲烷菌，并控制不同的运行参数，使其分别满足两类不同细菌的最适生长条件，使产酸阶段和产甲烷阶段获得比较好的协调与平衡。反应器可以采用前述任一种反应器，二者可以相同也可以不同。

在两相厌氧消化工艺中，最本质的特征是实现产甲烷阶段和水解酸化阶段的分离和平衡，方法主要有：

①化学法：调整氧化还原电位，抑制产甲烷菌在产酸相中的生长。

②动力学控制法：利用产酸菌和产甲烷菌在生长速率上的差异，控制两个反应器的水力停留时间，使产甲烷菌无法在产酸相中生长。目前应用最多的相分离方法，是动力学控制法。不过很难做到相的完全分离。

与常规单相厌氧消化工艺相比，两相厌氧消化工艺主要具有如下优点：

①有机负荷比单相工艺明显提高；

②产甲烷相中的产甲烷菌活性得到提高，产气量增加；

③运行更加稳定，承受冲击负荷的能力较强；

④当废水中含有 SO_4^{2-} 等抑制物质时，其对产甲烷菌的影响由于相的分离而减弱；

⑤对于复杂有机物（如纤维素等），可以提高其水解反应速率，从而提高其厌氧消化的效果。

6.2.10　厌氧水解酸化作为好氧处理的预处理

1. 概要

将进水中有机悬浮物的厌氧发酵控制在第一阶段使之水解成溶解性有机物，在水解酸化池 SS 的下降率达 65% ~ 75%，比初沉池去除 SS 更有优势。

进水中不易被生物降解的大分子有机物降解为易被生物降解的小分子有机物，提高了废水可生化性，同时也可以在一定程度上降低 COD 总量，这对于高浓度有机废水或难降解有机废水的处理十分重要。把厌氧处理控制在水解酸化这一步，比完整厌氧处理容易得多。这就是现在许多废水在好氧生化处理前用厌氧水解酸化作预处理的原因。当然，厌氧水解酸化是以预处理为目的的，如果进水 COD 或者 BOD 浓度很高，而水解酸化对 COD、BOD 去除率不是很高，比如 25% 左右，那么经水解酸化处理后的出水 COD 或者 BOD 浓度还是太高，不满足后续好氧处理对进水的要求。实际上处理高浓度有机废水选择完整厌氧消化更合适。

水解酸化池内停留时间较短（HRT = 2.5h）且水力负荷相对较高。

采用水解酸化工艺作为预处理，后续生物处理的剩余污泥可以回到水解酸化池，完成对大部分污泥的减容处理，使得废水、污泥处理一体化，简化了传统处理工艺流程。水解酸化池内污泥龄达 15 ~ 20d，污泥稳定，剩余污泥量少，容易处理与处置。

与传统厌氧消化工艺相比，水解酸化工艺不需要密闭池，也不需要 UASB 反应器的复杂的三相分离器。这种非密闭的水解酸化反应器的氧化还原条件可抑制硫酸盐的还原，可减少产生 H_2S。

水解酸化工艺基建费用较常规初沉池基建费用低，省去了沉淀池的水下设备和维护，处理效果稳定，管理方便。

目前已知水解酸化法对城市污水、印染废水、制药废水、造纸废水、啤酒废水、化工废水和合成洗涤剂废水等多类废水很有效，而且悬浮物去除率高，去除的悬浮物可以在水解反应器中部分消化。比如焦化废水（焦化废水含氨氮、硫酸盐、含油、高浓度有机物废水）处理工艺的厌氧水解酸化预处理，见图 6 – 14。

图 6 – 14　焦化废水的厌氧水解酸化预处理

2. 水解酸化反应器

水解酸化反应器主要包括升流式水解反应器（与前面的 UASB 反应器不同，如没有三相分离器、颗粒化污泥不明显等）、复合式水解反应器及厌氧接触水解反应器、厌氧生物滤池等，这些反应器在前面都有介绍。

3. 注意问题

水解酸化法是厌氧发酵的前两个阶段，需要合理设计和运行调试，否则容易进入产甲烷阶段，难以实现水解酸化功能，安全性威胁也很大。

水解酸化法开发应用时间较短，由于水解酸化法设计参考资料较少，造成工程设计中出现较多失误，难以发挥水解酸化法工艺效果，影响工艺推广。水解酸化法有别于传统厌氧工艺，需考虑其特有的布水、排泥等问题，不能简单套用。水解酸化法一般与好氧处理相结合，也可与厌氧处理、物化处理相结合。

水解酸化法一般用于原水中悬浮物浓度较高或可生化性差时（$BOD_5/COD \leqslant 0.3$），将其作为预处理工艺，降低后续处理的负荷和难度。若进水可生化性较好，且 COD 浓度大于 1 500mg·L^{-1}，很难控制水解酸化反应器内不发生厌氧产甲烷，因此选择完整厌氧消化可能更合适，据此规定水解酸化反应器进水 COD 浓度宜小于 1 500mg·L^{-1}。

习题

1. 请说说厌氧降解的三个阶段及其关系。

2. 请说说产甲烷菌的特性和产酸菌的特性。

3. 厌氧接触法与二沉池之间为什么要脱气？为什么厌氧接触法不能被广泛采用？

4. UASB 反应器为什么会成为广泛应用的厌氧处理法？

5. 为什么说 UASB 反应器内的流态比较复杂？

6. UASB 反应器是怎样保持在反应器中有高浓度的厌氧污泥？

7. UASB 反应器是怎样实现产酸和产甲烷的协调的？

8. 画出 UASB 反应器的三相分离器的构造。它的作用是什么？

9. UASB 反应器的池子的几何形状应该从几个方面来考虑？

10. 为什么 UASB 反应器上升水流流速不能太大（比如 $0.5 \sim 1.5 \mathrm{m \cdot h^{-1}}$，甚至更低）？
要了解更多的水力负荷对厌氧污泥颗粒化的影响请扫码阅读以下三篇资料：

①改良型外循环厌氧反应器处理黑水科性研究 　②水力分级作用对 UASB 反应器污泥颗粒化的影响 　③产甲烷改良 UASB 反应器启动试验及最优水力条件研究

11. 两相厌氧消化工艺为什么有较好的应用价值？

12. 厌氧水解酸化作为好氧处理的预处理和完整厌氧处理作为好氧处理的预处理在应用上有何不同？在厌氧水解酸化时怎么控制不要产甲烷？

13. IC 反应器与 UASB 反应器在构造上有何共同之处？与 UASB 反应器比较，IC 反应器的不同点在哪？是如何实现的？

第7章 活性污泥法

我们知道低浓度的有机物和氨氮硝化都需要好氧微生物来完成,硝态氮变成氮气需要缺氧反硝化,而氨氮凯氏氮(有机氮＋氨氮)要变成无污染的氮气则需要好氧/缺氧反硝化耦合。生物除磷需要好氧/厌氧耦合。因此本章的活性污泥法的氧化还原条件指好氧、缺氧和非厌氧消化的厌氧及其耦合。由于厌氧消化微生物、好氧或兼氧微生物的生长和代谢有不同的规律,这两种情况的活性污泥反应器按其自身的内在规律和特点,发展成完全不同的反应器系列。

7.1 活性污泥

活性污泥指悬浮生长在微生物反应器以混合生长微生物为主的常存在优势菌群的悬浮物。活性污泥的外观呈黄褐色或灰褐色,易于沉淀分离,具有较大的比表面积($20 \sim 100 cm^2 \cdot mg^{-1}$),比重为 $1.002 \sim 1.006$,含水率为 99%。反应池中活性污泥直径小于 $0.2 mm$。

1. 形态

在一定的条件下活性污泥的形态有菌胶团、丝状菌和颗粒化活性污泥,见图 7 - 1。菌胶团(Zoogloea)是由各种细菌及细菌所分泌的黏性物质组成的絮凝体状团粒。

 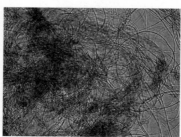 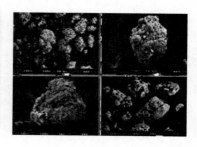

(a) 菌胶团 　　　　　 (b) 丝状菌 　　　　　 (c) 颗粒化活性污泥

图 7 - 1　菌胶团、丝状菌和颗粒化活性污泥

2. 组成

活性污泥由具有活性的微生物 M_a、微生物自身氧化残留物 M_e、吸附在污泥上不能被生物降解的有机物 M_i、无机物 M_{ii} 组成。

活性污泥微生物:以细菌为主,也存活有真菌、真核生物(原生动物、后生动物),构成稳定的生态系统。细菌:微生物的主要组成部分,以异养性原核细菌为主,1mL 正常污泥

中含细菌 $10^7 \sim 10^8$ 个，细菌种属与进水中的有机成分有关，是有机污染物的分解者，在环境条件适宜时其世代时间仅为 $20 \sim 30\text{min}$。真菌：种类繁多，活性污泥中较多出现的为腐生或寄生的丝状菌，异常增殖会引发污泥膨胀。原生动物：为活性污泥系统中出水水质良好的指示性生物，每毫升混合液中 50 000 个左右，是首次捕食者。后生动物：仅在完全氧化型活性污泥系统中出现，是出水水质非常稳定的标志，是生态系统的二次捕食者。

如上所述，活性污泥存在不同等级的微生物。在除碳系统活性污泥以好氧菌为主，但是在脱氮、除磷或脱氮除磷系统，活性污泥是好氧菌和兼性菌（反硝化菌或聚磷菌）的混合体。

3. 活性污泥的评价指标

（1）混合液悬浮固体浓度（MLSS）和混合液挥发性悬浮固体浓度（MLVSS）。

MLSS 表示单位体积混合液内含有的活性污泥固体物的总重量，单位 $\text{mg} \cdot \text{L}^{-1}$，包括 M_a、M_e、M_i、M_{ii} 四项。MLSS 测定简便，能间接反映微生物的量。MLVSS 指混合液活性污泥中有机固体物质的浓度，包括 M_a、M_e、M_i 三项。一般 MLVSS/MLSS 较为固定，运行状态良好的生活污水处理厂内其比值约为 0.75。

（2）活性污泥沉降与浓缩性能的指标。

①污泥沉降比（SV$_{30}$%）：指常温下曝气池混合液在 1 000mL 或 100mL 量筒中沉淀 30min，沉淀污泥体积与混合液体积的比，如图 7 - 2 所示。污泥沉降比是控制剩余污泥排放的重要运行参数。正常范围为 15% ~ 30%。与污泥沉降比有关的因素有活性污泥沉降性能、污泥浓度、温度、沉降时间等。取 30min 是因为沉降性能良好的活性污泥在 30min 之后沉降不显著。SV$_{30}$% 没有包括污泥浓度的关系，因此对于同一个处理系统，根据 SV$_{30}$% 可以快速了解污泥的沉降性能变化，但是对于不同的系统这个参数就不够合理。

$t = 0\text{min}\quad 10\text{min}\quad 30\text{min}$

图 7 - 2　活性污泥沉降的 SV$_{30}$% 变化

②污泥体积指数（Sludge Volume Index，SVI）：指常温下混合液在 1 000mL 或 100mL 量筒中静置沉淀 30min 后，每克纯污泥所占的以 mL 计的污泥区容积。

$$SVI = \frac{SV_{30}\%}{MLSS} \tag{7 - 1}$$

SVI 的单位只有 $\text{mL} \cdot \text{g}^{-1}$。SV$_{30}$% 是百分数，混合液悬浮固体浓度 MLSS 的单位在这里换算为 $\text{g} \cdot \text{mL}^{-1}$。SVI 一般在 50 ~ 150（SVI 的单位可以不写）。SVI 的值太小，说明泥粒

细小、紧密、无机物比较多、缺乏活力和吸附性能，污泥处于衰亡期的后期；SVI 的值太高，说明污泥难以沉降分离。活性污泥沉降性能很不好的现象被特称为污泥膨胀，在本章7.9 节会详细讨论。

（3）活性污泥去除污染物的速度。

去除污染物速度指单位时间单位重量的微生物去除污染物的量。

7.2　活性污泥反应池的水力状态

这里的活性污泥反应池指微生物处于悬浮态的曝气池、缺氧池和厌氧池。注意这里的厌氧池与传统厌氧消化的厌氧池含义不同，不是严格厌氧，功能不同。这三种氧化还原条件的悬浮生长反应池有以下三种水力状态。

1. 推流式

推流动力：进水动力（进水高程）、表面曝气装置和池底水力推进器。推流式反应池呈长渠形（也有上流式推流反应池），水平推流池的长宽比为 5~10，宽深比（有效宽度与有效水深）为 1~2，有效水深 3~9m。长池可以折流，一端进水，另一端出水。进水方式不限，出水方式有溢流堰和潜流两种。

好氧池有两种推流：平流推流和旋转推流。平流推流的曝气头平铺安装在池底，如图7-3（a）和（b）所示。旋转推流的曝气头安装在曝气池的池底一侧，如图 7-3（c）所示。

（a）平流推流池底的曝气头　　　　　（b）平流推流的水流

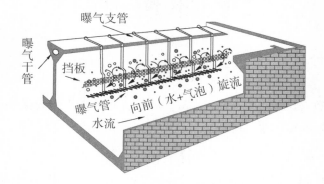

（c）池底一侧曝气产生旋转推流

图 7-3　曝气池推流水力特征与曝气头布置

2. 完全混合式

池形：圆形、方形或矩形。水深一般为 3 ~ 5m。圆形池水从底部中心进入，周边出水；正方形池可从中心进水，周边出水，也可从一边进水，对边出水；长方形池，从一长边进水，从另一长边出水，配备多台搅拌装置。

完全混合曝气池可用表曝机曝气和鼓风曝气，可以与二沉池合建，也可以分开设置，合建已趋淘汰。

3. 其他

如后面学习的氧化沟、序批式反应器和膜生物反应器。

7.3 曝气池内气体传递原理和技术

曝气池是活性污泥反应池中的一种，其中涉及重要的氧分子的气液传质。下面利用气液传质的双膜理论对此进行讨论。

7.3.1 双膜理论和界面传氧速度

1. 双膜理论假设

双膜理论我们在学习气浮时已经有所接触，这里针对氧传递进行比较详细的讨论。双膜模型示意图见图 7-4，该理论有四点假设：

①相互接触的气、液两相流体间存在着稳定的相界面，界面两侧各有一个很薄的停滞膜，即气膜和液膜，相界面两侧的传质阻力全部集中于扩散传质的两个停滞膜内，可以比较同一分子在气膜或液膜的传质阻力大小。非极性分子的界面传质由液膜扩散控制。

②在相界面处，气、液两相瞬间即可达到平衡，界面上没有传质阻力，溶质在界面上与两相的组成存在平衡关系。

③在两个停滞膜以外的气、液两相主体中，由于流体充分湍动，不存在浓度梯度，物质组成均匀。

④氧气传质阻力在液膜内。

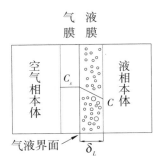

图 7-4 双膜模型示意图

2. 界面传质速度

在曝气池内空气以小气泡形式分散，气液界面单位面积单位时间内氧气传质量 v_d 用菲克定律表示：

$$v_d = -D\frac{dc}{d\delta} \tag{7-2}$$

式中：v_d——$g \cdot cm^2 \cdot s^{-1}$；$D$——氧分子在液膜的扩散系数，$cm^2 \cdot s^{-1}$；$dc$——液膜内溶解氧微分浓度差；$d\delta$——液膜 δ_L 内的厚度元。上式两边乘以曝气池内气液总界面面积 A，式（7-2）则转化为曝气池内单位时间内氧气传递量 dm/dt：

$$\frac{dm}{dt} = Av_d = -AD\frac{dc}{d\delta} \tag{7-3}$$

气液界面氧气传质阻力在液膜，由于液膜很薄，微分 $dc/d\delta$ 可以用 $(c_s-c)/\delta_L$ 代替，上式变形为：

$$\frac{dm}{dt} = \frac{D}{\delta_L}A\ (c_s-c)\ = K_L A\ (c_s-c) \tag{7-4}$$

式中：dm/dt——曝气池内单位时间氧在气液界面的传递量，$mg \cdot min^{-1}$；δ_L——液膜厚度，cm；c_s——一定条件下氧的饱和溶解度，$mg \cdot L^{-1}$；c——实际溶解氧的浓度，$mg \cdot L^{-1}$；K_L——D/δ_L，$cm \cdot min^{-1}$。

对式（7-4）两边除以反应器的有效容积 V，得到式（7-5）：

$$\frac{dm}{dt}/V = \frac{dc}{dt} = \frac{D}{\delta_L}\frac{A}{V}\ (c_s-c)\ = K_L a\ (c_s-c)\ = K_{La}\ (c_s-c) \tag{7-5}$$

式中：a——单位曝气池有效容积内气液界面面积，$m^2 \cdot m^{-3}$；K_{La}——总传质系数，$K_L \times a$，min^{-1}。由式（7-5）得：

$$\frac{dc}{dt} = K_{La}\ (c_s-c) \tag{7-6}$$

从上式可以得知提高氧传递速度的技术手段有：
①提高混合强度，减小液膜厚度，减小液膜对氧的扩散阻力；
②良好曝气，充分把空气分散成细小气泡，增大气液界面面积；
③加快溶解氧的转移，减小 c。

对式（7-6）积分得：

$$\ln\left(\frac{c_s}{c_s-c}\right) = K_{La}t \tag{7-7}$$

7.3.2　实际条件对氧传递速度关系的修正和供气量的计算

1. 实际条件对氧传递速度关系的修正

（1）水质对总传质系数 K_{La} 和饱和溶解度 c_s 的修正。

总传质系数 K_{La} 受水质的影响，加入修正系数 α：

$$K_{La(20)(污水)} = \alpha K_{La(20)(清水)} \tag{7-8}$$

氧的饱和溶解度也受水质的影响，加入修正系数 β：

$$c_{s(20)(污水)} = \beta c_{s(20)(清水)} \tag{7-9}$$

α、β 一般都是小于 1 的数值，见表 7 - 1。

表 7 - 1　水质对总传质系数和氧的饱和溶解度的修正系数 α、β

废水名称	α	β
纸板废水	0.53 ~ 0.64	0.8 ~ 0.85
牛皮废水	0.45 ~ 0.79	
木纸浆废水	0.6	
漂染废水	0.3 ~ 0.5	
印染废水	0.5	
炼油废水	0.72	
生活污水（新鲜）	0.26 ~ 0.46	0.9（一般生活污水）
生活污水（腐化）	0.16 ~ 0.19	

（2）水温对总传质系数 K_{La} 的修正。

$$K_{La(t)} = 1.024^{t-20} K_{La(20)} \tag{7-10}$$

（3）氧分压对饱和溶解度 c_s 的修正。

对于表面曝气池，c_s 接近表层水的溶解度，氧在空气中的体积分数不变，对溶解度 c_s 可按下式修正：

$$\frac{c_s}{c_{s\text{标}}} = \frac{p_O}{p_{O\text{标}}} = \frac{p_{\text{总}} \times （氧的体积分数，21\%）}{0.1\text{MPa} \times （氧的体积分数，21\%）} \tag{7-11}$$

式中：$c_{s\text{标}}$——0.1MPa，20℃，氧的溶解度，$\text{mg} \cdot \text{L}^{-1}$；$p_O$——当时氧的分压，MPa；$p_{O\text{标}}$——标准条件下氧的分压，MPa；$p_{\text{总}}$——当时当地大气压，MPa。

对于曝气池，考虑水深和氧转移过程中氧在气相中体积比的变化对氧的溶解度的影响，c_s 可以取池底氧的饱和溶解度和池面氧的溶解度的平均值 $\overline{c_s}$：

$$\overline{c_s} = \frac{1}{2}（c_{s1（池底）} + c_{s2（水面）}）$$

$$= \frac{1}{2}\left(\frac{p_d}{1.013 \times 10^5}c_{s\text{标}} + \frac{\varphi_O}{21}c_{s（水面）}\right) \tag{7-12}$$

式中：p_d——池底曝气起始的总压，Pa；$c_{s\text{标}}$——0.1MPa，20℃，氧的溶解度，$\text{mg} \cdot \text{L}^{-1}$；$\varphi_O$——池面气泡中氧的体积比；$c_{s（水面）}$——实际大气压（MPa），20℃下，氧的溶解度，$\text{mg} \cdot \text{L}^{-1}$。

如果将氧的转移和空气中氮的转移都考虑进来，估计在池面的气泡中氧的体积比与原来的体积比变化不大，则有下式：

$$\overline{c_s} = \frac{1}{2}\left(\frac{p_d}{1.013 \times 10^5}c_{s\text{标}} + c_{s（水面）}\right) \tag{7-13}$$

实际条件下单位时间的传氧速度是：

$$\frac{\mathrm{d}m}{\mathrm{d}t} = \alpha K_{La(20)} 1.024^{t-24}（c_{s（修正）} - c）V \tag{7-14}$$

式中：$c_{s(修正)}$——前面对氧溶解度的修正值。

2. 供气量的计算

曝气设备标注的传氧性能都是在标准条件下（脱氧清水、0.1MPa、20℃）测得的，比如氧的转移率 E_A。因此要把实际条件下的传氧速度换算成标准条件下的传氧速度：

$$(\frac{dm}{dt})_{标准} = K_{La(20)} c_{(标准)} V$$

$$= \frac{c_{(标准)} \alpha K_{La(20)} 1.024^{t-24} (c_{s(修正)} - c) V}{\alpha 1.024^{t-24} (c_{s(修正)} - c)}$$

$$= \frac{c_{(标准)} \dfrac{dm}{dt}}{\alpha 1.024^{t-24} (c_{s(修正)} - c)} \tag{7-15}$$

dm/dt 可从单位时间 BOD_5 的降解量得知。在曝气池内有机物被降解，假设进水 BOD_5 为 S_0、出水 BOD_5 浓度为 S_e，则单位时间有机物的降解量为：

$$Q (S_0 - S_e) \tag{7-16}$$

这也就是单位时间平均需氧量。曝气池单位时间的传氧速度 dm/dt 应该等于 $Q (S_0 - S_e)$。

标准条件下曝气设备的氧的利用率是 E_A，因此标准条件下的供氧量：

$$标准条件下单位时间的供氧量 = \frac{(dm/dt)_{标准}}{E_A} \tag{7-17}$$

再换算成单位时间要送的空气量。

对鼓风曝气，根据供气量确定风机台数。并要计算风机压力。

对机械曝气，根据需要的供氧量和机械曝气设备性能计算台数。各种叶轮在标准状态下的充氧量与叶轮，如泵型叶轮，具有如下关系：

$$G_o = 0.379 v^{0.28} d^{1.88} K \tag{7-18}$$

式中：G_o——单台叶轮在标准条件下的充氧量，$kg \cdot h^{-1}$；v——叶轮的旋转线速度，$m \cdot h^{-1}$；d——叶轮直径，m；K——池型结构修正系数，分建式圆池，取 1。

7.3.3 曝气设备

好氧生物反应池的曝气设备总的来说有三种：鼓风曝气、机械曝气和射流曝气。

1. 鼓风曝气

鼓风曝气由空气过滤器、鼓风机、风管和空气扩散器组成。曝气起到送氧和搅拌作用，搅拌的主要作用是保证活性污泥处于悬浮状态。生化降解有机物所需要的空气量一般能够满足搅拌需要。鼓风压力由水深、风管阻力损失、扩散器阻力和剩余风压决定。气泡尺寸由扩散器的孔眼、风速和风压决定，甚至与水质也有关系。空气扩散器有几个重要的互相关联的技术问题：孔眼大小、氧利用率 E_A 和不易堵塞。

（1）空气扩散器。

①超微孔扩散器。

超微孔扩散器产生超微气泡，氧的转移利用率可达90%。用于纯氧曝气。

②微孔曝气管和曝气盘。

　　微孔有两种：刚性孔和可变孔。刚性孔是由无机材料刚玉、陶粒、陶瓷与有机黏合剂混合均匀烧制而成的。刚性微孔曝气产生的气泡很小，氧的转移利用率高，但对空气的过滤要求较高，空气除尘率应达 95% 以上，且曝气器的阻力损失随使用年限的增加而增大，停止或间歇运行时会出现微孔受堵现象。可变微孔曝气其微孔扩散膜片是柔性橡胶，用激光均匀开孔，其微孔可变。曝气时能自行鼓胀且微孔张开，以确保气体从可变微孔中通过，产生微细气泡。在静止状态时，扩散板上的可变微孔呈关闭状态，以避免微孔堵塞和污水倒灌进入曝气装置内。

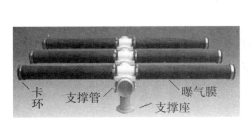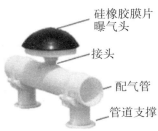

（a）管式微孔曝气装置构造　　　　（b）盘式微孔曝气头构造图

图 7 - 5　可变管式和盘式微孔曝气装置构造

图 7 - 6　池底安装的可变盘式微孔曝气头

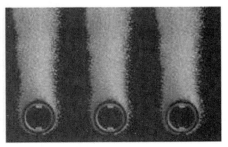

（a）盘式微孔曝气效果　　　　（b）管式微孔曝气效果

图 7 - 7　可变管式和盘式微孔曝气效果

不管是哪种空气扩散器都难以避免堵塞，因此清洗很有必要。可制造成可提升装置，清洗时升出水面以便清洗。

③小孔空气扩散器。

由陶粒、砂粒与有机黏合剂制成，气泡直径小于 1.5mm，如图 7-8 所示。

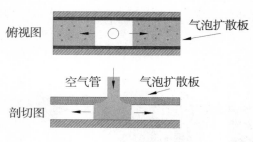

图 7-8 小孔空气扩散器

④中孔空气扩散器。

常用穿孔钢管或莎纶塑料管。穿孔管的管径在 20~30mm。在管壁两侧开有 2~3mm 的孔，孔眼间距 50~100mm，两边错开排列。空口气流流速不小于 $10m \cdot s^{-1}$，以防堵塞。如图 7-9 所示。

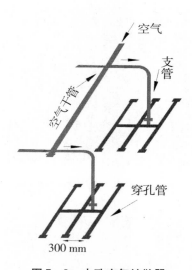

图 7-9 中孔空气扩散器

⑤大孔空气扩散器。

这种扩散器是直径 15mm 左右的空气管直接浸入水中，气泡大，气泡在曝气池内停留时间短，氧转移利用率低，不具备在这领域里的价值。

⑥旋混曝气器。

旋混曝气器采用多层螺旋切割形式进行充氧曝气，当气流进入混流型曝气器时，气流首先通过螺旋切割系统切割后进入下层的多层锯齿形布气头，进行多层切割，把气泡切割成微气泡，这样可大大提高氧的转移利用率，具有布气均匀、充氧效率高的特点。见图 7 - 10。安装于池底的旋混曝气装置见图 7 - 11。

图 7 - 10　旋混曝气器和安装在池底的旋混曝气器

图 7 - 11　安装在池底的旋混曝气器

（2）鼓风机。

离心鼓风机根据动能转换为势能的原理，利用高速旋转的叶轮将气体加速，然后在风机壳体内减速、改变流向，使动能转换成压力能。罗茨鼓风机的转子是一对三叶转子，将气体从一端不停地往另一端强制输送，达到输风的目的。在降噪、防震等方面都有优良性能。这两种鼓风机如图 7 - 12 所示。

（a）离心鼓风机　　　　　　（b）罗茨鼓风机

图 7 - 12　鼓风机

2. 机械曝气

鼓风曝气是将空气分散成气泡来增大气液界面面积。机械曝气则是通过高速旋转的叶轮将水打碎，并吸入空气，形成水与空气的混合液，并将幕帘式水雾抛向空中，来加快空气向水的传质速度，当然机械曝气也起到搅拌作用。曝气设备有：

（1）曝气转刷和曝气转盘。

这是一种水平机械转轴式曝气装置，用于氧化沟曝气并推动水流向前，见图 7－13。转轴上安装转盘或转刷，转盘上有规则地布置能够增加与水接触面积、强化搅动的造型。旋转速度 50～70r·min⁻¹，淹没深度为转盘直径的 1/4～1/3，在转动时产生大量的抛向空中的小水滴和进入水中的气泡，增加气液接触面积、强化搅动更新界面，推动水流向前。为了提高池底的溶氧效果，需增设导流板或池底水力推进器。

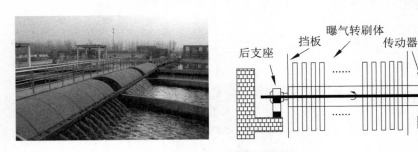

图 7－13　曝气转刷

（2）立式表曝机。

见图 7－14。

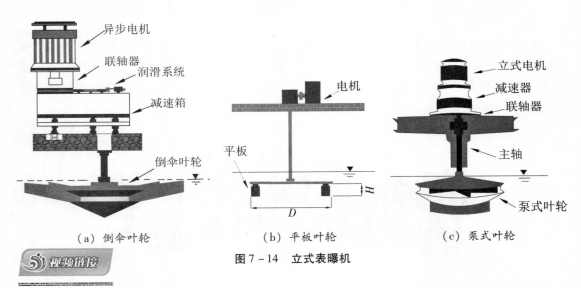

（a）倒伞叶轮　　　　（b）平板叶轮　　　　（c）泵式叶轮

图 7－14　立式表曝机

机械曝气效果与表曝机的旋转速度、曝气装置构造、水质、池型有关。机械曝气的空气来自常压的空气，因此机械曝气没有氧转移利用率这个性能描述。

3. 射流曝气

射流曝气可以归入分散空气曝气法，但是它与鼓风曝气有很大不同。这种分散空气法在学习气浮时已经了解过。在这里部分原水直接进入射流器，在射流器内喷嘴射出的高速水流在吸入室形成负压,并经由吸气管吸入空气。在水气混合体进入喉管段后进行激烈的能量转换,然后进入扩压段(扩散段),进一步压缩气泡,增加了空气在水中的溶解度,将空气分散成小气泡。不过这里的射流器与气浮中的射流器有所不同,但基本原理相同。图7-15至图7-17是射流曝气装置曝气效果。

图7-15 曝气池内的射流曝气   图7-16 氧化沟内的射流曝气

(a) 十字射流器　　　　(b) 辐射状圆形射流器　　　　(c) 曝气效果

图7-17 圆形曝气池中的射流曝气

4. 曝气设备性能指标

曝气设备性能指标都是在标准条件下得到的,在这里讨论三大性能。

(1) 标准条件下的氧转移速度。

单位时间充氧量(dm/dt, $g\ O_2 \cdot h^{-1}$)或单位时间单位体积的充氧量(dc/dt, $g\ O_2 \cdot m^{-3} \cdot h^{-1}$)都是氧的转移速度,分别表示为:

$$dm/dt = K_{La}c_{s标} \times V$$

$$dc/dt = K_{La}c_{s标}$$

式中:K_{La}——总传质系数,$K_L \times a$, min^{-1};$c_{s标}$——0.1MPa,20℃,氧的溶解度,$mg \cdot L^{-1}$;V——曝气池的有效容积,m^3。

(2) 充氧能力或动力效率。

单位时间充氧量(dm/dt)除以输出功率就是充氧能力或动力效率,单位为 $kg\ O_2 \cdot (kW \cdot h)^{-1}$。

一些曝气设备的氧转移速率和动力效率见表7-2。

表7-2 部分曝气设备的氧转移速率和动力效率

曝气设备类型	氧转移速率 (mg·L^{-1}·h^{-1})	动力效率 [kg O$_2$·(kW·h)$^{-1}$]	
		标准条件	现场
小泡曝气器	46~60	1.2~2.0	0.7~1.4
中泡曝气器	20~30	1.0~1.6	0.6~1.0
大泡曝气器	10~20	0.6~1.2	0.3~0.9
射流曝气器	40~120	1.2~2.4	0.7~1.4
低速表面曝气机	10~90	1.2~2.4	0.7~1.3
转刷曝气		1.2~2.4	0.7~1.3

（3）氧的转移利用率。

各种曝气设备的氧利用率见表7-3。机械曝气没有这个参数。

表7-3 各种曝气设备的氧利用率比较

曝气装置名称		氧利用率（%）
微孔曝气（200μm，该数据为气泡直径，下同）		>30
小孔曝气（<1.5mm）		>10
中孔曝气（1~3mm）		6~8
大气泡曝气（>3mm）		5~6
鼓风曝气器氧利用率比较		
大孔类	喷射曝气器	≈5
	螺旋曝气器	≈5
	散流曝气器	≈7
	旋混曝气器	≈21
小孔类	软管微孔曝气器	≈13（受孔变影响）
	软膜微孔曝气器	≈25（受孔变影响）
	微孔曝气器	≈25
	自吸式射流曝气	>35

5. 活性污泥悬浮和搅拌对曝气设备的要求

按规范，鼓风曝气时处理每立方米的水曝气量要不小于3m^3；采用机械曝气时处理每立方米的水的功率不小于25W；氧化沟处理每立方米的水的功率不小于15W。曝气池降解有机物的需氧量能够满足活性污泥悬浮要求，缺氧或厌氧条件下的悬浮动力则要靠机械搅拌。

6. 曝气器技术发展方向

技术性能可靠的曝气设备是确保好氧处理装置长期稳定运行的首要条件。由于鼓风曝气动力效率高，曝气池整体布气性能好，目前应用较为普遍。鼓风曝气的曝气器是关键设备。对曝气器的技术评价如果重点仅集中在氧利用率上，就要把排气孔隙做得越来越细，使微孔曝气氧转移率达到 30% 以上。

微孔扩散曝气器在装置新安装投运初期会表现良好，但运行不久就堵塞。

微孔曝气器孔隙越细，对进气除尘要求越高，阻力损耗也越大，曝气器更易堵塞。这种技术优点越突出，缺点也跟着突出。

前面谈到的柔性橡胶制成的微孔扩散膜片是微孔曝气器的有效改进。

旋混曝气器对上浮的气泡再切割，达到较高的氧利用率，堵塞少。

射流曝气器解决了其他常见曝气器的堵塞问题，氧气转移率高。

7.4 活性污泥法处理系统

活性污泥法处理系统的构成取决于水质组成和浓度、处理要求、处理单元的选择和组合。注意该系统中四种物质的流动：空气流、水流、污泥流、污染物的变化。

从进水水质来看，可以分成四类：

①低浓度有机废水活性污泥（除碳）处理系统：

好氧活性污泥处理的进水 BOD 合适浓度小于 $500mg \cdot L^{-1}$。

②高浓度或难降解有机废水活性污泥处理系统：

完整厌氧处理和厌氧水解酸化，可以将高浓度有机废水降到活性污泥法合适的进水浓度，并提高有机物的可生化性。

③含氮磷有机废水（包括城市污水）活性污泥处理系统（见 7.6 节）。

④其他特殊废水活性污泥处理系统。

7.5 好氧活性污泥去除有机物流程简介

当需要降解有机物时，活性污泥反应池内全好氧。

人们对普通活性污泥法（或称传统活性污泥法）进行了许多工艺方面的改革和净化功能方面的研究。在污泥负荷率方面，根据污泥负荷率的高低，分成了低负荷率法、常负荷率法和高负荷率法；在进水点位置方面，出现了多点进水和中间进水的分步或阶段曝气法；在曝气池混合特征方面，改革了传统法的推流式，采用完全混合式；为了提高溶解氧的浓度、氧的利用率和节省空气量，研究了渐减曝气法、纯氧曝气法和深井曝气法。类似于 UASB 反应器，也在研究上流式好氧颗粒化污泥反应器。

为了提高进水有机物浓度的承受能力、提高处理效能、强化和扩大活性污泥法的净化功能，人们又研究开发了两段活性污泥法、粉末炭—活性污泥法、加压曝气法等处理工艺。在化学法与活性污泥法相结合、处理难降解有机物废水等方面也进行了探索。

下面简要介绍几种好氧处理工艺。

1. 传统推流式曝气（Traditional Plug-flow Aeration）

这种曝气池的特点是水流流态是推流式，全池均匀曝气。池型已经在 7.2 节有所介绍。其进水端有机物浓度较高,需氧速度较大。出水有机物浓度较低,要达到有机物的排水要求。池内需氧速率和供氧速率变化示意图见图7-18。这种曝气池设计和管理都较简单,但是没有解决好供氧和需氧的矛盾。

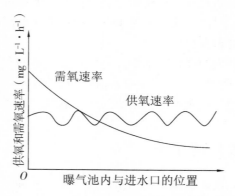

图7-18 传统曝气池内供氧速率和需氧速率的矛盾

2. 渐减推流式曝气(Tapered Aeration)

为了缓解传统曝气池内供氧和需氧的矛盾,可在曝气上进行改进,按需氧进行渐减曝气,如图7-19所示。渐减曝气方式可以是分步渐减曝气或借助先进的自动控制技术进行连续渐减曝气。

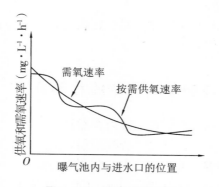

图7-19 渐减曝气流程

3. 分步推流式曝气(Step-aeration)

为了缓解传统曝气池内供氧和需氧的矛盾,可在进水上进行改进。多点进水活性污泥法是传统活性污泥法的一种成功的改进方案,曝气有效性得到颇为显著的提高,如图7-20所示,增强了曝气池承受冲击负荷的能力。峰值需氧量较低,有利于提高曝气池的效率和降低动力消耗,工艺流程有较大的灵活性。因此,国外早期建立的传统活性污泥污水处理厂,多数都改用分步曝气工艺。

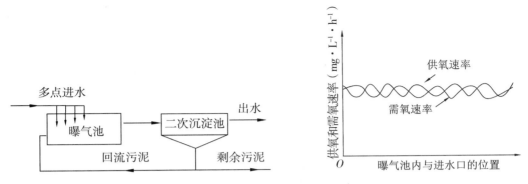

图 7 – 20　分步曝气流程和曝气效果的改进

4. 完全混合法（Completed Mix）

流程见图 7 – 21。完全混合法有几大特点：①池内水质和微生物浓度都比较均匀；②由于进水一进入池内即与池内水混合，因此对进水水质波动具有一定的有抗冲击能力；③池内有机物已经完成充分降解，以保证出水水质，池内水质与出水水质相近。因此池内微生物的营养不是很充足，微生物的生长位于停滞期或衰老期，污泥的沉降性能可能不是很好。

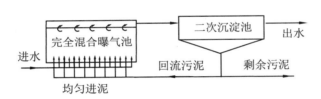

图 7 – 21　完全混合法

5. 深井曝气（Deep-shaft Aeration）

曝气池的深度显然是基建费和运行费的重要参数。一般经济深度在 4～6m，当用地紧张或地价很高时，经济深度可能更深。深井曝气技术始创于 1968 年，首先在英国开始，相继在加拿大、美国和日本有一批成功的污水处理项目，我国也有工程实例。

深井曝气竖井为圆筒状，其直径为 0.5～6.0m，深 50～150m。竖井纵向被分为两部分：上升管和下降管。按上升管和下降管结构的差异分为 U 形管型、中隔墙型以及同心圆型。同心圆型深井曝气系统见图 7 – 22。深井曝气后的固液分离比较适合气浮分离，如果用沉淀池则要先脱气，显然用气浮更可取。

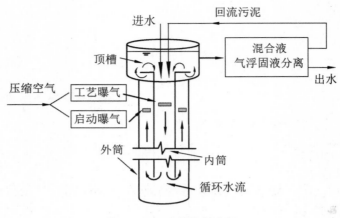

图 7 - 22　深井曝气流程

深井曝气技术最大的特点是曝气池很深，曝气效果很好。氧传递速度和传氧动力效率比纯氧曝气还要好，氧利用率与纯氧曝气相当。

深井曝气的容积负荷是常规曝气的 16 ~ 20 倍，污泥浓度可达 $18.0g \cdot L^{-1}$，显著节约占地。微生物在高氧浓度下强化了内源代谢。产泥量低，为 0.25 ~ 0.35kg VSS · (kg BOD_5) $^{-1}$，而常规曝气法通常为 0.4 ~ 0.8kg VSS · (kg BOD_5) $^{-1}$。深井曝气法的污泥含水率为 96%，而常规活性污泥含水率为 99% 以上。装置接近于完全混合反应器，污水在内外筒之间不停循环，循环水量是进水量的 30 ~ 50 倍，因此进水的波动对反应器影响很小。维修管理极其方便，可自动控制、遥控操作。曝气装置与周边空间接触面积小，对周围环境影响小。

6. 延时曝气（Extended Aeration）

该法曝气时间很长，达 24 小时以上，因此曝气池经常在非常低的负荷条件下运行，需氧量也很低，污泥龄很长，达 20 ~ 30d。微生物经常长时间地处于饥饿状态，剩余污泥少且稳定。对水质水量适应性强，不需要初沉池。设计曝气量不是生化需氧量而是搅拌的曝气量或机械搅拌强度。最大的问题是如果处理大水量，曝气池要很大，基建费高，长期处于低效能运行，因此只适用于小水量。

7. 接触稳定法（Contact Stabilization）

接触稳定法又称吸附再生法。该工艺始于美国 20 世纪 40 年代。

在实验室研究活性污泥法去除含有较高有机胶体颗粒的有机废水时，取样时间间隔在 1h 以上时，测定水溶性 BOD_5，作 $BOD_5 \sim t$ 曲线会得到如图 7 - 23 所示的表示 A 变化的平滑实线。但是当取样时间间隔在 15min 左右时，在开始运行后的 1 小时内会有一个 BOD_5 短暂下降的现象，这时作 $BOD_5 \sim t$ 曲线会得到如图 7 - 23 所示的表示 B 变化的平滑虚线。从图中看到半小时左右水溶性 BOD_5 下降到最低，相当于曝气数小时后的出水 BOD_5 的数值。发生这个现象的原因是活性污泥对有机胶体颗粒有生物絮凝作用和吸附作用，也能吸附一部分水溶性有机物，因此 BOD_5 快速地下降。当这些活性污泥继续曝气时，吸附态的有机物则逐步水解，重新进入水中，致使水中 BOD_5 浓度升高。然后有机物继续降解，浓度逐渐下降。

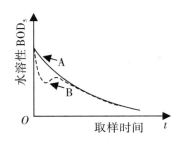

图 7 - 23　处理有机悬浮物 SS 含量较高的有机废水时水溶性 $BOD_5 \sim t$ 曲线

基于这个现象，可以把曝气池分成两段，如图 7 - 24 所示，前段曝气时间在 15 ~ 45min，经过短暂生物絮凝和吸附后，进入二沉池。二沉池的出水相当好。二沉池的污泥一部分被作为剩余污泥排出，一部分进到另外一个曝气池或曝气池另一段（即图中的再生段），曝气一段时间后，吸附的有机物被充分降解，活性污泥的活性得以再生，继续进入吸附段。

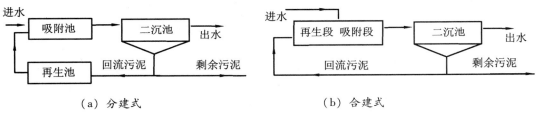

图 7 - 24　接触稳定法或吸附再生法的两种流程

这种流程对有机悬浮物 SS 含量不高的有机废水处理效果比较差，因为活性污泥对水溶性有机物吸附效果不好。

8. 氧化沟（Oxidation Ditch）

（1）概要。

最早出现的氧化沟是 1954 年的 Pasveer 氧化沟。混合液在沟中曝气循环流动。氧化沟使用一种定向控制的曝气和搅动装置，向混合液传递水平速度，沟中水流平均速度为 $0.3m \cdot s^{-1}$，从而使被搅动的混合液在氧化沟闭合渠道内循环流动。氧化沟设计采用的 *HRT* 和 *SRT* 较长，剩余污泥量少于一般活性污泥法，且比较稳定，污泥不需消化处理。氧化沟具有特殊的水力学流态，既有完全混合式反应器的特点，又有推流式反应器的特点，沟内存在着明显的溶解氧浓度梯度。

氧化沟断面为矩形或梯形，平面形状多为椭圆形，沟内水深一般为 2.5 ~ 4.5m，宽深比为 2∶1，亦有水深达 7m。

氧化沟曝气混合设备有表面曝气机、曝气转刷或转盘、射流曝气器和提升管式曝气机、水下推动器等。表面曝气机、曝气转刷或转盘借助导流板和水下推动器能改进氧化沟的曝气效果，如图 7 - 25、图 7 - 26 所示。

（a）曝气转盘　　　　　　　　（b）水下推动器

图 7 - 25　曝气转盘和水下推动器

图 7 - 26　氧化沟中的表面曝气机

据资料介绍，迄今，欧洲已有氧化沟污水处理厂超过 2 000 座，北美超过 800 座，亚洲有上百座，中国目前正在建造和已投入运行的有数十座。

（2）氧化沟类型。

最简单的氧化沟是 Pasveer 单槽氧化沟，该系统由一座氧化沟和独立的二沉池组成，与一般活性污泥系统相似。适用于以去除碳源污染物为主，对脱氮、除磷要求不高和小规模污水处理系统。典型工艺流程见图 7 - 27。

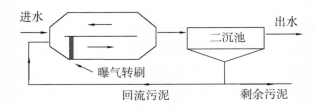

图 7 - 27　Pasveer 单槽氧化沟

其他的氧化沟如 Carrousel 竖轴表曝机氧化沟等都是脱氮除磷系统，这些内容请参见 7.6 节。

9. 纯氧曝气

该法的最大优点是提高了溶解氧的浓度，能产生良好的去除效果。用纯氧曝气处理城市污水的实践初步表明：①曝气时间缩短，曝气池的容积降为原来的 1/4～1/3；②能源节省 30% 左右，运行费节省 10%～20%；③基建费节省 10%～20%；④产泥量少 30% 左右，因而有利于污泥的处理与利用；⑤耐冲击负荷，不会产生污泥膨胀现象。

为了避免浪费氧气，纯氧曝气一般要求密闭的曝气池，这又出现新的问题，降解产物 CO_2 会在反应器内累积，反应器内气压增加，曝气阻力增大。为此，目前已研制出了一种超微气泡的扩散器，氧的转移效率可达90%，因此曝气池可用敞开式。这样还可以避免过多的二氧化碳溶入水中。不过超微气泡的扩散器存在易堵塞、运行长久稳定性难保持、压力损失大等问题。悬浮动力需借助机械搅拌。

10. 吸附—生物降解（Adsorption-Biodegradation，AB 法）

吸附—生物降解流程见图 7-28，它与吸附再生法有一定的相同之处，都是基于活性污泥对有机悬浮物的生物絮凝和吸附、活性污泥再生的基本原理，都没有初沉池。不同之处在于 AB 法的吸附段和生物降解段各自独立运行，有两个二沉池。

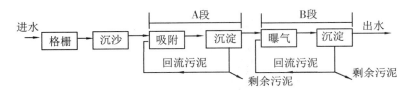

图 7-28 吸附—生物降解流程

11. 序批式活性污泥法（Sequencing Batch Reactor，SBR）

（1）经典序批式活性污泥法概述。

1914 年英国 Salford 市建造的世界上第一个活性污泥法污水处理厂，就是间歇式活性污泥法污水处理设施。它由进水、反应、沉淀、排水和待机五个基本操作单元组成。这五个操作单元组成一个运行周期。这个反应器兼顾调节池、反应池和二沉池的功能。但由于当时控制技术落后，人工进出水的工序操作烦琐等，曝气板容易堵塞，不久就演变成连续式活性污泥法。

随着在线检测和自动控制技术的完善，我们可以有效灵活调控运行时间、运行条件。

SBR 反应器的出水需达到排水要求，出水中水溶性污染物的浓度取决于反应情况，而悬浮物浓度取决于沉淀效果和排水控制，SBR 反应器的排水位显然是在沉淀阶段的清水区，老办法是从上到下多点排水，显然这是很麻烦的，控制起来很不便。因此，SBR 最具个性的设施是排水装置——滗水器（用得最多的是旋转滗水器，见图 7-29）。

图 7-29 旋转滗水器

至 2006 年底，我国投产并运行 SBR 工艺包括改良 SBR 工艺的污水处理厂约有 130 座，比较适合的规模约在 $2 \times 10^5 m^3 \cdot d^{-1}$，如社区、养殖场、中小城市、局部城区和工厂的废水处理等。

（2）SBR 反应器的变型。

SBR 反应器的变型目的在于克服经典 SBR 反应器的间歇进水的缺点，如由多个 SBR 反应器连接衍生出的变型 SBR，即 UNITANK 反应器。

UNITANK 系统由三个池子相连，它可以连续进水。完全好氧 UNITANK，只有有机物氧化，见图 7 - 30。

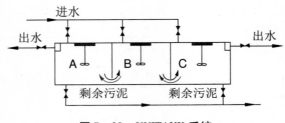

图 7 - 30 UNITANK 系统

运行包括 6 个阶段：

①污水进入边池 A，池内进行曝气，池内混合液经中间池 B 进入沉淀阶段的边池 C，C 池通过固定出水堰排水；

②A 池停止进水，继续曝气，污水进入 B 池，C 池继续排水；

③A 池停止曝气，静沉，污水继续进入 B 池，C 池继续排水；

④A 池通过固定出水堰排水，污水进入边池 C，池内进行曝气，混合液经中间池 B 进入 A 池；

⑤C 池停止进水，继续曝气，污水进入 B 池，A 池继续排水；

⑥C 池停止曝气，静沉，污水继续进入 B 池，A 池继续排水，直至排水完毕，完成一个运行周期。

整个周期内中间池 B 始终进行曝气，其中①~③阶段和④~⑥阶段运行方向正好相反，本质相同。

不管是经典 SBR 反应器还是变型 SBR 反应器，都有以下特点：

①运行过程易实行自动化控制，操作管理方便，维护简单。

②工艺简单，调节池容积小或可不设调节池，不设二次沉淀池，无污泥回流。系统内的污泥量就是曝气池的污泥量，与外设二沉池的系统不同。

③投资省，占地少，运行费用低。

④反应过程基质浓度梯度大，反应推动力大，处理效率高。

⑤耐有机负荷和有毒物负荷冲击能力强。出水水质好。产泥量少。

⑥厌氧（缺氧）和好氧过程交替运行，有利于含氮有机物的硝化和反硝化的生物脱氮和生物除磷，见后面 7.6 节。

⑦能一定程度上抑制丝状菌生长（见 7.9 节），但不能杜绝污泥膨胀的发生。

12. 膜生物反应器（Membrane Biological Reactor，MBR）

膜生物反应器用超滤膜分离系统取代二沉池。至 2011 年，已投入运行及在建的 MBR 系统已超过 15 000 套。这种工艺有膜组件内置式、外置式等，见图 7-31。内置式是所有 MBR 中应用最广的一种，内置式膜组件需浸没在足够的水深中以满足所需要的膜内外的压差，在前面第 4 章 4.4.3 节膜分离中我们已经知道跨膜压差一般在 0.2～1 大气压；外置膜组件的压差由水泵完成。这种工艺改进之处在于能够保持很高的污泥量、污泥龄高、剩余污泥量少、出水水质好。膜污染是这个方法的最大缺点，MBR 中的膜污染比第 4 章 4.4.3 节膜分离中的膜污染的影响因素更多、更复杂。MBR 的氧化还原条件不但有好氧，也有缺氧或厌氧条件。从图 7-32 可以看到要达到出水回用的水质要求，膜生物反应器系统比传统活性污泥流程要简练得多。

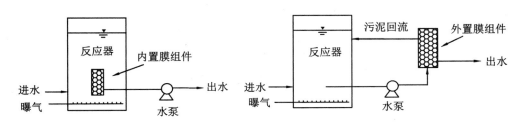

图 7-31　膜生物反应器分类

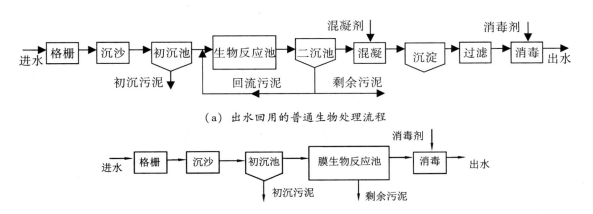

（a）出水回用的普通生物处理流程

（b）出水回用的膜生物处理法流程

图 7-32　传统活性污泥法和膜生物反应器的比较

前面各种好氧活性污泥流程的几个基本运行参数见表7-4。

表7-4 几种好氧活性污泥流程的几个基本运行参数

运行方式		泥龄（d）	有机污泥负荷 [kg BOD₅ · (kg MLSS)⁻¹ · d⁻¹]	有机容积负荷（kg BOD₅ · m⁻³ · d⁻¹）	MLSS（g · L⁻¹）	水力停留时间（h）	回流比
传统推流		3~5	0.2~0.4	0.3~0.6	1.5~3.0	4~8	0.25~0.5
渐减曝气		3~5	0.2~0.4	0.3~0.6	1.5~3.0	4~8	0.25~0.5
吸附再生		3~5	0.2~0.6	1.0~1.2	1.0~10	0.5~6	0.25~1.0
完全混合		3~5	0.2~0.6	0.8~2.0	3.0~6.0	3~5	0.25~1.0
延时曝气		20~30	0.05~0.15	0.1~0.4	3.0~6.0	18~36	0.75~1.5
AB 法	A 段	0.3~1.0	>2		2.0~3.0	0.5	0.5~0.8
	B 段	15~20	0.1~0.3		2.0~5.0	1.2~4	0.5~0.8
SBR		5~15	0.1~0.25		2.0~5.0		

7.6 脱氮、除磷和脱氮除磷活性污泥法工艺

氮、磷等营养物质过量进入湖泊、水库、河流等水体后引起的水体富营养化的严重后果是天然水体中藻类等水生生物大量繁殖和水体溶解氧显著减少，图7-33所示是2017年冬季中国某湖出现的蓝藻。因此水处理的脱氮除磷非常重要。

图7-33 某湖湖面漂浮的蓝藻

当需要脱氮或除磷或两者都需要时，活性污泥反应池按功能需要进行好氧、缺氧和厌氧组合，这里的厌氧条件与第6章的厌氧消化的厌氧条件不一样。前面7.5节中所讨论的许多反应池，如推流式、完全混合、氧化沟、SBR反应器、膜生物反应器等，都可成为脱氮、除磷和脱氮除磷的反应池。

7.6.1　生物脱氮理论和工艺

生活污水中氮的形态主要有分子氨氮、铵态氮和有机氮。工业废水中氮的形态有硝态氮、亚硝态氮、分子氨氮、离子铵态氮、无机氰、有机氮（有机胺、硝基有机氮、有机氰等）。

去除不同形态的氮应采用稍有不同流程的生物法。

1. 传统生物法脱氮理论

微生物法可脱除各种形态的氮，最后的形态是氮气。

（1）传统生物法脱氮路线。

各种形态的氮，如有机氮、氨氮或硝态氮都可以按下面传统生物脱氮的路径进行脱氮：

有机氮 $\xrightarrow{\text{酶催化水解（厌氧或好氧）}}$ 氨氮 $\rightarrow NH_2OH \xrightarrow{\text{亚硝化}} NO_2^- \xrightarrow{\text{硝化}} NO_3^- \xrightarrow{\text{缺氧反硝化}} N_2$

一部分氮被微生物同化。

（2）硝化和硝化菌。

第一步亚硝化和亚硝化菌合成：

$$NH_4^+ + \frac{3}{2}O_2 \xrightarrow{\text{亚硝化菌}} NO_2^- + 2H^+ + H_2O + 240 \sim 350\ kJ/mol$$

$$13NH_4^+ + 23HCO_3^- \xrightarrow{\text{亚硝化菌}} 10NO_2^- + 8H_2CO_3 + 3C_5H_7NO_2（细胞化学式）+ 19H_2O$$

第二步硝化和硝化菌合成：

$$NO_2^- + \frac{1}{2}O_2 \xrightarrow{\text{硝化菌}} NO_3^- + 65 \sim 90kJ/mol$$

$$NH_4^+ + 10NO_2^- + 4H_2CO_3 + HCO_3^- \xrightarrow{\text{硝化菌}} 10NO_3^- + 3H_2O + C_5H_7NO_2（细胞化学式）$$

硝化总的化学方程式：

$$NH_4^+ + 1.83O_2 + 1.98HCO_3^- \longrightarrow 0.98NO_3^- + 0.02C_5H_7NO_2（细胞化学式）+ 1.88H_2CO_3 + 1.041H_2O$$

传统生物脱氮的途径必须经过硝化这一步，由亚硝化菌和硝化菌完成。目前认为硝化菌的生理特性是：

①低产率系数。

从上面硝化总的方程式可以看到 1 个 N，0.98 个 N 被氧化成硝态氮，只有 0.02 个 N 成为细胞的成分。完成一个 N 原子的硝化，仅消耗 0.1 个 C 原子，硝化菌的产率很低。

②化能自养菌，增长速率低，只有污泥龄 SRT 高，才能有比较多的硝化菌。污泥龄的典型值为 15d。

③受氧控制。

在活性污泥法系统中，溶解氧应该控制在 $1.5 \sim 2.0 mg \cdot L^{-1}$ 内，低于 $0.5 mg \cdot L^{-1}$，硝化作用趋于停止。$DO > 2.0 mg \cdot L^{-1}$，溶解氧浓度对硝化过程的不利影响可不予考虑，DO 一般在 $2.0 \sim 3.0 mg \cdot L^{-1}$。

④低温影响大。

硝化菌对温度的变化非常敏感，在 5℃ ～35℃ 的范围内，硝化菌能进行正常的生理代谢活动。当水温低于 15℃ 时，硝化速率会明显下降，当温度低于 10℃ 时已启动的硝化系统可以勉强维持，但硝化速率只有30℃时硝化速率的25%。

⑤对抑制因素敏感。

适宜pH值为7.2～8.5。从前面氨氮的亚硝化和硝化反应可知有H^+生成，因此在硝化时要控制pH值下降，投入大量的碱及时中和H^+。其他敏感的化合物有阴离子表面活性剂、重金属离子、含氯有机物等。

⑥进到硝化段的混合液中的有机碳浓度不应过高。

一般BOD_5值应在$20mg \cdot L^{-1}$以下。如果BOD_5浓度过高，就会使增殖速度较高的异养型细菌迅速繁殖，在氧的竞争中硝化菌处于不利地位，从而使自养型硝化菌在混合生长的活性污泥中占比偏低，严重影响硝化反应的进行。混合生长的活性污泥中硝化菌重量占比约为5%。

由于硝化菌的生长速度慢，因此生物脱氮的污泥龄比降解有机物的污泥龄要长得多，硝化池的水力停留时间也长。

（3）反硝化和反硝化菌。

以外加碳源甲醇为例，反硝化反应：

$$6NO_3^- + 5CH_3OH \longrightarrow 3N_2 + 7H_2O + 5HCO_3 + OH^-$$

$$2NO_2^- + CH_3OH \longrightarrow N_2 + H_2O + HCO_3^- + OH^-$$

总反应：

$$NO_3^- + \frac{5}{6}CH_3OH \longrightarrow \frac{1}{2}N_2 + \frac{7}{6}H_2O + \frac{5}{6}HCO_3^- + \frac{1}{6}OH^-$$

一个单位的硝态氮可氧化5/6个单位的CH_3OH，氧化一个单位的CH_3OH需要3/2个分子氧：

$$\frac{3}{2}O_2 + CH_3OH \longrightarrow CO_2 + 2H_2O$$

因此单位重量硝态氮相当于2.86个单位的氧，换句话说，反硝化单位质量的硝酸根理论上至少需要2.86个单位的BOD_5，即最小的$BOD_5/N = 2.86$。

反硝化菌的合成反应：

$$3NO_3^- + 14CH_3OH + CO_2 \xrightarrow{\text{反硝化菌}} 3C_5H_7NO_2（细胞化学式） + 16H_2O + 3OH^-$$

目前认识的反硝化菌以异养型兼性菌为主，其习性：

①微生物生长的碳源。

在不同碳氮比（C/N）条件下，其反硝化能力并不相同。BOD_5/N范围为3～6，最适宜的碳氮比是5～6。碳源的品质也会影响反硝化效果，甲醇是反硝化较理想的常用外加碳源。

②低溶解氧。

一般认为，当DO浓度低于$0.5mg \cdot L^{-1}$时，反硝化菌具有较好的反硝化活性，硝态氮是电子受体。如果DO较高，反硝化菌与异养菌在竞争碳源上处于不利地位。

③pH值。

适宜pH值为6.5～7.5。

④温度。

温度对反硝化速率的影响很大，低于5℃或高于40℃，反硝化的作用几乎停止。反硝化菌的适宜温度为20℃～30℃，当低于15℃时，反硝化速率将明显降低。

2. 生物脱氮工艺和运行参数

（1）三段或两段生物脱氮工艺。

三段生物脱氮工艺包括碳化、硝化、反硝化。碳化池、硝化池进行曝气，反硝化池机械搅拌。每步都有沉淀池，这三步彼此关联又各自独立。硝化池要投加碱，硝化后的出水已经没有碳源，反硝化的碳源来自外加的碳源。见图 7-34。

二段生物脱氮工艺把碳化、硝化合在一个曝气池里，包括碳化、硝化和反硝化两个相对独立的系统。见图 7-35。

这两种工艺的缺点是反硝化碳源要外加并且要投加碱中和硝化产生的 H^+。

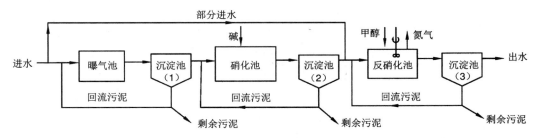

图 7-34　三段生物脱氮工艺

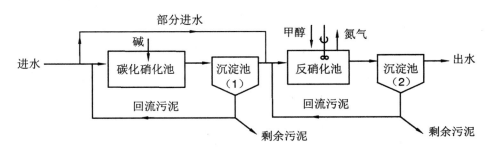

图 7-35　二段生物脱氮工艺

（2）前置缺氧反硝化—好氧生物脱氮（Pre-anoxic Oxic Denitrification）工艺。

为了充分保证缺氧反硝化的碳源，将反硝化设置在流程前端，把硝化设置在后部。将硝化后的出水回流到反硝化区，进行脱氮。只有一个沉淀池，流程比起前两种缩短很多。显然这个流程的活性污泥是混合生长的，有异养菌、硝化菌和反硝化菌。见图 7-36。

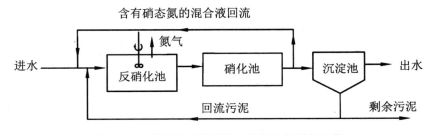

图 7-36　前置缺氧反硝化—好氧生物脱氮工艺

缺氧反硝化生成的 OH^- 可以中和硝化段生成的 H^+。从硝化和反硝化的化学反应大概可知道反硝化阶段释放的 OH^- 能够中和多少硝化段生成的 H^+，比较这两步反应：

硝化：$NH_4^+ + 2O_2 \longrightarrow NO_3^- + 2H^+ + H_2O$

反硝化：$NO_3^- + \frac{5}{6}CH_3OH \longrightarrow \frac{1}{2}N_2 + \frac{7}{6}H_2O + \frac{5}{6}HCO_3^- + \frac{1}{6}OH^-$

对于生活污水，如果不以 $NH_4^+ - N$ 而以 $NH_3 - N$ 形式写出硝化反应，可以得知反硝化阶段释放的 OH^- 大概可以中和硝化段生成的 H^+，不用外加碱。

这个工艺既解决了反硝化的碳源问题，在反硝化这一步有机物有相当程度的去除，去除的有机物的量是反硝化脱 N 量的 2.86 倍，减少了后面曝气池去除有机物的负荷，节省了曝气量。

当然这个工艺最大的不足是回流混合液也是进到二沉池的混合液，如果要保证二沉池很低的硝态氮出水浓度，就要加大混合液回流量。

这个工艺污泥龄 SRT 为 7~20d，MLSS 在 3 000~4 000mg·L^{-1}，缺氧区的 HRT 为 1~3h，好氧区的 HRT 为 4~12h，混合液回流比为 100%~200%，污泥回流比为 50%~100%。

（3）Bardenpho 工艺。

为了进一步降低前置缺氧反硝化—好氧生物脱氮工艺的出水硝态氮浓度，在这个工艺之后再接一个缺氧池并补充适量的碳源继续反硝化脱氮，并在后续曝气池中去除剩余的有机物。见图 7-37。

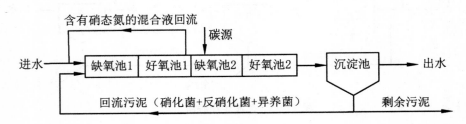

图 7-37 Bardenpho 工艺

（4）经典 SBR 反应器的变型。

前面 7.5 节已经讨论了经典 SBR 的变型，变型目的之一是拓展它的处理功能，如从单纯去除有机物 BOD 和硝化到还可以生物脱氮。如前面已经介绍的 UNITANK 系统调整运行条件把好氧与缺氧（这里的缺氧是指无 DO，而含有硝酸盐，发生反硝化）结合起来可成为脱氮工艺。将经典的 SBR 反应器分成缺氧反应区和主反应区两部分，缺氧反应区的容积为反应池总容积的 20% 左右，见图 7-38。主反应区继续去除 BOD$_5$ 并完成氨氮硝化反应。在一般情况下，混合液回流比为 20%，将污泥回流到缺氧反应区。这就是前置缺氧的循环式活性污泥工艺（Cyclic Activated Sludge System，CASS；Cyclic Activated Sludge Technology，CAST）。

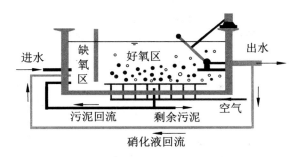

图 7 - 38　前置缺氧循环式活性污泥工艺

（5）氧化沟（为了减少篇幅，氧化沟脱氮可参见 7.6.3 节脱氮除磷）。

（6）生物膜法脱氮（见第 8 章）。

（7）同步硝化反硝化（Simultaneous Nitrification and Denitrification，SNDN）。

硝化菌的好氧和自养特性与反硝化菌的缺氧和异养特性明显不同，脱氮过程通常需在两个反应器中独立进行（如前置缺氧反硝化—好氧生物脱氮、Bardenpho 工艺等）或在一个反应器中顺次进行（如 SBR 反应器）。当混合生长的污泥进入缺氧池（或处于缺氧状态）时，反硝化菌工作，硝化菌处于抑制状态；当混合污泥进入好氧池（或处于好氧状态）时情况则相反。

很早以前人们就发现了曝气池中扣除微生物同化吸收的氮和搅拌挥发的氨氮，随控制条件的不同，有 10% ~ 20% 的氮损失，甚至氨氮根本没有转化成硝态氮便消失了。这种没有独立设置缺氧区，而硝化区实现脱氮的过程称作同步硝化反硝化。

这个现象有以下几个解释：

①反应器 DO 分布不均匀理论。

在曝气池可能存在曝气不佳的区域，这里 DO 浓度较小，在这个区域形成了缺氧环境，从而实现反硝化脱氮，这在传统氧化沟中存在。但是不能解释曝气良好的曝气池也有反硝化的现象，这可以由下面的缺氧微环境理论来解释。

②缺氧微环境理论。

在好氧曝气池内，还原性有机物浓度的差异和曝气效果的不同，造成水中溶解氧 DO 浓度不同，再加上活性污泥对 DO 在其内部传递的阻力，污泥内部存在着 DO 的浓度梯度，这个浓度梯度还与颗粒大小、密度等有关。在污泥颗粒的内部可能存在着一个缺氧区，从而形成有利于反硝化的微环境，见图 7 - 39。这样外部硝态氮扩散到内部缺氧区实现反硝化脱氮。以往对曝气池中氮的损失主要以此解释，并被广泛接受。如果污泥颗粒内部厌氧区增大，反硝化效率就相应提高。因此明显的颗粒化好氧污泥，而不是菌胶团絮状污泥，同步硝化反硝化更明显。

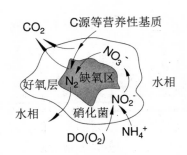

图 7 - 39　活性污泥内部形成的缺氧微环境

现在研究膜生物反应器的同步硝化反硝化比较多。需注意在发生好氧硝化的同时，缺氧微环境不只在活性污泥中存在，好氧生物膜的内层也可形成缺氧微环境，因此在好氧生物膜构筑物内也可实现同步硝化反硝化，有关具体内容将在后面的第 8 章论述。

③微生物学的解释。

以上两种解释本质上都是基于传统生物脱氮理论，如果存在好氧反硝化菌，或存在异养硝化—好氧反硝化菌，那么在曝气池内自然会同时发生硝化和反硝化现象。现在已筛选到异养硝化—好氧反硝化菌。

这个工艺的优势：

①同一反应系统中同时实现硝化反硝化过程。

②反硝化反应释放出的 OH^- 立即中和硝化反应生成的 H^+，照顾双方。

③硝化反应和反硝化反应可在相同的条件和系统下进行，可简化操作的难度，大大降低投资费用和运行成本。

为了提高活性污泥系统的 SNDN 效果，人们的工作主要从两个方面开展：在活性污泥内部形成良好的缺氧环境和探索不同于传统生物脱氮理论的新技术。在这里讨论前者，在曝气条件下（不影响硝化效果）增大活性污泥颗粒内部的缺氧区的途径有减小曝气池内混合液的 DO 浓度、提高活性污泥颗粒的尺度和密度。

在低 DO 浓度下（曝气池的 $DO < 1mg \cdot L^{-1}$），硝化菌的活性和繁殖速度将会降低，且极易形成诸如浮游球衣细菌和水束缚杆菌之类引起的丝状菌膨胀，丝状菌膨胀问题将在 7.9 节讨论。因此，在不影响硝化效率的前提下，提高活性污泥颗粒的尺度和密度是达到高效 SNDN 的良好技术选择。然而，在普通的曝气池中气泡的剧烈扰动作用和水力条件，使活性污泥颗粒很难长大，因此限制了活性污泥法 SNDN 效率的提高。但是在上流式好氧污泥床可以获得尺度和密度较大且具有良好 SNDN 活性的好氧颗粒化污泥。

（8）短程脱氮。

以亚硝酸盐为电子受体，缩短硝化路径、硝化时间，可以减小硝化池容积、减少运行费用。

（9）厌氧氨氧化工艺（Anaerobic Ammonium Oxidation，ANAMMOX）。

有细菌能够以硝态氮作为电子受体，以氨氮为电子给体，将二者转化成氮气。

7.6.2　生物除磷

新鲜生活污水中各种磷的浓度，典型值（以磷计）：磷酸盐 $5mg \cdot L^{-1}$，三聚磷酸盐

$3mg \cdot L^{-1}$，焦磷酸盐 $1mg \cdot L^{-1}$ 以及有机磷 $<1mg \cdot L^{-1}$。典型的生活污水中总磷含量在 $3 \sim 15mg \cdot L^{-1}$（以磷计）。

工业废水：正磷酸盐、聚磷酸盐、有机磷。

去除可溶性磷的途径是吸附法或把它转化为不溶性磷加以去除，方法有混凝、化学沉淀、生物法。有机废水中的磷和大水量的磷常用生物法去除。

一般条件下的微生物可以吸收生命所需要的磷，但是远不能达到城市生活污水一级 A 类排放标准。在良好条件下，生物法可以去除城市污水中高达 90% 的磷。

1. 一般的生物除磷机理

某些微生物随着厌氧与好氧过程的交替进行，而且厌氧反应池位于好氧反应池之前，可以在活性污泥中形成稳定的聚磷菌（Poly-phosphate Accumulating Organisms，PAO）种属，并占据一定的优势。这类细菌有其独特的代谢活动。

（1）厌氧释磷。

来自好氧条件的聚磷菌富集了丰富的高能分子 ATP，使其具有以聚磷还有部分糖原等作为生命代谢的能量，摄取细胞外有机基质，特别是挥发性酸（Volatile Fatty Acids，VFAs），并以聚羟基烷酸酯（Poly-β-hydroxy Alkanoates，PHA）（主要包括聚羟基丁酸酯，简称 PHB；聚 –β– 羟基戊酸酯，简称 PHV）及聚乳酸等有机颗粒的形式储存于细胞内。聚磷的分解引起细胞内磷酸盐的积累，过多的磷酸盐不能全部用来合成生物体，部分磷酸盐被相应的载体蛋白通过主动扩散方式排到胞外，使主体溶液中磷酸盐浓度升高。厌氧条件下除了有微生物厌氧释磷，还有进水中颗粒状的磷和其他形态的磷的水解，释放到水中。

（2）好氧过量摄磷。

传统的生物除磷是由聚磷菌利用溶解氧作为电子受体，以体内贮存的 PHA 及进水中可利用的有机物作为碳源和能源，供细菌生长、合成糖原，吸收水中水溶性磷积累聚磷。此过程可以观察到污泥细胞内 PHA 颗粒迅速减少，而聚磷颗粒迅速增加。活性污泥中的聚磷菌在好氧条件下摄磷量达到普通活性污泥的 $3 \sim 7$ 倍。好氧摄磷量远大于厌氧释磷量，使水溶性磷被同化进入生物体内，以污泥形式排出系统而除磷。厌氧释磷和好氧过量摄磷的基本联系如图 7-40 所示。

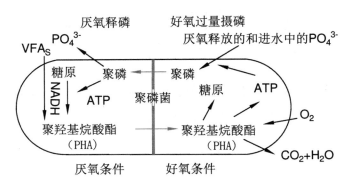

图 7-40 聚磷菌的厌氧释磷和好氧过量摄磷

现有的细菌分类系统中并没有聚磷菌这类细菌的名称。所谓聚磷菌是在厌氧/好氧交替运行中导致厌氧释磷、好氧过量摄磷的一类异养型细菌。

厌氧释磷与好氧过量摄磷相辅相成，彼此关联。

2. 反硝化除磷

由反硝化聚磷菌（Denitrifying Phosphorus Removing Bacteria，DPB）在厌氧/缺氧交替环境中，同时完成过量吸磷和反硝化过程而达到除磷脱氮的双重目的。在缺氧（无氧但存在硝酸氮）条件下，DPB 能够利用硝酸氮（而不是 O_2）充当电子受体，产生同样的生物摄磷作用。在生物摄磷的同时，硝酸氮还被还原为氮气，从而使生物除磷与反硝化脱氮有机地合而为一。

3. 一般生物除磷的影响因素

（1）原水中的易生物降解 COD。

易生物降解 COD（主要是低级脂肪酸）浓度高则释磷速度快，生物除磷低限要求为 $BOD_5/TP = 20$。

（2）厌氧区硝酸盐及溶解氧浓度。

当外部电子受体达到一定量时，聚磷生物在同其他异养和兼性生物对低级脂肪酸的竞争中处于不利地位，每毫克分子氧与硝酸盐氮可分别消耗易生物降解 COD 3mg 和 8.5mg，使聚磷生物的生长受到抑制，难以达到预计的除磷效果。

当硝酸盐氮浓度大于 $1.5mg \cdot L^{-1}$ 时，释磷受到明显抑制，小于 $1.5mg \cdot L^{-1}$ 时影响很小。厌氧区的 DO 宜控制在 $0.3mg \cdot L^{-1}$ 以下，方可确保厌氧释磷顺利进行。

（3）污泥龄。

从活性污泥系统污泥龄 θ_C 的公式及污泥产量与理论产量的关系可得到下式：

$$\frac{1}{\theta_C} = \frac{[Q_W X_{VR} + (Q - Q_W) X_{Ve}]}{V_{曝} X_V} \approx \frac{Q_W X_{VR}}{V_{曝} X_V} = \frac{Y_{obs} Q (S_0 - S_e)}{V_{曝} X_V}$$

$$= \frac{YQ (S_0 - S_e) - V_{曝} X K_d}{V_{曝} X_V} = YL_{VS} - K_d \tag{7-19}$$

式中：Q_W——每日从二沉池排走的剩余污泥流量，$m^3 \cdot d^{-1}$；X_{VR}——二沉池的污泥斗中的挥发性污泥浓度，$mg \cdot L^{-1}$；Q——进水流量，$m^3 \cdot d^{-1}$；X_{Ve}——二沉池的出水中挥发性悬浮物的浓度，$mg \cdot L^{-1}$；$V_{曝}$——反应器的有效容积，m^3；X_V——活性污泥构筑物内挥发性微生物浓度，$mg \cdot L^{-1}$；Y_{obs}、Y——表观产率系数、理论产率系数，kg VSS · （kg BOD_5）$^{-1}$；L_{VS}——有机挥发性污泥负荷，$Q (S_0 - S_e) / V_{曝} X_V$，g BOD_5 · （g VSS）$^{-1}$ · d^{-1}；K_d——活性污泥内源代谢常数，d^{-1}。从这个关系式可以看到高污泥龄和低污泥负荷 L_{VS} 的关联。高污泥龄既降低 VFA 的吸收和 PHB 的储存，也降低磷的去除量。

在浓缩和厌氧消化富含磷的污泥时，要预防磷的释放。

4. 除磷工艺

下面介绍几种主要的除磷工艺。

（1）厌氧/好氧（A_p/O，Anaerobic/Oxic）除磷工艺。

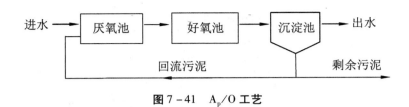

图 7 - 41　A_p/O 工艺

这个工艺的污泥龄 SRT 为 3 ~ 7d，MLSS 为 2 000 ~ 4 000mg·L^{-1}，厌氧区的 HRT 为 0.5h，好氧区的 HRT 为 1 ~ 3h，污泥回流比为 25% ~ 100%。

（2）化学混凝强化生物除磷。

该工艺见图 7 - 42，磷以两种形态去除，一种是富磷剩余污泥，另一种是富磷污泥充分厌氧释磷，进入水的磷通过混凝法被沉淀去除。该沉淀池上层分离液需回流重新处理。混凝剂是铁盐或铝盐，这里的混凝法强化生物除磷也存在化学沉淀作用，另外还有氯化钙或熟石灰的磷酸钙化学沉淀生物强化除磷。

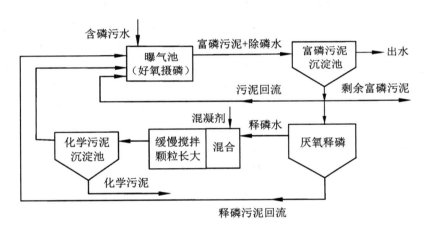

图 7 - 42　化学混凝强化生物除磷工艺

（3）SBR 反应器变型工艺。

这个工艺运行周期是进水、厌氧释磷、好氧过量摄磷、沉降、排水、待机（为了减少篇幅，SBR 除磷可参见 7.6.3 节生物脱氮除磷）。

氧化沟（为了减少篇幅，氧化沟除磷可参见 7.6.3 节生物脱氮除磷）。

7.6.3　生物脱氮除磷

1. 工艺

（1）A^2/O（Anaerobic/Anoxic/Oxic）工艺。

流程如图 7 - 43 所示，这个工艺在释磷和脱氮环节所需要的碳源存在矛盾。

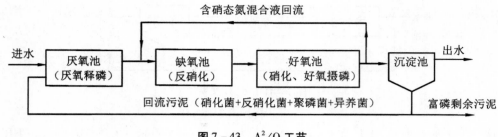

图 7 - 43　A²/O 工艺

（2）倒置 A²/O 工艺。

流程如图 7 - 44 所示，这个工艺缓和了脱氮所需要的碳源不足的矛盾，但是厌氧释磷的碳源受限。根据需要可设计成在前面的 A²/O 和倒置 A²/O 这两个工艺之间变换运行。

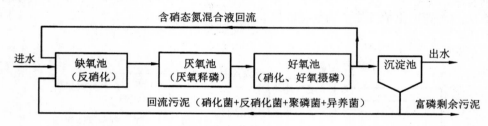

图 7 - 44　倒置 A²/O 工艺

（3）改进 Bardenpho 工艺。

在 Bardenpho 工艺前增加一个厌氧池，实现厌氧释磷，如图 7 - 45 所示。这个工艺脱氮效果好，减少了回流污泥中硝酸盐对厌氧释磷的影响。

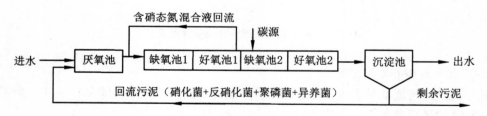

图 7 - 45　改进 Bardenpho 工艺

（4）SBR 反应器变型。

变型 SBR 反应器的处理功能可以拓展为脱氮除磷。

针对如图 7 - 38 所示的 CASS 工艺，在缺氧反硝化区和好氧主反应区之间增设一个厌氧区或在缺氧区之前增设厌氧区，即可实现 CASS 脱氮除磷。分别相当于倒置 A²/O 工艺和 A²/O 工艺。CASS 工艺排水采用滗水器。

前面已介绍的 UNITANK 工艺改变运行条件也可以脱氮除磷，参见图 7 - 46，典型 UNITANK 系统是三格池，三池之间水力连通。在脱氮除磷时，每个池除了设有曝气设备外，还设有搅拌设备等。通过在线溶氧仪、在线氧化还原电位等监控设备和系统，实现在时间及空间上的控制及曝气、搅拌的控制，使三个池内形成好氧、缺氧或者厌氧环境，实现多种工艺目的，如碳源有机物的去除、脱氮除磷。

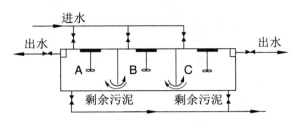

图 7 - 46　UNITANK 工艺脱氮除磷

外侧的两池设有出水堰及剩余污泥排放口，它们交替作为反应池和沉淀池。污水可以进入三池中的任意一个，采用连续进水，周期交替运行。运行过程如下：

①污水进入左侧池作为缺氧搅拌反应器，以污水中的有机物为电子供体，将在前一个主体运行阶段产生的硝态氮通过兼性菌的反硝化作用实现脱氮。释放上一阶段运行时沉淀的含磷污泥中的磷。脱氮释磷完成后曝气。

②中间池曝气运行时，去除有机物，进行硝化及吸收磷。同时污泥也由左向右推进。右侧池进行沉淀，泥水分离，上清液作为处理水溢出，含磷污泥的一部分作为剩余污泥排放。

③在进入第二个主体运行阶段前，污水只进入中间池，使左侧池中尽可能完成硝化反应和过量摄磷。其后左侧池停止曝气，作为沉淀池。然后进入第二个主体运行阶段，污水流动方向由右向左，运行过程相同。

（5）氧化沟。

氧化沟有几个不同的脱氮除磷流程，这里只介绍一体化氧化沟。一体化氧化沟指将二沉池设置在氧化沟内（见图 7 - 47 和图 5 - 4）。泥水分离后，出水由上部排出，污泥由沉淀区底部自回流至氧化沟缺氧区，剩余污泥排出系统。在这里为了保证厌氧释磷区的污泥浓度，设部分污泥外回流至该区。

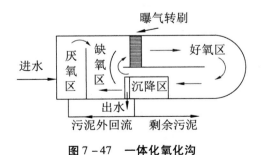

图 7 - 47　一体化氧化沟

2. 生物脱氮除磷的注意事项

由于要求同时生物脱氮、除磷，而反硝化菌、聚磷菌都是兼性异养菌，这两者存在对碳源的竞争。生物除磷低限要求 $BOD_5/TP = 20$。反硝化脱氮要求 BOD_5/N 低限为 3。由于反硝化脱氮存在硝态氮和有机物之间的电子转移，反硝化菌夺取碳源的竞争力常比不过厌氧释磷阶段聚磷菌对碳源的竞争。当然聚磷菌和反硝化菌对碳源的竞争还与总磷浓度、硝态氮浓度等因素有关。

另外，硝化菌和除磷对污泥龄的要求存在一定的矛盾，比如前面我们看到前置脱氮 A_N/O 工艺的污泥龄 SRT 为 7~20d，除磷 A_P/O 工艺的污泥龄 SRT 为 3~7d，而同时脱氮除磷工艺的 SRT 都在 10d 以上，SBR 反应器脱氮除磷的 SRT 甚至高达 20~40d。需要兼顾两者，更偏重考虑硝化菌的需要。

在浓缩和厌氧消化富含磷的污泥时，要预防磷的释放。

7.7 活性污泥处理系统计算公式

7.7.1 曝气池计算公式

我们知道曝气池有两大类：完全混合池和推流式曝气池。功能可以是单纯有机物氧化，也可以是有机物氧化加氨氮硝化。下面我们先从完全曝气池的容积入手，然后得到推流式曝气池的容积计算公式。

1. 劳伦斯和麦卡蒂（Lawrence-McCarty）模型与完全混合曝气池的容积计算公式推导

（1）劳伦斯和麦卡蒂模型。

建模的六点假设（特别注意对六点假设的认识）：

①完全混合；

②进水中 SS 的初始浓度 $X_0 \ll X$（X，曝气池内活性污泥浓度）；

③S_e 溶解态底物（水溶性 BOD_5，不包括 SS 态的 BOD_5）；

④系统处于稳态；

⑤二沉池中微生物活动很弱；

⑥泥水分离和二沉池的排泥和污泥回流正常。

（2）由劳伦斯和麦卡蒂模型推导的完全混合曝气池容积计算公式。

完全混合系统如图 7-48 所示。

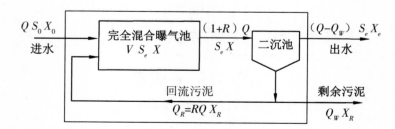

图 7-48　完全混合系统

图中符号：Q——进水流量，$m^3 \cdot d^{-1}$；S_0——进水初始 BOD_5，包括 SS 态 BOD_5 和水溶性 BOD_5，$g \cdot L^{-1}$；X_0——进水中悬浮物 SS 浓度，$g \cdot L^{-1}$；V——曝气池的有效容积，m^3；X——曝气池内以 SS 计的活性污泥浓度，$g \cdot L^{-1}$；S_e——出水水溶性 BOD_5，$g \cdot L^{-1}$；Q_W——每日剩余污泥排泥量，$m^3 \cdot d^{-1}$；X_e——二沉池出水中以 SS 计的活性污泥浓度，$g \cdot L^{-1}$；X_R——二沉池的以 SS 计的浓缩污泥浓度，$g \cdot L^{-1}$；Q_R——回流污泥流量，$m^3 \cdot d^{-1}$；R——污泥回流比，Q_R/Q。

劳伦斯和麦卡蒂模型方法之一是：对图 7-48 所示的完全混合系统，写出活性污泥单位时间稳态物料衡算方程，将系统中各个影响因素联系起来，见式（7-20）：

$$QX_0 + V\left(\frac{dX}{dt}\right)_{obs} = Q_W X_R + (Q - Q_W)X_e \qquad (7-20)$$

式中：$(dX/dt)_{obs}$——单位时间单位体积以 SS 计的活性污泥表观繁殖速度，$g\ SS \cdot L^{-1} \cdot d^{-1}$。

单位时间单位体积挥发性活性污泥繁殖速度等于单位时间单位体积基质降解速度乘以理论产率系数 Y，并扣除内源代谢量，得到：

$$\left(\frac{dX}{dt}\right)_{obs} = \frac{1}{i}\left(\frac{dX_V}{dt}\right)_{obs} = \frac{1}{i}\left(Y\frac{dS}{dt} - K_d X_V\right) \qquad (7-21)$$

式中 $i = MLVSS/MLSS = X_v/X_0$。将（7-21）代入（7-20）：

$$QX_0 + V\frac{1}{i}\left(Y\frac{dS}{dt} - K_d X_V\right) = Q_W X_R + (Q - Q_W)X_e \qquad (7-22)$$

上式变形得：

$$QX_0 + V\left(Y'\frac{dS}{dt} - K_d X\right) = Q_W X_R + (Q - Q_W)X_e \qquad (7-23)$$

式中 $Y' = Y/i$。

QX_0 和 $V\left(Y'\frac{dS}{dt} - K_d X\right)$ 比较，前者小得多，略去 QX_0，得：

$$VY'\frac{dS}{dt} - VK_d X = Q_W X_R + (Q - Q_W)X_e \qquad (7-24)$$

由污泥龄公式 $\theta_C = \dfrac{VX}{Q_W X_R + (Q - Q_W)X_e}$，将（7-24）变形得：

$$\frac{Y'}{X}\frac{dS}{dt} - K_d = \frac{Q_W X_R + (Q - Q_W)X_e}{VX} = \frac{1}{\theta_C} \qquad (7-25)$$

对于完全混合曝气池，单位时间去除 BOD_5 的量为：$Q(S_0 - S_e)$。

单位时间单位体积去除的底物（dS/dt）可表达为：$dS/dt = Q(S_0 - S_e)/V$，将之代入式（7-25），得到计算曝气池体积 V 的公式：

$$V = Y'\frac{Q\theta_C(S_0 - S_e)}{X(1 + K_d\theta_C)} = Y\frac{Q\theta_C(S_0 - S_e)}{X_V(1 + K_d\theta_C)} \qquad (7-26)$$

$$i = X_V/X \qquad (7-27)$$

虽然这个公式是根据完全混合曝气池推导出来的，但可以近似用于推流式曝气池。

如果以挥发性悬浮物构建处理系统（如图 7-48）并写出物料衡算方程和推演，那么就可以大大简化得到式（7-26）的过程。

2. 利用有机污泥负荷计算曝气池容积公式

从有机污泥负荷 L_s：

$$L_S = \frac{Q(S_0 - S_e)}{VX(\text{或} X_V)} = \frac{Q\eta S_0}{VX(\text{或} X_V)}$$

简单变形得到：

$$V = \frac{Q(S_0 - S_e)}{L_S X(\text{或} L_{VS} X_V)} = \frac{Q\eta S_0}{L_S X(\text{或} L_{VS} X_V)} \qquad (7-28)$$

式中：Q——曝气池的设计流量，$m^3 \cdot d^{-1}$；V——曝气池的有效容积，m^3；S_0——曝气池的进水中 SS 和水溶性的五日生化需氧量，$g \cdot L^{-1}$；S_e——曝气池的出水水溶性五日生化需氧量，$g \cdot L^{-1}$；L_S、L_{VS}——分别为曝气池的有机（以五日生化需氧量计）污泥（或挥发性污泥）负荷，单位为 $kg\ BOD_5 \cdot (kg\ MLSS)^{-1} \cdot d^{-1}$ 或 $kg\ BOD_5 \cdot (kg\ MLVSS)^{-1} \cdot d^{-1}$，这里污泥负荷的单位要与活性污泥浓度的单位一致；$X$——曝气池内混合液以 SS 计的活性污泥浓度，$g\ MLSS \cdot L^{-1}$；$X_V$——曝气池内混合液以挥发性悬浮固体 VSS 计的活性污泥浓度，$g\ MLVSS \cdot L^{-1}$；η——BOD_5 的去除率；$i = X_V/X$——系数，对于城镇污水一般取 $0.7 \sim 0.8$，甚至更小，对于工业废水应通过试验或参照类似工程确定。

3. 前面两个曝气池容积计算公式的等价性

根据理论产率系数 Y 和表观产率系数 Y_{obs} 的关系、污泥龄公式，对式（7-26）变形：

$$V = Y\frac{Q\theta_C(S_0 - S_e)}{X_V(1 + K_d\theta_C)} = Y_{obs}\frac{Q\theta_C(S_0 - S_e)}{X_V} = \Delta X_V\frac{\theta_C}{X_V}$$

$$= \frac{Q(S_0 - S_e)}{X_V[Q(S_0 - S_e)/VX_V]} = \frac{Q(S_0 - S_e)}{X_V L_{VS}(\text{或} L_S X)} \qquad (7-29)$$

最后的表达式即是根据有机污泥负荷计算曝气池容积公式的（7-37）式，在后面 7.8 节计算题中将进一步说明。

7.7.2 生物脱氮和生物除磷的设计计算

1. 生物除磷厌氧池（区）容积

厌氧池（区）的有效容积可按下列公式计算：

$$V_p = t_p Q \qquad (7-30)$$

式中：V_p——厌氧池（区）容积，m^3；t_p——厌氧池（区）停留时间，宜取 $1 \sim 2h$；Q——设计污水流量，$m^3 \cdot d^{-1}$。

2. 生物脱氮有关计算

（1）硝化池的容积计算。

好氧硝化区容积计算公式可从硝化菌的污泥龄得到，污泥龄可从硝化菌的比增长速率得到，硝化菌的比增长速率：

$$\mu_n = \left(\frac{\mu_m N_a}{K_n + N_a}\right)\left(\frac{DO}{K_O + DO}\right) - K_{dn} \qquad (7-31)$$

式中：μ_n——硝化菌的比增长速率，d^{-1}；μ_m——最大比增长速率；N_a——氨氮浓度，

$mg \cdot L^{-1}$；K_n——氨氮的饱和常数，$mg \cdot L^{-1}$；DO 溶解氧浓度，$mg \cdot L^{-1}$；K_O——溶解氧的饱和常数，$mg \cdot L^{-1}$；K_{dn}——硝化菌内源代谢常数，d^{-1}。

当溶解氧充分，并忽略内源代谢，近似表达式：

$$\mu_n = \frac{\mu_m N_a}{K_n + N_a} \tag{7-32}$$

根据污泥龄与比增长速率的关系，考虑安全系数下，得：

$$\theta_{on} = F \frac{1}{\mu_n} \tag{7-33}$$

式中：F——修正系数，$2.0 \sim 3.0$。

θ_{on} 为硝化区的污泥龄。从前面推导的式（7-26），得硝化池的容积计算式：

$$V = Y \frac{Q\theta_{on}(S_0 - S_e)}{X_V(1 + K_d\theta_{on})} \tag{7-34}$$

（2）缺氧反硝化池（区）的容积设计。

设反硝化脱氮速率为 K_{de}（单位时间单位重量挥发性污泥去除的硝态氮），缺氧池容积为 V_{dn}，挥发性活性污泥浓度为 X_V，则单位时间去除的氮为：

$$K_{de(T)} V_{dn} X_V \tag{7-35}$$

碳源（量和品质）对脱氮速率 K_{de} 的影响：前置缺氧反硝化—好氧生物脱氮工艺的碳源较好，常温下脱氮速率 K_{de} 取值为 $0.03 \sim 0.06$；没有外来碳源的后置缺氧反硝化—好氧生物脱氮工艺的碳源不佳，常温下脱氮速率 K_{de} 取值为 $0.01 \sim 0.03$。

反硝化的搅拌方式为机械搅拌。

如果进水是凯氏氮（凯氏氮＝有机氮＋氨氮），再假设进入硝化区的凯氏氮没有完全硝化，则出水的氮应该计总氮。如果不计氨氮挥发，氮的去除由反硝化和微生物吸收完成。出水总氮浓度 $N_{te} = N_k$（出水凯氏氮）＋硝态氮浓度 NO_e（包括亚硝态氮浓度）。因此单位时间反硝化脱氮是：

$$Q(N_k - N_{te}) - 0.12\Delta X_V（扣除被微生物同化） \tag{7-36}$$

因此：

$$Q(N_k - N_{te}) - 0.12\Delta X_V = K_{de(T)} V_{dn} X_V$$
$$V_{dn} = [Q(N_k - N_{te}) - 0.12\Delta X_V] / K_{de(T)} X_V \tag{7-37}$$

式中：

V_{dn}——缺氧池（区）容积，m^3；Q——生物反应池的设计流量，$m^3 \cdot d^{-1}$；X_V——生物反应池内混合液挥发性悬浮固体浓度，$g \, MLVSS \cdot L^{-1}$；N_k——生物反应池进水总凯氏氮浓度，$mg \cdot L^{-1}$；N_{te}——生物反应池出水总氮浓度，$mg \cdot L^{-1}$；ΔX_V——单位时间排出生物反应池系统的挥发性微生物量，$kg \, VSS \cdot d^{-1}$；$K_{de(T)}$——$T℃$ 时的脱氮速率，$g \, NO_3^- - N \cdot (g \, MLSS)^{-1} \cdot d^{-1}$，宜根据试验资料确定，无试验资料时根据下式计算：

$$K_{de(T)} = K_{de(20)} 1.08^{(T-20)}$$

（3）前置缺氧反硝化脱氮系统的混合液内回流比 R_i。

对于前置缺氧反硝化脱氮系统，假设二沉池没有反硝化，单位时间反硝化池的脱氮量应该等于单位时间内回流混合液的硝态氮量和单位时间污泥回流的硝态氮量。出水总氮浓

度 $N_{te} = N_k$（出水凯氏氮）+ 硝态氮浓度 NO_e（包括亚硝态氮），因此（$N_{te} - N_{ke}$）是内回流混合液和回流污泥的硝态氮的浓度 NO_e。因此有下式：

$$K_{de(T)} V_n X_V = QR_i (N_{te} - N_{ke}) + QR(N_{te} - N_{ke})$$

混合液内回流比 R_i 有下列关系：

$$R_i = \frac{K_{de} V_{dn} X_V}{(N_{te} - N_{ke})Q} - R = \frac{K_{de} V_{dn} X_V}{Q(N_{te} - N_{ke})} - R = \frac{V_{dn} K_{de} X_V}{NO_e Q} - R \qquad (7-38)$$

从式（7-38）看到，出水 NO_e 与内回流比 R_i 有密切关系，增大 R_i，一定程度上会使出水 NO_e 下降。但是必须看到增大 R_i 会使实际的反硝化脱氮时间下降，而且内回流费用也增加，因此很大 R_i 没有必要。典型的 R_i 为 $2 \sim 3$。

7.7.3　其他计算公式

1. 计算剩余污泥的公式

（1）从污泥龄得到的计算公式。

从污泥龄的公式：

$$\theta_C = \frac{VX}{Q_W X_R + (Q - Q_W) X_e} = \frac{VX_V}{Q_W X_{VR} + (Q - Q_W) X_{Ve}} \qquad (7-39)$$

每天排出的按 SS 计的剩余污泥量 $\Delta X = Q_W X_R$，每天排出的按 VSS 计的剩余污泥量 $\Delta X_v = Q_W X_{VR}$，而且 $\Delta X = Q_W X_R \gg (Q - Q_W) X_e$，$\Delta X_V = Q_W X_{VR} \gg (Q - Q_W) X_{Ve}$，从而得到简化的计算剩余污泥量的公式：

$$\Delta X = \frac{VX}{\theta_C} \text{ 或 } \Delta X_V = \frac{VX_V}{\theta_c} \qquad (7-40)$$

（2）根据表观污泥产率系数计算每天剩余活性污泥的排量。

$$\Delta X_V = Y_{obs} Q (S_0 - S_e) \qquad (7-41)$$

然后按 MLSS/MLVSS 的比值转化为 ΔX。

前面两个计算公式是相等的，证明如下：

将前面式（7-26）$V = Y \dfrac{Q\theta_C (S_0 - S_e)}{X_V (1 + K_d\theta_C)}$ 代入式（7-40），变形可得：

$$\frac{VX_V}{\theta_C} = Y \frac{Q (S_0 - S_e)}{(1 + K_d\theta_C)} = Y_{obs} Q (S_0 - S_e) = \Delta X_V \qquad (7-42)$$

2. 回流污泥的近似计算公式

我们知道污泥体积指数 SVI 是表征活性污泥沉降性能的重要参数，SVI 的倒数就是静置沉降 30min 在污泥区的浓度，这个倒数 $1/SVI$ 可以经过修正近似计算二沉池的浓缩污泥浓度 X_R：

$$X_R = r \times 1/SVI \qquad (7-43)$$

r 为修正系数，考虑二沉池内实际浓缩时间等因素，r 取 1.2。

3. 计算污泥回流比 R

单位时间的回流污泥量比起曝气池内单位时间新繁殖的量（即单位时间从系统排除的剩余污泥量）大得多，也就是说曝气池的污泥浓度值主要取决于回流污泥量 $X_R Q_R$，因此有：

$$X_R Q_R = (Q_R + Q) X$$
$$R = X / (X_R - X) \qquad (7-44)$$

4. 计算需氧量

（1）去除有机物的需氧量。

单位时间去除的 BOD_5 量为 $Q(S_0 - S_e)$。BOD_5 与有机物总 BOD 之比，对于生化性较好的有机物一般是 0.68。因此去除的总 BOD 消耗的氧量如果仅从 BOD 浓度变化看是 $Q(S_0 - S_e)/0.68$。

按上面计算去除的有机物实际上有一部分是被微生物同化，合成细胞的，这部分有机物中的碳没有发生化合价的变化，不会消耗溶解氧，应该从 $Q(S_0 - S_e)/0.68$ 中扣除。单位时间排出的剩余污泥是 ΔX_V，单位重量的干污泥中的有机物相当于 1.42 个单位氧，因此降解有机物时需氧量是：

$$Q(S_0 - S_e)/0.68 - 1.42\Delta X_V \qquad (7-45)$$

（2）前置生物脱氮系统的需氧量。

该系统的需氧量不但需要计算有机物被氧化的需氧量，还需要计算氨氮硝化的需氧量。

单位时间进出水的凯氏氮的减少量为 $Q(N_k - N_{ke})$，这些凯氏氮大部分被硝化，少部分被微生物同化。单位时间排出的剩余污泥是 ΔX_V，单位重量的干污泥中有 0.12 个单位的氮，因此单位时间被氧化的还原态氮的量是：$[Q(N_k - N_{ke}) - 0.12\Delta X_V]$。

假设凯氏氮包括有机氮和氨氮，两者价态是一样的，有机氮水解成氨氮，氨氮的硝化方程式是：

$$NH_4^+ + 2O_2 \longrightarrow NO_3^- + 2H^+ + H_2O$$

由此可以知道氧化单位氨氮的需氧量是 64/14 = 4.57。因此凯氏氮硝化的需氧量是

$$4.57 [Q(N_k - N_{ke}) - 0.12\Delta X_V] \qquad (7-46)$$

（3）硝态氮补充的化学氧。

假设进水中没有硝态氮，只有凯氏氮，浓度为 N_k，出水中的凯氏氮浓度是 N_{ke}，出水中的硝态氮浓度是 NO_e，从这几个浓度笼统地计算反硝化去除的硝态氮量为：

$$Q(N_k - N_{ke} - NO_e) \qquad (7-47)$$

实际上上式里面有部分还原态氮被微生物同化，没有硝化更谈不上反硝化，应该扣除，扣除的氮量为 $0.12\Delta X_V$。实际反硝化的硝态氮量为：

$$Q(N_k - N_{ke} - NO_e) - 0.12\Delta X_V \qquad (7-48)$$

这些硝态氮在反硝化区作为电子受体，是化学态氧。单位重量的硝态氮相当于 2.86 个单位的分子态的氧。转换关系在 7.6.1 生物脱氮理论和工艺这一节已经讨论过。因此硝态氮补充的化学氧为：

$$2.86 [Q(N_k - N_{ke} - NO_e) - 0.12\Delta X_V] \qquad (7-49)$$

因此前置缺氧反硝化脱氮系统的总需氧量为：

$$Q(S_0 - S_e)/0.68 - 1.42\Delta X_V + 4.57 [Q(N_k - N_{ke}) - 0.12\Delta X_V]$$
$$- 2.86 [Q(N_k - N_{ke} - NO_e) - 0.12\Delta X_V] \qquad (7-50)$$

7.8 活性污泥法的设计计算实例

1. 曝气池的设计计算

活性污泥法系统的工艺设计包括:

①流程选择;

②曝气池容积的确定;

③供氧设备的设计;

④二次沉淀池澄清区与污泥区容积的确定;

⑤剩余污泥的处置。

例题:城市污水处理量为 42 000m³·d⁻¹,经初次沉淀后的 BOD_5 为 130mg·L⁻¹,处理后的出水 BOD_5(SS 态和水溶性的 BOD_5 之和)要达到城市污水处理厂一级 B 的标准。采用普通推流式曝气池,根据已给出的条件确定曝气池的体积、排泥量和空气量。经研究,还确定了下列条件:

①污水温度 20℃;

②MLVSS/MLSS = 0.58;

③回流污泥浓度 SS = 9 000mg·L⁻¹;

④曝气池中的 MLSS = 2 500mg·L⁻¹;

⑤设计的 θ_C = 6d;

⑥污水处理厂一级 B 悬浮物 SS 的排水标准为 20mg·L⁻¹,以出水 SS 浓度 18mg·L⁻¹ 为计算值,其中 58% 是可生化的;

⑦理论产率系数 Y = 0.6kg VSS·(kg BOD_5)⁻¹;

⑧内源代谢常数 K_d = 0.08d⁻¹;

⑨N、P 和其他微量元素充足;

⑩污水流量的总的变化系数为 2.5。

解:解题的关键是牢固掌握计算公式的含义及确定合理的设计参数。

(1)出水中含有 18mg·L⁻¹ 生物固体,其中 58% 可生化,可生化的 SS 浓度为 10.4mg·L⁻¹。SS 的 BOD_5 为:

$$1.42 \times 10.4 \times 0.68 = 10 \ (mg \cdot L^{-1})$$

出水中的 BOD_5 是悬浮物和可溶性的 S_e(BOD_5)之和。城市污水处理厂一级 B 的 BOD_5 出水标准为 20mg·L⁻¹,以 18mg·L⁻¹ 为计算值,出水中的 S_e:

$$S_e = 18 - 10 = 8 \ (mg \cdot L^{-1})$$

(2)计算曝气池的体积。

①根据去除 BOD_5 污泥负荷率计算:

根据去除 BOD_5 污泥负荷率的定义 $L_s = Q \ (S_0 - S_e) \ /VX$,查表 7 - 4 得推流式曝气池去除 BOD_5 污泥负荷率为 0.2 ~ 0.4kg BOD_5·(kg MLSS)⁻¹·d⁻¹,取 0.25kg BOD_5·(kg MLSS)⁻¹·d⁻¹,计算:

$$V = \frac{Q\ (S_0 - S_e)}{L_S X} = \frac{42\ 000 \times\ (130 - 8)}{2\ 500 \times 0.25} = 8\ 198\ (\text{m}^3)$$

②根据式（7 - 26）计算 V：

$$V = Y\frac{Q\theta_C\ (S_0 - S_e)}{X_V\ (1 + K_d\theta_C)} = 0.6 \times \frac{42\ 000 \times 6 \times\ (130 - 8)}{2\ 500 \times 0.58 \times\ (1 + 0.08 \times 6)} = 8\ 595\ (\text{m}^3)$$

以上计算结果并不完全一致，原因是以上计算参数存在取值的主观性，本质上这两种计算方法存在内在关系。在这里取曝气池体积为 8 595m³。

（3）计算水力停留时间 HRT。

$HRT = V/Q$ 代入数据得：$HRT = 8\ 595/42\ 000 = 4.9\ (\text{h})$

（4）计算每天排除的挥发性剩余污泥量 ΔX_V 和总排泥量 ΔX。

①根据表观合成系数计算：

根据式（7 - 41）：

$$\Delta X_V = Y_{obs}Q\ (S_0 - S_e)$$

和式（5 - 29）：

$$Y_{obs} = \frac{Y}{1 + K_d\theta_C}$$

计算：

$$\Delta X_V = Y_{obs}Q\ (S_0 - S_e)\ = \frac{Y}{1 + K_d\theta_C}Q\ (S_0 - S_e)$$

$$= \frac{0.6}{1 + 0.08 \times 6} \times 42\ 000 \times 10^3 \times\ (130 - 8)\ \times 10^{-6} = 2\ 077\ (\text{kg VSS} \cdot \text{d}^{-1})$$

换算成总排泥量 ΔX 为 3 582kg SS · d⁻¹。

②根据污泥龄计算：

$$\Delta X = VX/\theta_c = 8\ 595 \times 2\ 500 \times 10^{-3}/6 = 3\ 581\ (\text{kg SS} \cdot \text{d}^{-1})$$

换算成 ΔX_V 为 2 077kg VSS · d⁻¹。这两个公式计算结果很接近。

剩余污泥按99%含水率计，剩余污泥密度近似1kg · L⁻¹，则：

$$Q_W\ (1 - 99\%)\ = \Delta X$$

计算污泥的体积：

$$Q_W = \frac{\Delta X}{(1 - 99\%)} = \frac{3\ 582}{1\%} = 358\ (\text{m}^3 \cdot \text{d}^{-1})$$

每天排出的剩余污泥的流量 Q_W 与进水流量 Q 的比为0.85%。一般认为城市污水处理厂污泥体积产量约占处理水量的1%。

（5）计算污泥回流比 R。

由式（7 - 44）可得：

$$R = \frac{X}{X_R - X} = \frac{2\ 500}{9\ 000 - 2\ 500} = 0.385$$

$$R = 38.5\%$$

由此可知回流污泥量比剩余污泥排量 Q_W 大得多。由此进一步可知悬浮生长反应池的污泥浓度值主要取决于单位时间的回流污泥量而不是池内单位时间微生物的繁殖量。

（6）计算曝气池的需氧量。

由前面的式（7-45）计算所需的氧量：

$Q(S_0 - S_e)/0.68 - 1.42\Delta X_V$

$= [42\,000 \times (130-8) \times 10^{-3}] \div 0.68 - 1.42 \times 2\,077 = 4\,586\ (\text{kg O}_2 \cdot \text{d}^{-1})$

（7）空气量的计算。

20℃、0.1MPa氧气的密度为1.33 g·L^{-1}，因此每天需要的氧气量为3 448m^3·d^{-1}，假设氧气转移利用率E_A为12%，因此每天需要的氧气量为28 733m^3·d^{-1}。每天需要的空气量为143 665m^3·d^{-1}。处理每立方米的水曝气量为3.42m^3。按活性污泥法处理1m^{3}的水量需曝气3m^{3}空气，计算基本合理。请参见第200页有关内容。

7.9 活性污泥的重力固液分离和污泥膨胀

活性污泥法中的固液分离有二沉池、SBR反应器的沉降阶段和气浮法。本节主要讨论二沉池和污泥沉降中的污泥膨胀。

7.9.1 二次沉淀池概述

对二次沉淀池（简称"二沉池"）有定量的功能要求：澄清（排水的要求）和浓缩（回流污泥的浓度要求）。它的功能是否能良好实现，既取决于二沉池的设计，也取决于污泥絮凝沉降和浓缩性能、污泥的浓度和混合液流量。二沉池与曝气池之间存在内在联系。污泥在二沉池的浓缩效果决定了二沉池回流至曝气池的污泥浓度，从而影响曝气池的运行。如果污泥浓缩效果不佳，实际的X_R比设计的小，而二沉池还是按以前的回流比R回流，那么回流污泥量$Q_R X_R$就不够，曝气池的负荷增大，出水水质下降。污泥浓缩效果也影响到剩余污泥处理的负荷。

污泥的沉降性能和浓缩性能本质上取决于前面反应池形成的污泥。

SBR反应器虽然不单独设置二沉池，没有污泥回流系统，但是其沉降阶段的功能要求、沉降中的基本规律是一样的。

二沉池与初沉池的不同点表现在：

（1）沉淀规律不同。二沉池澄清区发生絮凝沉降和成层沉降，污泥浓缩区发生压缩沉降。

（2）负荷出现新的情况。二沉池有水力负荷和污泥负荷问题，初沉池一般不讨论污泥负荷问题。

（3）流体复杂。进入二沉池的流体比起进入初沉池的流体复杂，要考虑污泥性质、DO和浓度。

（4）池型的选择。常用竖流式和辐流式沉淀池（如图7-49所示），平流式很少用，二沉池中斜板沉淀池几乎不用。

图 7-49　二沉池常用辐流式沉淀池

（5）比初沉池容易出问题。最大的问题是污泥的沉降性能严重恶化即本节要讨论的污泥膨胀问题。

（6）功能要求不同。二沉池的设计既要达到定量的澄清要求，又要达到浓缩要求，因此既要根据表面水力负荷来设计，也需要根据污泥的表面负荷来设计。初沉池的功能是去除较大的有机悬浮物，仅仅是预处理，对 SS 的去除率和出水浓度没有严格的定量要求。

7.9.2　二次沉淀池的设计

1. 周进周出与中进周出辐流式沉淀池内的流态

沉降规律和沉降要求决定了二沉池的设计方法，此外还要考虑流体的新情况。下面讨论辐流式二沉池：

二次沉淀池进水为活性污泥混合液，悬浮物固体的一般质量浓度为 2 000 ~ 6 000mg · L^{-1}，远高于池内的澄清水。由于二者间的密度差、温度差所以存在二次流和异重流现象。中进周出和周进周出两种不同池型内的混合液流态各不相同。2.3.6 节已对异重流做过讨论。

中进式中心导流筒内的流速相对较高，常在 0.1m · s^{-1} 以上，水流向下流动的动能大，易冲击底部污泥，不利于活性污泥在期间发挥絮凝、澄清作用。而周进式二沉池由于池周长，过水断面大，进水流速小得多，且紊流强度较低，这些都有利于沉降。同时，由于活性污泥层的吸附澄清作用，混合液中的污泥颗粒不断与悬浮层中的活性污泥碰撞、吸附、结合、絮凝，发挥良好的澄清作用，提高了沉淀效果。

周进式二沉池，还有一个关键优点，就是配水系统的均匀稳定性可使沿圆周各点的进、出水量一致，布水均匀性比中进周出式的要好。

2. 二沉池的构造和计算

主要内容：①池型选择和进水方式；②计算沉淀池的面积、有效水深和污泥区容积。面积计算方法如下：

（1）表面负荷法。

由于与初沉池的进水水质不同，功能要求严格，设计的参数不同。

①二沉池的表面积。

$$A_{澄清} = Q/q \qquad\qquad (7-51)$$

式中：$A_{澄清}$——澄清区面积，m^2；Q——混合液流量，m^3 · d^{-1}；q——表面水力负荷，m^3 · m^{-2} · d^{-1}。

设计的流量 Q 要按最大流量设计，不计污泥回流量。因为二沉池的入流 Q $(1+R)$ 总的流向有两路：一个流向澄清区，经澄清流出，流量基本上是 Q；一个流向污泥浓缩区，流量基本上是 RQ。表面水力负荷 q 与初沉池有什么差别？q 由成层沉降界面下降速度 u 决定，通常的 u 值在 $0.2 \sim 0.5\mathrm{mm} \cdot \mathrm{s}^{-1}$。混合液的活性污泥浓度对 u 影响较大，请见式（3-25）。进入二沉池的活性污泥直径小于 0.2mm，但是经絮凝后二沉池中的活性污泥直径在 $0.2 \sim 2\mathrm{mm}$ 之间。

②二沉池的有效水深。

有效水深 $H = Qt/A_{澄清}$，沉淀池内水力停留时间 t 为 $1.5 \sim 4\mathrm{h}$，H 一般为 $2 \sim 4\mathrm{m}$。

③污泥区的容积。

污泥要浓缩到一定浓度，当然要有充分的浓缩时间。对于脱氮系统，要预防反硝化菌对出水中硝酸根的反硝化。二沉池的进水中底物已经很少，若浓缩时间过长，污泥的活性会下降。浓缩时间或存泥时间一般规定为 2h。

污泥区的容积：

$$V_s = R_{max}Qt_s \qquad (7-52)$$

V_s——污泥区容积，m^3；R_{max}——最大污泥回流比；t_s——污泥浓缩时间，h。

（2）固体通量法。

二沉池除了澄清的设计要合理外，下面污泥浓缩的设计也要合理，否则进行时泥水界面会上升，导致二沉池上部的澄清达不到要求。

固体通量 G：

$$G = (1+R) QX/A_{浓缩} \qquad (7-53)$$

污泥在二沉池的固体通量由两个作用产生，一个是污泥的自身浓缩，一个是底流排泥（污泥回流和剩余污泥）。由上式也可计算得到一个面积 $A_{浓缩}$。二沉池设计参数见表 7-5，由表面负荷法计算得到的 $A_{澄清}$ 完全可以满足污泥通量要求，因此基于澄清要求来设计二沉池就可以了。污泥浓缩池则要用固体通量法设计，见第 10 章。

表 7-5　活性污泥法和生物膜法中二沉池的设计参数

二沉池类型	表面水力负荷 $(\mathrm{m}^3 \cdot \mathrm{m}^{-2} \cdot \mathrm{h}^{-1})$	沉淀时间 (h)	污泥含水率 (%)	固体通量 $(\mathrm{kg\ SS} \cdot \mathrm{m}^{-2} \cdot \mathrm{d}^{-1})$
生物膜法后	$1.0 \sim 2.0$	$1.5 \sim 4.0$	$99.2 \sim 99.6$	$\leqslant 150$
活性污泥法后	$0.6 \sim 1.5$	$1.5 \sim 4.0$	$96 \sim 98$	$\leqslant 150$

7.9.3　污泥膨胀

二次沉淀池正常运行非常重要，运行中最恶劣的现象是污泥膨胀（Bulking of Sludge）。污泥膨胀是污泥结构极度松散，用 SVI 衡量污泥沉降性能表现在 SVI > 150 或 SVI > 200，污泥难于沉降分离，上清液很少，影响出水水质的现象。如图 7-50 是膨胀污泥的 $SV_{30}\%$，非常接近 90%。这时污泥浓度肯定低于正常值，SVI 值非常大。污泥膨胀是污泥沉降性能不好的一种表现，此外，还有其他污泥沉降恶化现象及相应的原因，如二沉池的反硝化、排泥不畅或设计不合理导致污泥厌氧发酵以致污泥上浮。

图 7 – 50　污泥膨胀时测定的 SV_{30}%

污泥膨胀发生率较高，在全世界，50% ~ 100% 的城市污水处理厂存在不同程度的污泥膨胀问题。各种活性污泥工艺中都存在污泥膨胀问题，即使是被认为最不易发生污泥膨胀的 SBR 反应器也会发生污泥膨胀。污泥膨胀这个现象不仅难以早发现而且还难控制。污泥膨胀的后果是污泥流失、出水 SS 升高、水质恶化，大大降低了处理能力，一旦确认发生污泥膨胀，不能很快恢复，严重时要停止运行。

1. 污泥膨胀现象的本质

（1）丝状菌性污泥膨胀（Filamentous Bulking）。

活性污泥中的菌胶团细菌和丝状菌构成一个共生的微生物生态体系，丝状菌是其中不可缺少的重要微生物，在高效、稳定地净化污染物方面起着重要作用。正常活性污泥的丝状菌在污泥絮凝沉降中起到良好的架桥作用。在混合培养活性污泥系统中，至少存在 30 种可能引起污泥膨胀的丝状菌，最常出现的只有十余种，如浮游球衣菌、微丝菌、发硫菌、真菌。表 7 – 6 是菌胶团和丝状菌的习性比较。丝状菌在比菌胶团更适宜的生长条件下会过度繁殖，其支撑作用致使活性污泥的污泥体积指数 SVI 很大。

表 7 – 6　菌胶团和丝状菌的习性比较

性质	参数值比较	
	菌胶团	丝状菌
最大比增长速率（d^{-1}）	4.4	3.0
基质亲和力（$mg \cdot L^{-1}$）	6.4	4.0
DO 亲和力（$mg \cdot L^{-1}$）	0.1	0.027
内源代谢率（d^{-1}）	0.012	0.010
产率系数	0.153	0.139

丝状菌的过度繁殖是相对菌胶团来说的。国内外对工程上、理论上污泥膨胀发生的条件、预防丝状菌性膨胀的办法都进行了大量的研究。影响污泥膨胀的因素很多，如进水水

质、水温、负荷、溶解氧、pH 值及氮磷含量等。

①进水水质。

通常认为那些含有易生物降解和溶解的有机成分，特别是相对分子质量小的糖类、有机酸等类型的基质容易造成耗氧速率增加，诱发丝状球衣细菌繁殖，引起氧的限制型膨胀，例如啤酒、乳品、石化、造纸等厂排出的废水。硫化物容易诱发硫细菌大量繁殖。

②水温。

温度是影响微生物生长与生存的重要因素之一，每种微生物都有各自的适宜生长温度。随着温度的降低，微生物的活性降低，但包裹在菌胶团内的丝状菌活性降低缓慢，继续生长。有些丝状菌在低温下更有生化优势，如微丝菌等。

③pH 值。

混合液的 pH 值低于 5 时，有利于丝状菌的生长，而菌胶团的生长受到抑制。低 pH 值下真菌占优势。

④DO。

进水中易降解的有机物浓度突然升高，消耗大量的溶解氧，导致系统内溶解氧含量降低，而丝状菌在争夺氧中占优势，低 DO 下的丝状菌种类有浮游球衣菌等。

⑤营养元素和微量元素缺乏。

废水中 N、P 含量较低，甚至微量营养元素的缺乏可能对菌胶团的生长产生不利的影响，但会为丝状菌的增殖提供条件，这在工业废水处理中比较明显。营养不足时丝状菌有发硫细菌、球衣菌，微丝菌对营养物质（如 N、P 等）有较强的亲和力。

⑥池型。

完全混合曝气池池内水溶性污染物的浓度值即是达标排放的出水水质，因此要求其有机污泥负荷应较低，一般小于 $0.05 \mathrm{kg\ COD} \cdot (\mathrm{kg\ MLSS})^{-1} \cdot \mathrm{d}^{-1}$，营养一直都维持在偏低水平，与推流式曝气池相比，完全混合曝气池出现的污泥膨胀问题更多。

⑦有机污泥负荷。

低有机污泥负荷下有微丝菌，高有机污泥负荷下有浮游球衣菌。合适的污泥负荷在 $0.25 \sim 0.45 \mathrm{kg\ BOD_5} \cdot (\mathrm{kg\ MLSS})^{-1} \cdot \mathrm{d}^{-1}$。

（2）非丝状菌性污泥膨胀。

细胞外表面由大量的亲水性多糖类物质引起的污泥膨胀是非丝状菌膨胀，如图 7 - 51 所示是非丝状菌性膨胀时的菌胶团。

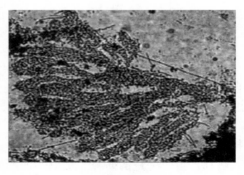

图 7 - 51 非丝状菌性膨胀时的菌胶团

若缺乏 N、P 和其他微量营养元素，或温度较低，或污泥负荷较高，微生物都不能充分利用碳源合成细胞物质，过量的碳源将被转变为多糖类胞外贮存物。这种贮存物是高度亲水的化合物，影响污泥的沉降性能，从而产生高黏性膨胀，其不属于丝状菌污泥膨胀。

2. 预防和控制污泥膨胀以及污泥膨胀发生时的应急措施

设计这一步就要做到：合理选择流程、设计参数，充分发挥生物选择器的作用。

生物选择器在 SBR 反应器中应用得最成功，实际上有生物选择器的 SBR 反应器就是循环式活性污泥工艺，将 SBR 反应器分成两个部分，第一个反应区也称预反应区，可以是厌氧或缺氧或好氧，见图 7 - 52。预反应区可调节水流，是高有机负荷的，有利于菌胶团的生长繁殖，可以起到充当菌胶团的生物选择器的作用，来改进污泥沉降性能，预防污泥膨胀。当然缺氧或厌氧生物选择器对于满足反硝化脱氮或厌氧释磷在碳源上的要求也是有利的。

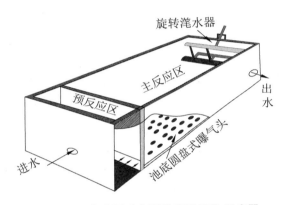

图 7 - 52　分出预反应区的变型 SBR 反应器

生物选择器的容积为 CASS 反应池总容积的 20% 左右。

需要密切管理使曝气池中的生态环境有利于菌胶团的生长繁殖，将丝状菌数量控制在一个合理的范围内。需要积累经验、加强监管，争取早发现、及时排查、准确判断污泥膨胀的类型，采取措施。

7.10　活性污泥反应池和二次沉淀池之间互相关联的问题

这是一群关联性很强的问题。在研究、设计和运行管理中都很重要。

对这些问题不要只知其一，不知其二。要刨根问底地去了解以下几个问题：

①问题的起因：往前推几步，才能了解问题是如何产生的；

②问题的含义；

③问题的影响：每个问题之间都存在普遍的联系，进而会影响到整个系统；

④解决问题的目的：达到预期的运行条件，从而稳定运行；

⑤解决问题的方法：只有掌握了规律才能找到、理解、熟练运用这些方法。

这些问题的关系核心和联系网链见图 7 - 53。

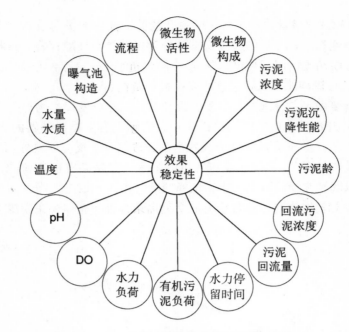

图7-53 有关问题的关系核心和联系网链

1. 水力负荷与反应时间

在活性污泥处理系统中水力负荷是针对反应池和二沉池来说的。当流量 Q 发生变化时水力停留时间也会发生变化，从而影响处理效果。所有水处理厂都要对水量进行一定的调节，生活污水处理多采用泵站和泵前集水井进行调节，工业废水处理多采用调节池调节，这在本书第1章就已经讨论过。水量调节总是在一定时间内进行，水量变化在所难免，在设计时要按最大设计水量来设计。

反应时间也即水力停留时间，关联进水量、反应池的体积、污泥量、出水水质等。

2. 有机负荷

有机物常用 BOD_5 来衡量，有机负荷包括 BOD_5 容积负荷 QS_0/V、BOD_5 污泥负荷 QS_0/VX 或 QS_0/VX_v、去除 BOD_5 容积负荷 $Q(S_0-S_e)/V$、去除 BOD_5 污泥负荷 $Q(S_0-S_e)/VX$ 或去除 BOD_5 挥发性污泥负荷 $Q(S_0-S_e)/VX_v$，现在常用去除 BOD_5 污泥负荷。BOD_5 容积负荷、BOD_5 污泥负荷有时也会用到。

（1）污泥龄与有机负荷的联系。

去除 BOD_5 挥发性污泥负荷的公式为 $L_{VS}=\dfrac{Q(S_0-S_e)}{VX_V}$，结合污泥龄的简化计算公式和 $\Delta X_V=Y_{obs}Q(S_0-S_e)$，变形可得：

$$L_{VS}=\frac{1}{Y_{obs}\theta_C} \tag{7-54}$$

这就是去除有机污泥负荷 L_{VS} 与污泥龄 θ_C 的联系。

去除其他污染物也有相应的负荷。

（2）有机污泥负荷与剩余污泥量 ΔX_V 的关系。

由式（7-54）和污泥龄的公式可得这两者的关系：

$$\Delta X_V = Y_{obs} L_S V X_V \tag{7-55}$$

（3）实际运行的有机污泥负荷与设计有机污泥负荷。

当实际运行的有机污泥负荷大于设计有机污泥负荷时，出水水质下降。

（4）有机负荷的波动和控制。

根据有机负荷的定义，可从流量、进水浓度、池有效容积和构筑物内活性污泥浓度等方面来寻找控制有机负荷波动的办法，水量水质调节是一方面，另一方面是怎样维持构筑物内活性污泥浓度的稳定。

3. 微生物的浓度

反应池内微生物的浓度高，对基质营养量的需求也高。曝气池氧的消耗速度快，氧的传递速度也要加快，但是曝气设备氧的传递速度限制了微生物的浓度。

微生物的浓度关联反应池的有效容积、污泥负荷、出水水质、二沉池的沉淀效果、污泥龄。

由式（7-44）变换得到计算反应池内微生物浓度 X 的表达式：

$$X = X_R R / (R+1) \tag{7-56}$$

微生物浓度取决于污泥回流比 R 和二沉池污泥的浓缩性能。

4. 微生物平均停留时间 MCRT（或污泥龄 SRT）

第5章5.8节就曾讨论过。在那一节曾经说到生物法处理系统如何保持足够稳定的微生物量。总的来说在活性污泥系统中有五种方法来实现。那么，在单独设置二沉池的系统，计算污泥龄时是否要计算二沉池中的污泥？

在吸附再生法系统中二沉池和再生池都有大量的活性污泥，有时需要调配这两个池的污泥量，为了使计算得到的污泥龄的数值不致出入很大，需要将二沉池中的污泥计入。其他的活性污泥系统一般不计入二沉池中的污泥，当然计不计入二沉池的污泥量对污泥龄的数值影响相当大，不过由于二沉池内活性污泥的繁殖和内源代谢都是比较小的，又互相抵消，因此在稳态运行下二沉池的污泥量是比较稳定的，因此不计入二沉池的污泥量可以得到波动不大的污泥龄数值。

微生物平均停留时间有助于我们理解活性污泥法的某些机理，说明活性污泥中的微生物组成。对繁殖速度慢的自养菌，如硝化菌，要求其污泥龄至少是其世代期的两倍，见式（7-33）。

污泥龄与活性污泥生长繁殖所处的阶段有关，生长阶段与污泥的沉降性能有关。与合理的污泥龄比较，污泥龄太长或太短污泥沉降性能都不好。污泥龄对剩余污泥量也有重要影响，污泥龄长，剩余污泥量少。

从式（7-54）可以看出污泥龄与有机污泥负荷有重要关联。

5. 回流污泥浓度和污泥回流比

二沉池的污泥斗中浓缩污泥浓度就是回流污泥浓度，与污泥的沉降性能、浓缩时间、二沉池的设计有关。

污泥回流量 Q_R 取决于流量 Q、回流污泥浓度 X_R 和要达到的反应池中的污泥浓度 X，其关系式为：

$$Q_R = QX / (X_R - X) \tag{7-57}$$

高回流量增加了二沉池的水力负荷，一般常量回流。

要保证一定的回流污泥质量：$Q_R X_R$。当 X_R 下降时，可适当提高回流比。当发生污泥膨胀时，靠提高回流比是不能解决问题的。

6. 反应池的构造

从流态上看有完全混合、推流式（SBR 反应器中的流态是时间推流）和介于两者之间的氧化沟。推流式反应器内的污染物浓度会随着水流方向以及反应时间的变化而变化。浓度梯度的存在有利于菌胶团的繁殖，而完全混合反应器内的污染物浓度也是出水中的浓度，浓度很低，有利于丝状菌的繁殖。

7. pH 值

活性污泥系统里可能会有不同的混合生长的微生物，如异养菌、硝化菌、反硝化菌、聚磷菌等，因此要把反应器内的 pH 值控制在适宜它们生长的范围内，这些内容在前面都分别有讨论。

硝化产生氢离子，而反硝化产生 OH^-，因此要注意反应池内 pH 值的变化和控制。从前面 7.6.1 节生物脱氮理论和工艺我们已经知道，前置缺氧反硝化—好氧生物脱氮工艺中的反硝化产生的 OH^- 基本上能中和由硝化产生的氢离子。

8. 曝气池氧传递速率和各反应池溶解氧浓度

曝气池的氧从气相进入液相，从液相进入活性污泥、微生物表面和细胞内。与微生物内部溶解氧状况相关的因素有：曝气设备的曝气效果、耗氧速率、混合状态、絮体的浓度和尺寸、曝气池构造等。

DO 在 $0.1 \sim 0.3 mg \cdot L^{-1}$ 就可满足单个好氧菌对 DO 的要求。由于絮体和颗粒状污泥对氧的扩散阻力，要维持曝气池好氧条件 DO 的浓度范围在 $0.5 \sim 2 mg \cdot L^{-1}$。

在生物法脱氮除磷系统中好氧区要维持足够的 DO，在缺氧区、厌氧释磷中又要注意 DO 带来的不利影响。还要注意低 DO 易诱发丝状菌过度繁殖。

9. 曝气池面上的泡沫

曝气池甚至二沉池出现大量的泡沫是一件令人讨厌的事，如果是机械曝气会严重影响曝气效果。特别是大风时，泡沫飘向下风向对周围环境甚是不利，可能引起管道、压缩机的堵塞。

曝气池的泡沫有两类：化学性泡沫和生物性泡沫，见图 7-54。进水中有表面活性剂产生化学性泡沫。生物泡沫黏度大、呈褐色、稳定性强，与表面活性剂形成的白色化学泡沫相比有显著的不同。生物性泡沫跟进水水质和能够代谢产生有表面活性产物的微生物等因素有关，微生物如不动杆菌、放线菌（通常是诺卡菌属）。

（a）化学性泡沫　　　　　　　　　（b）生物性泡沫

图 7-54　曝气池面上的泡沫

以控制诺卡菌属为例来说明如何控制曝气池的生物性泡沫。诺卡菌属等放线菌是活性污泥的重要组成部分，它对菌胶团的形状、结构、强度、尺度等具有重要影响，适量的放线菌在活性污泥中起架桥作用，有利于形成较大粒径的菌胶团。控制诺卡菌属生物性泡沫要控制诺卡菌过度繁殖。诺卡菌是一种好氧、生长速度缓慢的放线菌，因此减小污泥龄、设置生物选择器、控制曝气强度是有效控制生物性泡沫的方法。在进水前端设置生物选择器，形成一个高负荷 F/M（Foods/Microorganisms）、低 DO 或厌氧的有利于菌胶团生长的条件。

习题

1. 良好的活性污泥必须具备哪些性能？

2. 在用活性污泥法处理有机污水的工艺过程中，观察原生动物的变化对判断水质变化具有什么意义？

3. 为什么活性污泥法的沉降比 $SV_{30}\%$ 和污泥体积指数 SVI 在活性污泥法运行中有着重要意义？试分析影响污泥体积指数的因素。如何根据测定的 SVI 数值范围判断是否发生污泥膨胀？SVI 的倒数有何含义？

4. 比较生化降解的曝气量和曝气搅拌需要的曝气量。

5. 有一曝气装置生产厂家标注其曝气装置的氧的转移速率，你要验证它的可靠性，该怎么做？

6. 膜生物反应器用的是哪种膜？对比外置式和内置式膜生物反应器 MBR 的优缺点。怎么预防膜污染，需要从多方面因素考虑，其中外置式和内置式在预防膜污染方面有不同的表现，欲进一步了解可扫码阅读相关资料。

7. 曝气池的几何形状有哪些？为什么长方形完全混合式的进水是在长方形的长边一侧，而水平推流式是在短边一侧进水？

8. 序批式活性污泥法在时间序列上是由哪几个操作组成的？它的排水采用什么设备？

9. 为什么在出水水质良好的活性污泥工艺流程中微生物常在增长衰减期和内源呼吸期内运行？

10. 按照固液分离的设置，悬浮生长生物处理构筑物有哪些？

11. 氧转移速率的影响因素有哪些？

12. 简述氧化沟的水下推进器的重要性。

13. 如何解释序批式活性污泥法的耐冲击负荷和有毒物负荷冲击能力强、运行方式灵活？

14. 比较各种曝气头的氧利用率。

15. 写出比增长速率与污泥龄的近似关系。

16. 深井曝气法的固液分离为什么适合用气浮法？

17. 某活性污泥曝气池内混合液浓度 $MLSS = 2\,500mg \cdot L^{-1}$。取该混合液 100mL 于量筒中，静置 30min 后测得污泥容积为 30mL。求该污泥沉降比，活性污泥的 SVI、污泥区污泥的含水率，近似计算所需的回流比及回流污泥浓度（污泥的密度取 $1g \cdot mL^{-1}$）。根据现有的信息，你认为该活性污泥沉降性能是否正常？

18. 设置在氧化沟内的沉淀区要创造有利于固液分离的水力条件和沉降条件，请画出构造图。

19. 列举广泛采用的好氧活性污泥单元法。

20. 你如何解释序批式活性污泥法一定程度上抑制丝状菌生长？但是实际上这种反应器还是会发生污泥膨胀，为什么？

21. 从进水水质来看，活性污泥处理系统可以分成哪四类？

22. 写出有机氮的传统生物脱氮的化学形态变化路径。

23. 列出硝化菌的性质。

24. 列出反硝化菌的性质。

25. 解释同步硝化反硝化（SNDN）。

26. 写出生活污水和工业废水中氮的化学形态。写出生活污水和工业废水中磷的化学形态。

27. 解释厌氧释磷与好氧过量摄磷。你对好氧过量摄磷中的"过量"是如何理解的？

28. 为什么厌氧释磷与好氧过量摄磷是一个相辅相成的关系？

29. 化学强化除磷工艺是生物除磷和混凝沉淀（或化学沉淀）除磷相结合，请叙述该工艺。

30. 画出倒置 A^2/O 工艺和 A^2/O 工艺流程图。在设计时，根据需要可设计成在这两个工艺之间变换运行，这有什么好处？

31. 写出污泥龄的数学表达式。根据污泥龄如何计算每天排出的剩余污泥量？计算每天排出的剩余污泥量的另一个方法是什么？这两个方法的计算结果常常很接近，请证明。

32. 论述二沉池与曝气池的内在联系。

33. 在计算设置二沉池活性污泥系统的污泥龄时为什么一般不计入二沉池中的污泥？哪个工艺要计入？

34. 什么是污泥膨胀？污泥膨胀有哪两种？如何判断污泥膨胀？如何预防？

35. 曝气池产生的泡沫有几种？举例说明如何控制。

36. 石油加工废水进水流量 $100m^3 \cdot h^{-1}$，曝气池进水 BOD_5 为 $300mg \cdot L^{-1}$，出水 BOD_5 为 $30mg \cdot L^{-1}$，混合液污泥浓度为 $4g \cdot L^{-1}$，曝气池曝气区有效容积为 $330m^3$。求该处理站的有机污泥负荷和曝气池容积负荷。

37. 某城市生活污水采用活性污泥法处理，废水量 $25\,000m^3 \cdot d^{-1}$，曝气池容积 $V = 8\,000m^3$，进水 BOD_5 为 $300mg \cdot L^{-1}$，BOD_5 去除率为 90%，曝气池混合液固体 SS 浓度为 $3\,000mg \cdot L^{-1}$，其中挥发性悬浮固体占 75%。求：有机挥发性污泥负荷率、去除有机挥发性污泥负荷率、每日剩余污泥量、污泥龄、每日需氧量。$Y_{obs} = 0.40kg\ VSS \cdot (kg\ BOD_5)^{-1}$。

38. 论述污泥龄与有机污泥负荷的关系。

39. 某地采用普通活性污泥法处理城市污水，水量 $20\,000m^3 \cdot d^{-1}$，原水 BOD_5 为 $300mg \cdot L^{-1}$，初次沉淀池 BOD_5 去除率为 30%，要求处理后的出水 BOD_5 为 $20mg \cdot L^{-1}$。出水中 SS 的浓度为 $12mg \cdot L^{-1}$，其中 68% 可生化。理论产率系数 $Y = 0.65kg\ VSS \cdot (kg\ BOD_5)^{-1}$，内源代谢速率常数 $k_d = 0.06d^{-1}$，$\theta_C = 6d$，MLVSS $= 2\,900mg \cdot L^{-1}$，MLVSS/MLSS $= 0.7$，试确定曝气池容积。用两种方法计算剩余污泥量，比较两个计算结果的相近程度并解释之。

40. 请扫码阅读相关资料了解"混凝 + 气浮"、UASB、SBR 反应器的流程组合。

41. 当污水处理厂的进水水质水量发生比较大的变化，靠调节池已经无法解决问题时，需要对原厂进行比较大的改造，比如针对印染废水的处理。关于这个问题请扫码阅读做深入了解。

42. 一个污水处理厂的操作人员欲将该厂活性污泥工艺的 SRT 值由 6d 减到 3d，他的目的是降低需氧量。作为专家顾问，你必须对该项变动造成的影响作出快速判断。请问：

①需氧量实际上能降低吗？

②MLVSS 会发生何种变化？

③如果二沉池污泥的沉降性能不变，在污泥回流比和二沉池排泥操作上要做何种变动？

43. 在判断低温导致的污泥膨胀类型上可能会出现失误，请扫码阅读相关资料并解释。

44. 完全混合池的活性污泥繁殖正常情况下在什么阶段？变型 SBR 反应器中生物选择

器和主反应区活性污泥的生长繁殖阶段、推流式曝气池进水和出水的活性污泥的生长繁殖阶段有什么不同?

45. 试论述涉及生物处理法的一些计算,如:去除 BOD_5 污泥负荷 $L_S = Q(S_0 - S_e) / VX$ 或 $V = YQ\theta_C(S_0 - S_e) / X_v(1 + k_d\theta_C)$ 在考虑初始浓度 S_0 时,应该包括 SS 和水溶性的浓度,而出水浓度 S_e 不把 SS 包括在内。

46. 反硝化的碳源以甲醇和淀粉为例,说明 1g 硝态氮氧化的甲醇或淀粉量,换算成需要的氧量都是 2.86g。

47. 表 7-7 是设计初沉池和二沉池时要考虑的几个重要参数,从表中可以看出初沉池的沉淀时间、污泥含水率的设计数值都比二沉池相应的参数数值小,而表面水力负荷设计数值都比二沉池相应的参数数值大,请谈谈你的看法。

表 7-7 几个重要参数

沉淀池类型	作用和位置	沉淀时间（h）	表面水力负荷（$m^3 \cdot m^{-2} \cdot h^{-1}$）	污泥含水率（%）
初沉池	单独沉淀	1.5~2.0	1.5~2.5	95~97
初沉池	二级处理前	1.0~2.0	1.5~4.5	95~97
二沉池	活性污泥法后	1.5~4.0	1.0~2.0	99.2~99.6
二沉池	生物膜法后	1.5~4.0	0.6~1.5	96~98

48. 试解释低温、低 pH 值、低 DO、低 N 或 P 容易发生污泥膨胀的原因。

第8章　生物膜法

第6章我们已经学习了厌氧生物膜法，这一章学习的生物膜法是指好氧、缺氧或非传统厌氧条件下的生物膜法，这比传统厌氧生物膜法的工艺流程要丰富得多。本章学习的生物膜法的功能是去除有机物和脱氮。传统生物脱氮技术在生物膜法中一样可以实现，一个生物膜反应器好氧硝化，一个生物膜反应器进行反硝化脱氮。也可以在同一个生物膜反应器内实现同步硝化反硝化。至于能不能像活性污泥法一样实现显著大于同化磷量的生物除磷，我们需要回顾一下生物除磷的基本原理，在系统中首先必须是厌氧释磷和好氧过量摄磷的交替运行，其次必须排除一定数量的富磷生物膜污泥。那么要增强除磷效果必须要加大排泥，这样势必导致生物膜富磷污泥排放量与生物膜反应器的稳定的生物持有量之间的矛盾。生物膜反应器的污泥排放量在实践中不像常规活性污泥工艺那样易于控制。因此生物膜法难以高效稳定除磷。对曝气生物滤池有周期性反冲洗来定期排泥，可以借助化学沉淀和混凝法实现高效强化生物除磷。

我们需要从生物膜、生物膜载体（即滤料）、生物膜反应器、工艺流程、污染物去除过程和规律等方面学习生物膜法。

在学习这一章之前请再温习第5章，特别是5.8.2节附着生长微生物反应器——生物膜反应器和5.8.4节生物处理反应器的重要工艺参数。

8.1　基本原理

8.1.1　生物膜反应器分类

按生物膜反应器或生物膜法中滤料的运动形态、水流运动方式、传氧方式，将之分为：

（1）水流润湿型生物膜反应器。

滤料固定装填于反应器中，进水从反应器的顶部以细流洒于长有生物膜的滤料上，污水以水膜形式润湿流过生物膜表面；自然通风，空气从长有生物膜的滤料间隙通过。如传统生物滤池、变型水流润湿型生物膜反应器即生物转盘。

（2）淹没式生物膜反应器。

长有生物膜的滤料浸没于反应器的水中，因此送氧一定是人工的。如淹没式生物滤池、曝气生物滤池。

（3）流化状态生物膜反应器。

前面两种生物膜反应器滤料尺度比较大，而附着生长生物膜的滤料或载体尺度很小，如活性炭、细砂等，可以在水流和曝气气泡的作用下处于流化状态，如好氧生物流化床。

不管哪种生物膜反应器，在生物膜上都有一层很薄的污染物处于扩散传质规律的液膜滞留层。污染物和 DO 等分子从流动水相经过该滞留层扩散到生物膜表面，并随生物膜内的间隙水扩散到微生物表面，被细胞吸附并进入细胞内部，在酶的催化作用下降解。

8.1.2 影响生物膜法处理效果的主要因素

处理效果包括污染物去除速度和功能。

1. 负荷、水质和滤料

以流量为准的负荷，常称为水力负荷，假设单位时间进入生物膜反应器的水量为 Q，反应器装有滤料的滤床容积为 V，过水面积为 A，生物膜反应器的水力负荷有 Q/V 或 Q/A，单位通常分别是 $m^3 \cdot m^{-3} \cdot d^{-1}$ 或 $m^3 \cdot m^{-2} \cdot d^{-1}$，后一单位相当于 $m \cdot d^{-1}$，又称平均滤率。水力负荷采用滤率作为单位时，又称为表面水力负荷。由于反应器内装填有滤料，因此流过滤料间隙的水，流速比起滤速要大得多。对于水力负荷 Q/V，如果将滤床容积 V 乘以滤床的空隙率 α，取该负荷的倒数得：

$$\frac{V \times \alpha}{Q} \tag{8-1}$$

这是进水在反应器内的平均停留时间。这两个水力负荷越大，进水在反应器内的停留时间越短，影响出水水质。我们也知道生物膜的更新需要水流的冲刷力，因此要维持水力负荷在一个合理的数值范围内。

显然这两个负荷的合理技术数值取决于处理效果和反应器去除污染物的能力。

设污染物初始浓度为 S_0，反应器内生物膜总量为 $(X)_T$，处理后污染物出水浓度为 S_e，单位时间去除的污染物量为 $Q(S_0-S_e)$。那么 $Q(S_0-S_e)/(X)_T$ 就是单位时间单位重量生物膜去除的污染物量的平均值，即去除污染物生物膜负荷。$QS_0/(X)_T$ 就是单位时间单位重量生物膜承担的污染物量，即污染物生物膜负荷。测量附着生长生物处理法反应器内的生物量不像测量悬浮生长生物处理法反应器内的生物量那么方便，生物膜反应器内的生物量分布不均匀，而且是附着生长，因此测量起来不方便。对于生物膜反应器比较方便的污染物负荷常以污染物的滤料容积负荷表示，单位是 $kg \cdot m^{-3} \cdot d^{-1}$。

以 BOD_5 为准的负荷率常被称为有机容积负荷，其必须与滤料的性质结合起来分析和理解。滤料比表面积的大小是生物膜反应器中影响生物膜量最重要的因素之一，滤料粒径越小其比表面积越大，生物量越大，在比较大的污染物容积负荷 $Q(S_0-S_e)/V$ 下运行也能够得到比较好的污染物去除效果。表 8-1 列出了先后发展起来的生物膜法的有机容积负荷和表面水力负荷以及 BOD_5 去除率，这些数值的大小差异是由滤料性质引起的。自然堆积的滤料粒径小，孔隙尺度小，容易堵塞，因此，为了防止堵塞，滤料孔隙尺度必须合适而且粒径要比较均匀、孔隙率也比较大。

如果污染物容积负荷超出了单位容积内生物膜去除污染物的能力，就会导致出水水质下降。

表 8 - 1　几种生物膜法的有机容积负荷、表面水力负荷和 BOD$_5$ 去除率

生物膜法类型	有机容积负荷 （kg BOD$_5$·m^{-3}·d^{-1}）	表面水力负荷 （m^3·m^{-2}·d^{-1}）	BOD$_5$ 去除率（%）
普通生物滤池	0.1 ~ 0.3	1 ~ 5	85 ~ 90
高负荷生物滤池	0.5 ~ 1.5	9 ~ 40	80 ~ 90
塔式生物滤池	1.0 ~ 2.5	90 ~ 150	80 ~ 90
生物接触氧化池	2.0 ~ 4.0	100 ~ 160	85 ~ 90
生物转盘	0.02 ~ 0.05	0.1 ~ 0.2 ［m^3·（m^{2}盘片）$^{-1}$·d^{-1}］	85 ~ 90

2. 溶解氧

好氧生物膜内的溶解氧与反应器的传氧方式、有机负荷、有机物浓度、生物膜降解有机物的能力有关。而且传氧量是与每一个生物膜反应器的秉性相关联的，比如最老的生物膜反应器，即普通生物滤池，又称滴滤池，所用的滤料是天然的，诸如卵石、碎石、炉渣，其粒径在 3 ~ 8cm，其比表面积小，生物膜量少，因此需氧量也少。其自然通风传氧方式，也限制了传氧速度（参见 7.3.1 节"双膜理论和界面传氧速度"），因此有机容积负荷也小，见表 8 - 1。如果生物膜比较厚，内层会出现厌氧层。

常温常压下氧气在水中的饱和溶解度是 9.16mg·L^{-1}。为保证各种传统生物滤池的正常工作，需限制进水浓度 BOD$_5$，当其值太高时，可以通过回流的方式，降低滤池进水有机物浓度，以保证生物滤池好氧条件。由此可见传统生物滤池的缺点很明显。人工强化通风虽然能改进传氧效果，但是并没有改变传统滤池供氧的本质，也就是说强制通风方式没有改变氧气是从气流向生物膜流动水层传质的方式，也没有增加气液两相传质界面的面积。这里的氧的传质仍然可以用双膜理论来认识，这里是气流/水流界面，见图5 - 9。

3. 生物膜量

单位滤料容积的生物膜量与进水污染物浓度、滤料的比表面积和滤料的表面性质、污染物容积负荷、传氧量、水力负荷相关联。单位容积的生物膜量越高，单位容积滤床去除污染物量的能力就越大，因此污染物容积负荷也越大。水流润湿型生物膜反应器的滤料比表面积小，单位容积反应器的生物膜的生物膜量少，但是淹没式生物膜反应器和流化状态生物膜反应器的滤料比表面积比较大，加之脱落下来的悬浮生物膜量也是不可忽略的，所以这两类反应器单位容积的生物膜量相对较大。

与生物膜量紧密关联的另一个问题是滤料的空隙率。预防堵塞和水头损失与生物膜量也紧密关联。

4. pH 值

前面已经讨论过，异养菌、反硝化菌、硝化菌等都各有其合适的 pH 值。虽然生物膜反应器有比较强的抗冲击能力，但是需要注意进水的 pH 值变化，在调节池进行适当的调节和控制。

5. 水力停留时间

从式（8 - 1）看到，水力负荷与水力停留时间在本质上相当于同一个问题。水力停留

时间与滤速、水流在反应器内流经的距离有关。在生物膜反应器内，水力停留时间和污染物停留时间基本上是分离的，因为水流过生物膜时污染物被生物膜吸附并被降解，如果水力停留时间短，前面被吸附的污染物来不及降解，生物膜没有及时恢复其吸附降解能力，新进的污染物就不能继续被生物膜吸附降解，出水水质下降。

6. 生物膜龄

生物膜在系统内的平均停留时间称作生物膜龄，是生物膜的繁殖速度、水力冲刷力、曝气强度、滤料孔隙率等因素的综合体现。将生物膜生长和更新平衡点控制在有利于比增长速率比较慢的细菌状态，可以使生物膜含有比较多的这种细菌，如硝化菌。

7. 营养比例

对于以去除比较容易降解的 COD 为目的的好氧生物膜来说，进水也要维持生物膜繁殖所需要的营养比例，如 COD：N：P = 100：5：1。前面 7.6.1 节已讨论反硝化脱氮的 C/N。

8. 温度、有毒物质

生物膜反应器都是在常温下运行的，气温对传统生物滤池的传氧影响比较大。在运行初期培养生物膜阶段需要特别重视有毒物质的影响，也要重视正式运行中的有毒物质冲击负荷。

8.1.3　生物膜反应器的特征

与活性污泥反应池相比，生物膜反应器有以下几点特征：

（1）生物膜的特点。

与曝气池相比，载体不动的生物膜反应器，其中不同空间位置的微生物生长环境差别较大。进水端如果污染物浓度比较高，营养就比较丰富，生物膜生长得也比较快，因此进水端的生物膜就长得比较厚。一般认为生物膜厚度在 2~3mm 比较合适，如果生物膜比较厚，加之降解有机物消耗 DO，DO 可能扩散不到全生物膜，所以一般认为好氧层或兼性层厚度在 1~2mm 最好。

水溶性有机物在生物膜内的扩散能力比 DO 稍强，因此 DO 扩散不到的生物膜内层会有厌氧微生物或兼性微生物生长繁殖。

在载体不动的生物膜反应器中，在生物膜的不同厚度位置、在生物膜反应器的不同过水断面，微生物生长的环境不同，容易逐步发展成为不同的微生物群落，从进水区到出水区可能有不同食物链的微生物。

附着生长到脱落的周期比活性污泥系统的污泥龄长，剩余污泥量小，生物量高。生物膜的密度比活性污泥的大，生物膜含水率比活性污泥的小。

（2）比较耐冲击。

生物膜的微生物群落更丰富。

（3）没有污泥膨胀，运行管理较为简单。

尽管生物膜有比活性污泥更丰富的丝状菌（见图 5-7），但是在水力作用下生物膜的密度比活性污泥的密度大。

（4）脱落的小污泥粒，活性小，影响 SS 出水水质。

脱落下来的生物膜龄比活性污泥停留时间长，细小生物膜颗粒在二沉池中絮凝能力不够强。

（5）滤料。

滤料量、几何形状、比表面积、粒径和均匀性、表面性质等均须谨慎控制，防止滤料堵塞。

（6）适用于中小水厂。

（7）适当的预处理。各种生物膜反应器对进水的悬浮含量、有机物的浓度、负荷都有要求。需要进行适当的预处理，如用出水回流对进水稀释、强化初次沉淀、厌氧水解等。当进水水质或水量波动比较大时，应设调节池。

8.2 传统生物滤池

生物滤池有多种不同工艺类型，在这里先讨论传统生物滤池（又称滴滤池）（Trickling Filter）：低负荷生物滤池、高负荷生物滤池、塔式生物滤池。其他更高级的生物膜反应器在后续章节讨论。传统生物滤池的共同之处是滤料安装在构筑物内，要处理的水从滤料上方洒下，水顺着滤料表面形成水膜向下流。靠自然通风，空气进入长有生物膜的滤料的空隙进行传氧。

8.2.1 传统生物滤池的构造和流程

1. 低负荷生物滤池

1893 年在英国试验成功，宜用于小城镇污水处理或水质与城镇污水水质类似的中小规模工业废水处理。低负荷生物滤池由池体、滤料、布水装置和排水系统四部分组成。滤床高度一般为 1 ~ 2.5m，可为圆形，也可为矩形，目前常用碎石和塑料材料等作为滤料。进水 BOD_5 不大于 200mg · L^{-1}，表面水力负荷 1 ~ 3m^3 · m^{-2} · d^{-1}，BOD_5 容积负荷 0.15 ~ 0.3kg BOD_5 · m^{-3} · d^{-1}。布水方式有固定喷嘴布水和旋转布水两种方式，见图 8 - 1 和图 8 - 2。

图 8 - 1 生物滤池的固定喷嘴布水

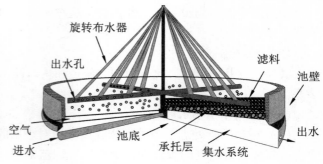

图 8 - 2　生物滤池的旋转布水器

2. 高负荷生物滤池

由低负荷生物滤池发展到高负荷生物滤池有一段相当有趣的历史。早期普通生物滤池，城市污水处理厂滤率一般在 $1 \sim 2 m \cdot d^{-1}$，不超过 $4 m \cdot d^{-1}$。其原因为填料是自然的石料，只能是低有机容积负荷率（$0.15 \sim 0.3 kg\ BOD_5 \cdot m^{-3} \cdot d^{-1}$）。当进水浓度不变时，随着滤率的提高，有机容积负荷也在增加。冲刷力增加可加快生物膜的更新，但是还不足以维持原来的生物膜生长速度和脱落速度之间的相对平衡的关系，结果生物膜量增多，滤床特别是进水区很容易堵塞。因此，生物滤池的负荷率曾长期停留在较低的水平。后来有人把滤率提高到 $8 m \cdot d^{-1}$ 以上时，由于水力对生物膜的冲刷作用足够大，使生物滤池堵塞现象又获得改善，这时生物滤池的有机容积负荷率为 $0.5 \sim 1.5 kg\ BOD_5 \cdot m^{-3} \cdot d^{-1}$，水力负荷达到 $10 \sim 36 m^3 \cdot m^{-2} \cdot d^{-1}$，我们称这样的生物滤池为高负荷生物滤池，提高负荷主要有赖于滤料的改进。传统生物滤池占地面积较大，在规模上受到限制，有资料报道，高负荷生物滤池处理规模不宜超过 $50\ 000 m^3 \cdot d^{-1}$，进水 BOD 浓度不大于 $300 mg \cdot L^{-1}$。

3. 塔式生物滤池

早期生物滤池，滤料是一些比重较大的无机滤料，如碎石，其比表面积［单位滤料填充体积（m^3）里生物膜可附着的滤料表面积（m^2）］在 $65 \sim 100$ 之间，空隙率在 $45\% \sim 50\%$ 之间。我们知道减小其粒径理论上可以增加单位容积滤床中生物膜的附着量。这就在一定程度上减小了滤料间的空隙尺度，结果容易堵塞，而且自然传氧效果也很差。早期生物滤池也不能做得太高，否则滤床构造难以承受滤料之重。塑料的出现为生物滤池的创新提供了契机，一方面它可以把比表面积提高到 $100 \sim 340 m^2 \cdot m^{-3}$，空隙率在 95% 以上，而容重在 $100 kg \cdot m^{-3}$ 左右。因此塑料滤料的生物滤池可以做得更高，生物膜更多，BOD_5 负荷和进水 BOD_5 浓度可以更高，这种高负荷滤池，为塔式生物滤池，简称为 "塔滤"（Biotower），如图 8 - 3 所示。

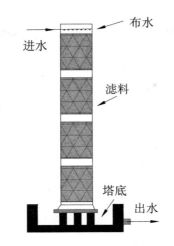

图 8 – 3　塔式生物滤池

塔式生物滤池的特点如下：

①高达 8～24m，直径与高度比为 1/8～1/6。塔越高，水力冲刷越大，提水能耗就越大。

②塔式生物滤池水力负荷达 90～150m³·m⁻²·d⁻¹，这也是塔式生物滤池不堵塞的原因之一。

③BOD_5 容积负荷高达 1.0～2.5kg BOD_5·m⁻³·d⁻¹。进水 BOD_5 浓度可以高达 500mg·L⁻¹。

④当室内外存在较大温差时，滤池内部形成较强烈的拔风状态，通风良好。此外，由于高度高，水力负荷大，池内水流紊流强烈，水与空气及生物膜的接触非常充分，很高的 BOD_5 负荷使生物膜生长迅速；较高的水力负荷又使生物膜受到强烈的水力冲刷，从而导致生物膜不断脱落、更新。以上这些特征都有利于微生物的代谢、繁殖，有利于有机污染物的降解。

⑤填料必须是塑料或其他轻质滤料。在室内外温差不大时注意塔内通风。

当进水污染物浓度过高时必须采用回流式生物滤池。

在一些经济较落后又有可利用地形的城镇污水处理中将具有一定优势。在石油化工、焦化、化纤等行业中可使用。对含氰废水的去除率为 92%～94%。现在研究得不多。

4. 运行方式

（1）单级高负荷生物滤池和出水回流方式。

从图 8–4 可以看到为了控制高负荷生物滤池的进水浓度等常需要出水回流，不过出水回流的方式不同。回流水量与进水量之比叫回流比。

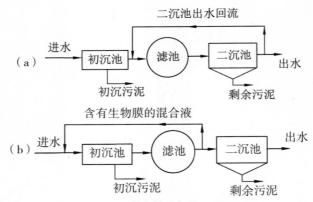

图 8 - 4 单级高负荷生物滤池处理流程

出水回流对生物滤池性能有如下影响：

①可提高生物滤池的滤率，使生物滤池由低表面水力负荷率演变为高表面水力负荷率，有机负荷率能不能增加则不一定。有时进水水量不足，不能维持合理的水力负荷，需要增大进水流量，也需要回流。

②提高滤率有利于防止产生灰蝇和减少恶臭。

③当进水缺氧、腐化、缺少营养元素或含有有害物质时，回流可改善进水的腐化状况、提供营养元素和降低毒物浓度。

④回流有调节和稳定进水的作用。

⑤前面有回流方式是出水回流到初沉池，我们知道出水中脱落下来的生物膜是有絮凝作用的，因而这有利于改善初沉池的沉淀效果，更好地满足生物滤池对进水 SS 预处理的要求。

回流能否改善滤池降解有机物的速度则要全面分析：回流降低进水的有机物浓度以及流动水与附着水中有机物的浓度差，因而降低传质和有机物去除速率，也降低了水力停留时间。另外，回流增大流动水的紊流程度，增快传质和有机物去除速率。

一些研究表明，用生物滤池出水回流，增加滤床的生物量，可以改善滤池的工作。回流对生物滤池性能的影响是多方面的，不可以一概而论。回流滤池的回流比与进水浓度等有关。

（2）二级串联。

当进水污染物浓度过高或出水水质要求比较高或降解速度比较低时需采用二级串联，如图 8 - 5 所示。二级串联也不能达到处理要求的话就要采用其他更好的处理系统。

（3）交替式二级串联高负荷生物滤池。

见图 8 - 6，这种流程对预防堵塞有一定效果。这里"交替式"指两个滤池的进水前后交替运行，前面进水的生物滤池有机负荷和进水浓度比较高，后面的生物滤池有机负荷和进水浓度比较低，运行一定时间后前面的生物滤池生物膜会增厚，如果继续运行可能会出现堵塞，水头损失也增大，出水水质下降。这时可变换进水次序，这样对预防堵塞有一定作用。

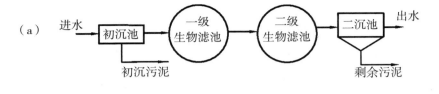

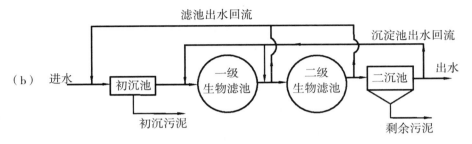

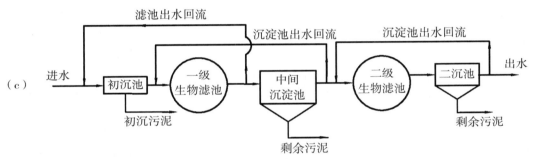

图 8-5 二级高负荷生物滤池处理流程

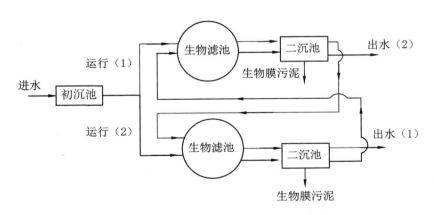

图 8-6 交替式二级串联高负荷生物滤池

8.2.2 传统生物滤池的设计和计算

控制出水浓度是生物滤池的目标，影响出水浓度的因素有进水浓度和成分、滤料性质、流量、滤池面积、滤池高度（水力停留时间取决于滤池高度和水力表面负荷、滤料性质)、温度、有机负荷等。

1. 池深与该位置剩余浓度的关系

传统生物滤池进水浓度 S 比较低,假设 BOD_5 降解速度($\frac{dS}{dt}$)是一级反应,有:

$$\frac{dS}{dt} = -kS \tag{8-2}$$

式中:S——BOD_5 浓度,$mg \cdot L^{-1}$;k——一级反应常数,min^{-1}。

再假设池内的水流速度是均匀的,即:

$$\frac{dh}{dt} = v \tag{8-3}$$

式中:h——池深,m;v——平均滤速,$m \cdot min^{-1}$。

从以上两式可得浓度随池深的增加而下降的数学关系:

$$\frac{dS}{dh} = -KS \tag{8-4}$$

式中 $K = k/v$,对上式积分得:

$$S_e = S_0 e^{-Kh} \tag{8-5}$$

式中:S_0、S_e——分别为 BOD_5 进水初始浓度值和水深 h 处 BOD_5 浓度值,$mg \cdot L^{-1}$。

对上式取对数得:

$$\log(S_e) = \log(S_0) - 0.206Kh \tag{8-6}$$

K 与其他因素可用下式表示:

$$K = K' S_0^{m} \left(\frac{Q}{A}\right)^n \tag{8-7}$$

式中:K、K'——与污染物和滤料的性质、进水初始浓度、水力负荷等有关的常数;Q——进水流量,$m^3 \cdot d^{-1}$;A——滤池水平面积,m^2。

分别对进水浓度和进水流量做单因素试验,得到 K 的两组系列数据,对式(8-7)取对数可得到:

$$\log(K) = \log(K' S_0^{m}) + n\log\left(\frac{Q}{A}\right) \tag{8-8}$$

$$\log(K) = \log\left[K'\left(\frac{Q}{A}\right)^n\right] + m\log(S_0) \tag{8-9}$$

$\log(K)$ 分别对 $\log(Q/A)$、$\log(S_0)$ 作图可求出 n、m、K'。

2. 池类型的选择和流程

低负荷生物滤池现在基本上已不用,仅在污水量小、比较偏僻、石料不贵的地区选用。

目前,大多采用高负荷生物滤池。高负荷生物滤池主要有两种类型:回流式和塔式(多层式)生物滤池。塔式占地面积小,基建费用和运行费用可能会高些。在进水浓度比较高时塔式也可能不需要出水回流,这样一来就可省去回流所需要的基建费、运行费和土地费用。

在确定流程时,通常要解决的问题是:①是否设初次沉淀池;②采用几级滤池;③是否采用回流,以及回流方式和回流比的确定。

当进水含悬浮物较多,采用拳状滤料时,要特别注意防堵塞,需有初次沉淀池。处理生活污水时，一般都设置初次沉淀池。

需要几级则要看 BOD_5 数值、滤料和排水要求。

3. 滤池个数和滤床的尺寸

包括滤池的个数、每个滤池的体积、面积和高度。

①根据有机容积负荷计算滤床总容积：

$$滤床总容积 \ V_T = S_0 Q / L_V \tag{8-10}$$

式中：S_0——进水初始 BOD_5，$mg \cdot L^{-1}$；Q——进水流量，$m^3 \cdot d^{-1}$；L_V——生物滤池的有机容积负荷，$kg \ BOD_5 \cdot m^{-3} \cdot d^{-1}$。设计参数需经过试验取得或有其他可靠来源，如设计规范，如城镇污水处理可采用《室外排水设计规范》（GB50014—2006）的设计参数，见表 8-2。

表 8-2　传统生物滤池的设计参数

滤池类别	低负荷生物滤池	高负荷生物滤池	塔滤
有机容积负荷 L_V（$kg \ BOD_5 \cdot m^{-3} \cdot d^{-1}$）	0.15~0.3	≥1.8	1.0~3.0
表面水力负荷 q（$m^3 \cdot m^{-2} \cdot d^{-1}$）	1~3	10~36	80~200

注：低负荷生物滤池和高负荷生物滤池的滤料是碎石类。塔式生物滤池的滤料是塑料等轻质有机滤料。

低负荷生物滤池：日本的设计参数，低负荷生物滤池的表面水力负荷为 $1~3m^3 \cdot m^{-2} \cdot d^{-1}$，五日生化需氧量负荷应不大于 $0.3kg \ BOD_5 \cdot m^{-3} \cdot d^{-1}$；美国的设计参数，低负荷生物滤池的表面水力负荷为 $0.9~3.7m^3 \cdot m^{-2} \cdot d^{-1}$，五日生化需氧量负荷为 $0.08~0.4 \ kg \ BOD_5 \cdot m^{-3} \cdot d^{-1}$。

根据负荷确定体积要注意，影响处理效率的重要因素不止负荷，还有滤料、水质等，这个设计参数数值一定要有依据。在没有比较可靠的经验参数可参考时，需要进行小试和中试得到设计参数。

②每个滤池的高度。

处理城市污水，如果用碎石为滤料，低负荷生物滤池下层滤料比上层滤料尺寸大，如下层滤料粒径在 60~100mm，厚 0.2m。上层滤料粒径在 30~50mm，厚度在 1.3~1.8m。高负荷生物滤池的滤料都比低负荷生物滤池的滤料粒径大，空隙尺度也大些，可预防堵塞，下层滤料粒径在 70~100mm，厚 0.2m。上层滤料粒径在 40~70mm，厚度在 1.3~1.8m。塔式生物滤池的滤料前面已有叙述。

③滤池的总面积和每个滤池的面积。

根据滤池的总容积 V_T 和每个滤池的高度可计算滤池的总面积 A_T，再计算表面水力负荷数值是否合理。如果不合理，需要调整设计参数或回流比。如果合理，以每个池子的直径不大于 35m 为宜，以免旋转布水器的造价太高和运行容易出问题。由此计算滤池的个数。

4. 二沉池

生物滤池后二沉池的设计参数见前面 7.9 节关于二沉池的内容。除细小生物膜颗粒外，脱落下来的生物膜的沉降性能一般都很好，其二沉池没有污泥膨胀现象。

5. 布水设备

布水设备有固定式和旋转式布水器，这方面的设计可参阅给排水设计手册。

6. 例题

已知某城镇污水量为 10 000m³·d⁻¹。设计高负荷生物滤池生活污水净化厂，其 BOD₅ 为 230mg·L⁻¹。确定高负荷生物滤池的个数和尺寸使出水要求达到 30mg·L⁻¹。

解：①进水浓度 230mg·L⁻¹，可以考虑出水不回流。

②高负荷生物滤池有机容积负荷率在 0.5~1.5kg BOD₅·m⁻³·d⁻¹，取 1.5kg BOD₅·m⁻³·d⁻¹，计算：

$$V_T = \frac{QS_0}{L_V} = \frac{10\ 000 \times 230 \times 10^{-3}}{1.5} = 1\ 533\ (\text{m}^3)$$

③取上层滤料高 1.5m，下层滤料高 0.2m，滤料总高度 $H = 1.7\text{m}$，则滤池总面积 A：

$$A = \frac{V_T}{H} = \frac{1\ 533}{1.7} = 902\ (\text{m}^2)$$

④校核表面水力负荷：

表面水力负荷 $= Q/A = 10\ 000/902 = 11.1\ (\text{m}^3 \cdot \text{m}^{-2} \cdot \text{d}^{-1})$

在高负荷生物滤池的表面水力负荷之间（$10 \sim 36\text{m}^3 \cdot \text{m}^{-2} \cdot \text{d}^{-1}$）。

⑤滤池个数：

取每个滤池直径 19.5m，每个滤池面积 298m²，可设计 3 个池子。

8.3　生物转盘

生物转盘（Rotating Biological Contactor，RBC）处理污水于 1954 年始于德国斯图加特工学院。

8.3.1　生物转盘的构造和污染物去除过程

1. 生物转盘的构造

图 8-7 所示为生物转盘，它由间隔排列的盘片、转轴、水处理槽、驱动装置组成。盘片是直径为 2~3m 的圆片，甚至 4m，如果直径太大，则容易变形。

图 8-7　生物转盘

转盘上有大量的生物膜和水，很重。盘片的要求：质轻、耐腐蚀、坚硬、不变形、易造型。为了提高比表面积，盘面多采用凹凸板、波形板、蜂窝板、网状板等以及各种组合的转盘。每根转轴安装 100 ~ 200 片。在保证盘片足够强度下，盘厚度在 3 ~ 10mm，盘片间距为 20 ~ 30mm。

主体结构：一组盘片和半圆形槽。转轴不浸没水中，而高出槽内水面 10 ~ 25cm，盘片 40% 左右浸没在水中。

转轴一般用碳钢制成，轴长一般为 5 ~ 6m，甚至 7 ~ 8m。轴直径在 30 ~ 50mm，甚至 80mm。转轴参数需要通过刚度和强度、扭矩等计算。特别需要防止转轴变形弯曲断裂。转盘转速一般为 2 ~ 4r·min^{-1}。

驱动装置包括动力设备和减速装置。动力设备有机械动力和曝气动力。

2. 生物转盘的污染物去除过程和功能

生物转盘的传质如图 8-8 所示。转动的转盘搅动水槽内待处理的水。转盘转动时总有 60% 左右的盘片暴露于空气中，同时有 40% 的盘片浸在水中，都存在营养性基质、DO 和降解产物在生物膜和水中传质。生物转盘暴露于空气时氧从气相溶入生物膜表层的水膜，浸在水中时槽内水将原来暴露在空气中的水膜部分更新，改善营养性基质在生物膜内的传质。生物转盘运转时营养性基质、DO 和降解产物的传质效果、生物膜的更新都比传统生物滤池要好，因此生物膜更厚些、降解污染物的速度更高，因此生物转盘 BOD$_5$ 容积负荷大于传统生物滤池的 BOD$_5$ 容积负荷。

生物转盘可以处理从低浓度到高浓度的有机物、脱氮，但必须借助化学法才能良好除磷。

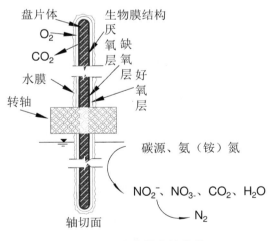

图 8-8 生物转盘的传质

8.3.2 生物转盘的工艺和参数

1. 生物转盘的运行工艺

生物转盘的运行工艺见图 8-9，图中生物转盘有四级，最多不会超过四级。生物转盘系统有二沉池，污泥回流到初沉池，更好地去除 SS，有利于减少由 SS 引起的生物转盘的堵塞。

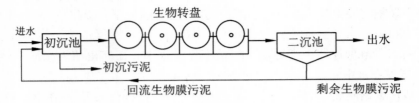

图 8 - 9　生物转盘工艺流程

2. 运行参数及其对生物转盘处理效率的影响

（1）负荷。

①水力负荷。

水力负荷有两种：a. 容积水力负荷 q_{hV}，指单位水槽有效容积每天处理的水量，$m^3 \cdot m^{-3} \cdot d^{-1}$；b. 表面水力负荷 q_{hA}，单位面积盘片每天处理的水量，$m^3 \cdot m^{-2} \cdot d^{-1}$。

$$q_{hA} = Q/A \tag{8 - 11}$$

$$q_{hV} = Q/V \tag{8 - 12}$$

式中：Q——进水流量，$m^3 \cdot d^{-1}$；V——水槽有效容积，m^3；A——盘片总表面积，m^2。

水力负荷增大，出水浓度增加。表面水力负荷运行数值范围在 $0.05 \sim 0.2 m^3 \cdot m^{-2} \cdot d^{-1}$。

②有机负荷。

有机容积负荷 L_V，即单位水槽有效容积每天处理的 BOD_5 量，单位 $g\ BOD_5 \cdot m^{-3} \cdot d^{-1}$；或有机盘片面积负荷 L_A，单位盘片表面积每天处理的 BOD_5 量，单位 $g\ BOD_5 \cdot m^{-2} \cdot d^{-1}$，注意这里的表面积指盘片的两面表面积。

$$L_A = S_0 Q/A \tag{8 - 13}$$

$$Lv = S_0 Q/V \tag{8 - 14}$$

式中：S_0——进水初始 BOD_5，$mg \cdot L^{-1}$；其他符号同前文。有机负荷增大，出水浓度增加。有机负荷运行数值：第一级 $40 \sim 50\ g\ BOD_5 \cdot m^{-2} \cdot d^{-1}$，一般 $10 \sim 20\ g\ BOD_5 \cdot m^{-2} \cdot d^{-1}$。容积负荷 $1.5 \sim 3.0 kg\ BOD_5 \cdot m^{-3} \cdot d^{-1}$。

（2）盘片的有效面积与盘片的直径和构造有关。

（3）转盘转速。

转盘转速与系统处理效果之间存在一种近似抛物线的关系。提高转速，流动水膜更新加快，层流扩散传质水膜变得更薄，传质速度提高，有利于提高处理效果；但是转速太高，剪切力大，膜层厚度减小。合理转速为 $1 \sim 3\ r \cdot min^{-1}$。

（4）水力停留时间（HRT）。即容积水力负荷的倒数。

（5）水温、级数等。常温。不超过 4 级。

8.3.3　生物转盘的设计计算

1. 生物转盘的计算方法

当没有经验图表或经验值时，需要试验求得需要的设计参数。按经验负荷率值计算：

（1）盘片总外表面积 A。

$$A = S_0 Q / L_A \tag{8-15}$$

式中符号含义见前文。

（2）转盘盘片数 m。

盘片直径为 D 的每张平板盘片的几何面积是 $\pi D^2/4$，表面积等于 $\pi D^2/2$，因此这种转盘盘片数 m 的计算公式为：

$$m = 2A / \pi D^2 \tag{8-16}$$

（3）水处理槽的有效长度 L：

$$L = m\,(a+b)\,K \tag{8-17}$$

式中：a——盘片净间距，mm；b——盘片厚度，mm；K——系数，取 1.2。

（4）水处理槽的有效容积 V：

$$V = (0.294 \sim 0.335)\,(D+2\delta)^2 \cdot (L-mb) \tag{8-18}$$

计算水槽的有效容积 V 时，长度应该是有效长度，要扣除盘片总厚度 mb；δ 为盘片与水槽的间距。该公式是根据圆柱体体积计算公式和盘片浸没比例衍生得到的。

以上按有机负荷经验值或实验值进行部分参数计算。处理效率除了与有机负荷有关，还与其他多种因素相关，如水质的变化、水力负荷、转盘的转速、级数、水温、溶解氧等。

2. 特点

①单位转盘面积上微生物量大，达 $5\mathrm{mg \cdot cm^{-2}}$，折算成活性污泥混合液浓度（MLVSS）为 $40\,000 \sim 60\,000\mathrm{mg \cdot L^{-1}}$。

②由于微生物浓度高，F/M 值低，微生物基本处于内源呼吸，污泥量少。

③耐浓度冲击负荷适应力强、不耐水量冲击。

④工作可靠，不易堵塞，无污泥膨胀，氧利用率高。

⑤盘片变形维修困难，而盘片变形，会引起轴的扭矩力较大，导致轴断裂事故。

⑥处理小水量。

目前在中国、日本、欧美等国家和地区的小城镇污水处理中都有采用，被认为是小型水处理厂的最佳处理技术之一。适用于中小规模城镇生活污水、部分工业废水的治理。其中酒店、休闲中心、居民区、机场、养殖场、医院等各场所均有应用。

8.3.4　生物转盘的进展

1. 沉淀合一的生物转盘

沉淀合一的生物转盘如图 8-10 所示，该构筑物体积紧凑。庆幸的是生物转盘的剩余污泥量少，否则不好解决生物转盘下部的沉淀池刮泥。

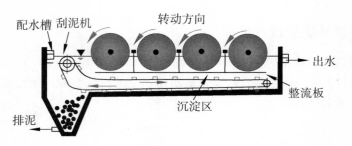

图 8 - 10   与沉淀池合建的生物转盘

2. 曝气生物转盘

曝气生物转盘如图 8 - 11 所示，这种生物转盘可改善传氧、节约动力，对减少扭矩力也有好处。

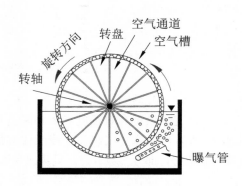

图 8 - 11   曝气生物转盘

8.4   生物接触氧化法

生物接触氧化法（Biological Contact Oxidation Tank），又称淹没式生物滤池（Submerged Biofilter）。顾名思义，"淹没式"指其滤料全部浸没在待处理的水中。

8.4.1   构造和流程

淹没式生物滤池的强制曝气供氧量在一定程度上可根据污水的进水浓度进行调节，以使微生物在任何时候都有足够的氧，滤池的有机容积负荷最高可达 $5 \sim 6 \mathrm{kg}\ BOD_5 \cdot m^{-3} \cdot d^{-1}$，进水 COD 浓度允许达到 $1\,000 \sim 1500 \mathrm{mg} \cdot L^{-1}$，不会产生滤池厌氧现象。

它不设反冲洗，在池内形成环流来强化对膜的冲刷、更新生物膜、预防堵塞，并改善滤料内的传质。滤料与传统生物滤池和其他生物膜法都有差别。

1. 滤料

这种滤池有机容积负荷较高，又要预防滤料堵塞，因此要求滤料有高的比表面积、高的空隙率和较大的空隙尺度，所以这种滤池广泛采用各种形状的塑料和软性填料，如图 8 -12和图 8 -13 所示。

图 8 - 12　生物接触氧化池用的各种滤料（一）

图 8 - 13　生物接触氧化池用的各种滤料（二）

2. 工艺流程

流程有两种，如图 8 - 14 所示，池内存在较强烈的三相环流来改善传氧和冲刷。

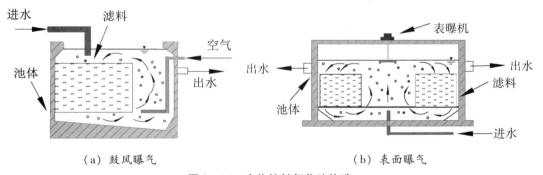

（a）鼓风曝气　　　　　　　　　　　（b）表面曝气

图 8 - 14　生物接触氧化池构造

8.4.2　设计计算

对进水有要求：进水 BOD_5 超过 2 000mg·L^{-1}，要预先用厌氧处理。含油量超过50mg·L^{-1}，需设隔油池或气浮池。悬浮物超过 500mg·L^{-1}，需设初沉池或混凝沉淀或气浮。

1. 有效容积 V 的计算

$$V = Q（S_0 - S_e）/L_V \qquad\qquad (8 - 19)$$

L_V——污染物容积负荷，对城市污水，以去除 BOD_5 为目的的 BOD_5 容积负荷一般取2~

$5\mathrm{kg\ BOD_5 \cdot m^{-3} \cdot d^{-1}}$。如果还要硝化，$\mathrm{BOD_5}$容积负荷可取$0.2 \sim 2.0\mathrm{kg\ BOD_5 \cdot m^{-3} \cdot d^{-1}}$。

2. 总表面积 A 和反应器的个数 n

根据有效容积 V 和一般反应器的滤料高度 $h_2 = 3\mathrm{m}$，计算反应器的总面积 A：

$$A = V/h_2 \qquad (8-20)$$

每个池的面积 $A_1 \leqslant 25\mathrm{m^2}$，计算反应器的个数 $n = A/A_1$，滤池至少为 2 个。

3. 总池深 h

一般为 $4.5 \sim 5.0\mathrm{m}$，计算式：

$$H = h_0 + h_1 + h_2 + h_3 \qquad (8-21)$$

式中：h_0、h_1、h_2、h_3——分别是超高（$0.5 \sim 0.6\mathrm{m}$）、滤料上部水深（$0.4 \sim 0.5\mathrm{m}$）、滤料高度、滤料底至池底的高度（$0.5\mathrm{m}$）。

4. 有效停留时间 t

一般 $2 \sim 4\mathrm{h}$，由下式计算：

$$t = V/Q \qquad (8-22)$$

5. 供气量

$$D = D_0 Q \qquad (8-23)$$

D_0 为淹没式生物滤池处理每立方米的水的曝气量，一般数值在 $10 \sim 15\mathrm{m^3}$，比活性污泥处理每立方米的水曝气量大得多（请参见第 200 页和第 230 页相关内容）。这里的曝气的功能有氧化所需、搅拌、生物膜的更新以防堵塞。

8.4.3 生物接触氧化的特点

1. 特点

生物接触氧化法是应用最广泛的生物膜反应器之一，比起前面的生物膜反应器有明显的优势。与后面的曝气生物滤池比较，各有优势。生物接触氧化法后面需要二沉池，没有反冲洗，运行起来较简单，不过防堵塞是这个反应器很重要的一点。要注意进水中的 SS 浓度、适当加大曝气、控制 $\mathrm{BOD_5}$ 的有机容积负荷。由于生物膜龄高，剩余污泥少。

（1）有机容积负荷高。

池内生物量的浓度可以达到 $10 \sim 20\ \mathrm{g \cdot L^{-1}}$。曝气强度高。接触氧化工艺的有机容积负荷比传统的活性污泥法的容积负荷高几倍。处理效率提高，是一种高负荷高效生物处理技术，耐冲击负荷能力强、不易发生污泥膨胀。

（2）脱氮。

以时间为顺序或以空间分段控制的运行方式是实际工程中生物接触氧化工艺实现高效脱氮的主要途径。以时间顺序控制接触氧化工艺的运行方式同 SBR，但是这种运行方式较 SBR 有更高的处理效率，单位生物量较高。也可以空间分段控制接触氧化工艺运行方式实现脱氮功能，本工艺运行控制得当可能出现好氧反硝化现象，提高其脱氮效率，而且生物膜都有一定程度的同步硝化反硝化的作用。

（3）除磷和脱氮除磷。

生物接触氧化技术在一定程度上解决了脱氮与除磷在泥龄上的矛盾。接触氧化技术中功能菌一部分附着生长在池内滤料上，另外一部分则以活性污泥的形式悬浮生长。一定程度上调和了脱氮与除磷泥龄之间的矛盾，使之具有一定的脱氮除磷能力。

（4）其他特点。

生物接触氧化技术还有结构简单、运行灵活、污泥产量少、操作简单、设备一体化程度高等特点。

2. 应用

对高浓度的有机废水，它常与厌氧处理法相结合，比如厌氧水解酸化、UASB 等工艺。目前生物接触氧化技术工艺已经被广泛应用于食品、印染、造纸、化工、医药、生活、养殖、中水回用等领域水处理。

8.5　曝气生物滤池

8.5.1　概述

曝气生物滤池（Biological Aeration Filter，BAF）。20 世纪 80 年代在欧洲建成第一座曝气生物滤池污水处理厂，目前世界上已有非常多的运用该工艺的水处理厂。

该工艺具有除 SS、除 COD 和 BOD、硝化、脱氮、除磷、除难降解有机污染物的作用。曝气生物滤池是集生物氧化和截留悬浮固体于一体的新工艺，每天处理水量可达几十万吨。

8.5.2　构造和工作原理

1. 滤料

由池体、布水系统、布气系统、承托层、滤层、反冲洗系统、滤板和滤头构成。水流形式有上向流和下向流。池型有圆形、正方形和矩形三种。

滤料有特别的要求，直径几毫米、均匀，比重比水稍小或稍大。与一般的生物滤池的滤料相比，在滤料粒径、均匀性方面都要求较高。滤料层 2~4m，粒径 2~8mm。皆为球状，材质有无机陶粒和有机塑料，如图 8-15 所示。

　　（a）陶粒　　　　　　　（b）聚苯乙烯小球

图 8-15　用于曝气生物滤池的两种滤料

陶粒滤料布置在滤池中上部，滤池下部有承托层。承托层主要是为了支撑滤料，防止滤料流失和堵塞滤池底部的滤头，同时还可以保持反冲洗稳定进行。为保证承托层的稳定，并对配水的均匀性起充分作用，要求材质具有良好的机械强度和化学稳定性，形状应尽量接近圆球形，工程中一般选用鹅卵石作为承托层。球状有机塑料滤料无须承托层。

布水系统主要包括：滤池最下部的配水室和滤板上的配水滤头。

布气系统包括：工艺曝气系统和进行"气＋水"联合反冲洗时的供气系统，分开布置。国内外常将曝气生物滤池专用曝气器作为滤池的空气扩散装置，如图 8-16 所示。

图 8-16　曝气生物滤池常用专用曝气器

2. 工作原理和过程

曝气生物滤池 BAF 去除水溶性污染物和 SS 的双重功能与许多因素有关，比如滤料、滤速、有机负荷、反冲洗、进水水质、进水方式、曝气、池体具体设计等。

由于单位容积滤池的滤料表面积大，滤层长有大量的生物膜，如图 8-17 所示。BAF 的有机容积负荷高，还与它的良好曝气效果有关。

由于滤料孔隙小以及表面生物膜的接触凝聚，相当于一个快滤池，因而出水 SS 达标，不需二沉池。见图 8-18。

图 8-17　长在滤料上的生物膜　　图 8-18　曝气生物滤池的出水 SS 达标

与快速滤池一样，BAF 也要反冲洗，反冲洗流体是"气＋水"。含有悬浮物的反冲洗出水，送入初沉池，脱落下来的生物膜可改善沉淀效果。反冲洗的控制程序分为时间控制（正常情况下是 24 小时反冲洗一次）和压差控制（即通过滤料层上下的压力差）、出水水质参数等进行自动起动运行。对于大水量必须有可编程序控制器（Programmable Logic Controller，PLC）控制系统来自动完成对滤池的运行控制。对于硝化，要控制反冲洗强度，既要洗去空隙内的悬浮物，又不要太强。

曝气生物滤池将较短的水力停留时间与长的污泥龄有机统一起来，有利于硝化细菌这类世代期较长的细菌生长，对氨氮具有较高的去除效率，因此被广泛应用于水中氨氮的去除。控制溶解氧不扩散到生物膜内部，实现同步硝化反硝化。当然也可以在两个 BAF 内完成硝化和反硝化脱氮，或在一个 BAF 分区完成硝化和反硝化脱氮。

BAF 的反冲洗可起到排泥作用，只靠生物作用除磷不能达到高标准磷的排放要求，需结合化学沉淀或混凝法来强化生物除磷。

8.5.3　工艺流程

1. 下向流式曝气生物滤池

下向流式曝气生物滤池如图 8 - 19 所示，滤料是比水重的无机滤料。该工艺的水流和气流流向不同，进水中的 SS 不容易进到滤池深处，因此截留 SS 的能力不足，水头损失增加比较快，缩短了去除污染物的运行周期，这是下向流最明显的不足。在下向流的水流作用之下，上升的气泡容易在滤料的某些空隙形成气阻。池底的配水滤头只对反冲洗水配水。单池具有同步硝化反硝化功能，但是不能保证脱氮效果达到出水要求。

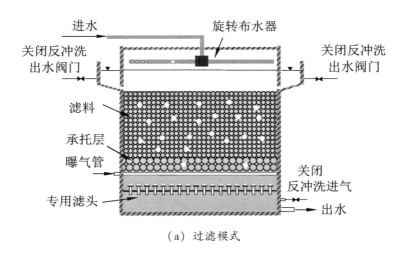

（a）过滤模式

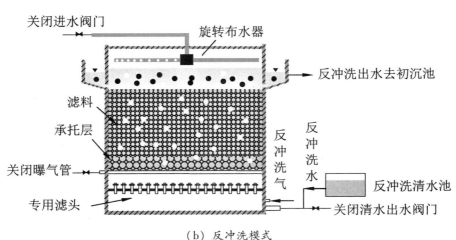

（b）反冲洗模式

图 8 - 19　下向流式曝气生物滤池运行

2. 上向流式曝气生物滤池

这种滤池的水流和气流都是向上流态，其优点：①能够将冲刷下来的 SS，送到滤池深处，充分发挥滤料对 SS 的截留能力，减少水头损失和堵塞，延长运行周期；②采用强制鼓风曝气技术，水气同向，使得气、水进行极好的均分，不容易形成气阻；③持续在整个滤池高度上提供正压条件，可以更好地避免形成沟流或短流。

（1）Bioform（Biofilm Reactor）。

池结构和运行模式见图 8 – 20。滤料是比水重的无机滤料，滤头在池底，对进水和反冲洗水配水。

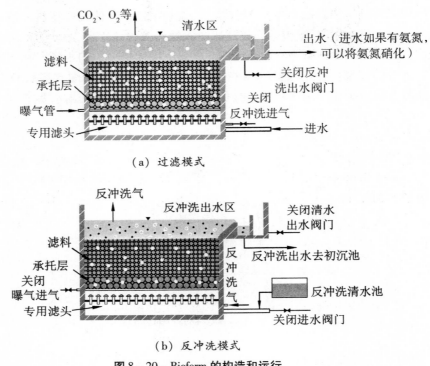

（a）过滤模式

（b）反冲洗模式

图 8 – 20　Bioform 的构造和运行

单池 Bioform 的同步硝化反硝化能力与下向流 BAF 相当。两个池串联，第一个池反硝化，第二个池硝化，其部分出水回流至前面的反硝化池可以达到更好的脱氮效果。可称之为生物膜法前置反硝化脱氮。

建造 Bioform 的基本步骤如图 8 – 21 所示。

第一步：Bioform 底部安装滤板

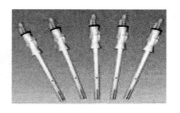

第二步：滤板上安装滤头

第三步：滤板上方安装曝气器

第四步：填充承托层和滤料

图 8 - 21　建造 Bioform 的基本步骤

（2）Biostyr。

Biostyr 的滤料是聚苯乙烯等比水轻的高分子材料，平均直径为 3 ±4mm，比表面积1 050 $m^2 \cdot m^{-3}$。双层 Biostyr 的结构和运行过程见图 8 - 22。滤池上层好氧硝化，出水部分回流至下层与进水在池底混合，在下层反硝化脱氮。这种双层单池 Biostyr 具有良好的脱氮效果。

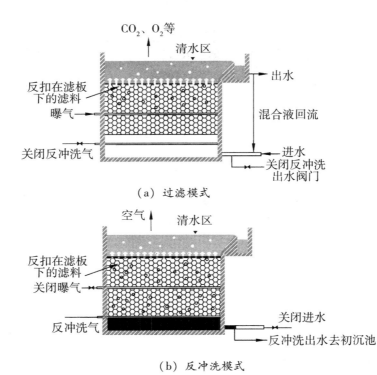

图 8 - 22　Biostyr 的过滤/反冲洗模式

滤板及滤头则安装于池顶部,以防止滤料流失并收集出水,如图8-23所示。

图8-23 Biostyr滤池的滤料之上安装滤板

滤头与处理后的水接触,因此避免了堵塞。这些滤头上面没有滤料,故而很容易进行维护,检修滤头时无须放空滤池。采用穿孔管池底配水。

反冲洗用水储存在滤池上部,反冲洗水流方向自上而下,不需要单独配置反冲洗水池和水泵,降低了设备投资和运行费用。反冲洗时滤料会出现乱层,对硝化菌重新繁殖不利,因此滤池也可以设计成单层硝化或反硝化池。去除BOD_5只需要单层。

8.5.4 曝气生物滤池的流程和设计计算

进水中的SS不要太高。一般要求在$150mg \cdot L^{-1}$以下,也有要求小于$60mg \cdot L^{-1}$一说。对于城镇污水,当曝气生物滤池的进水COD_{Cr}大于$800mg \cdot L^{-1}$时,应强化预处理,如混凝沉淀等。对于工业废水,当进水COD_{Cr}大于$1\,500mg \cdot L^{-1}$时,建议在曝气生物滤池前增加厌氧或水解酸化处理单元。

设计参数包括有机负荷、过滤滤速、水力停留时间、滤料性能、生物氧化需氧量、气水反冲强度和反冲洗周期、反冲洗水头要求、池容大小等参数。曝气生物滤池池体的设计采用容积负荷法计算。设计参数包括五日生化需氧量容积负荷、氨氮容积负荷和硝态氮容积负荷,设计参数较多,可参考设计手册。同时,在根据所选容积负荷计算并确定滤池总截面积后,还需用水力负荷(或滤速)进行校核。

曝气生物滤池特别适合造纸、食品加工等行业的废水处理。可用于二级污水处理,也可用于处理回用的三级处理和微污染的给水处理。

曝气生物滤池处理城镇污水流程见图8-24,采用二级曝气生物滤池达到脱氮除磷效果,除磷需要结合化学混凝强化除磷,磷以初沉污泥的形式排出系统。

处理工业废水的流程和设计参数则因水质而不同。

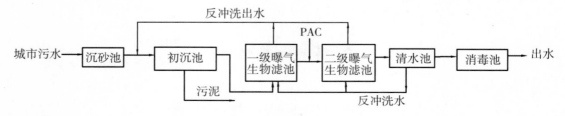

图8-24 曝气生物滤池处理城镇污水流程

8.5.5　曝气生物滤池的特点

1. 优点

①高污泥龄，无污泥膨胀，运行稳定。利用填料和表面的生物膜起到深层过滤和接触凝聚作用，节省了二沉池。效率高、能耗低、投资省。

②耐冲击。对水质水量的变化有较强的适应力。含有脱落下来的生物膜的反冲洗水去到初沉池虽然会周期性对初沉池产生冲击水力负荷，但是生物膜的絮凝作用可以改善沉降效果，使初沉池去除 SS 的效果不减。

③负荷高。单位体积的微生物量大，池内生物固体浓度 $10 \sim 20 \text{g} \cdot \text{L}^{-1}$，高于活性污泥法和其他生物滤池。有机容积负荷高达 $3.0 \sim 6.0 \text{kg BOD}_5 \cdot \text{m}^{-3} \cdot \text{d}^{-1}$，$F/M$ 也维持在低水平，污泥产量低。曝气池中溶氧较好。水力负荷 $4 \sim 10 \text{m}^3 \cdot \text{m}^{-2} \cdot \text{h}^{-1}$。

④自动化程度高，操作人员少。

⑤低温运行稳定，受温度影响很小。

⑥工艺操作灵活，同一滤池内可同时完成硝化及反硝化功能。

⑦全部模块化结构，改扩建容易，工期短。

⑧几方面都起到减少占地、投资费的作用。

⑨可对厂区进行全封闭，无臭味污染，视觉和景观效果好。

2. 缺点

①由于曝气生物滤池的滤料空隙小，容纳 SS 的能力不强，进水 SS 和 BOD 浓度不能太高。

②水头损失大。布水布气不均，局部易厌氧，堵塞。

③需要反冲洗。

8.6　好氧生物流化床

好氧生物流化床（Biological Fluidized Bed）是以粒径为毫米级、比重为 1 左右的颗粒作为微生物附着生长的填料。填料在流动水流、空气泡或纯氧气泡动力作用下处于流化状态，通过附着生长的生物膜吸附、氧化并分解来去除废水中的污染物。

8.6.1　流化基本原理

生物流化床的填料是陶粒或蜂窝状橡胶和塑料等载体，如图 8 − 25 所示。陶粒粒径 $1 \sim 2 \text{mm}$，橡胶粒径 $2 \sim 8 \text{mm}$，塑料 $10 \sim 25 \text{mm}$。陶粒载体接近球形，表面粗糙。载体投料占好氧区体积的 $15\% \sim 30\%$。

（a）陶粒　　　　　　　（b）蜂窝状塑料

图 8-25　生物流化床的填料

第 4 章已经介绍过流化床是填料床的一种，在这里结合图 4-5 简单讨论一下其流化原理。当水流从填料床底以一定流速 v 从填料的空隙中流过时，若 $v < v_p$（v_p 为颗粒的沉降速度），填料不动。当逐渐增加流速至 $v = v_p$ 时，填料开始被托起。在 $\Delta v = v - v_p > 0$ 的一定速度范围内，床内填料可以相当自由地运动但是不会从床内流出，流化填料层与在其上的水层存在清晰的界面。当再增加 v 时，填料床发展成为流动床，v_p 被称作流化最小速度。

另一个衡量流化的参数是膨胀程度，指标有膨胀率 K 或膨胀比 R，表达式分别如下：

$$K = (V_e/V) - 1 \tag{8-24}$$

$$R = h_e/h \tag{8-25}$$

式中：V_e、V——分别为一定条件下填料膨胀平衡时的容积和固定床填料湿容积，m^3；

　　　h_e、h——分别为一定条件下填料膨胀平衡时的高度和固定床湿填料的高度，m。

8.6.2　流化床的类型

1. 三相流化床

图 8-26 所示为外置沉淀的内循环式生物流化床。该反应器内气、液、固三相共存，废水充氧和填料流化同时进行。如图 8-27 所示，内置沉淀的内循环生物流化床的反应区由内筒和外筒两个同心圆筒组成，曝气装置在内筒底部，混合液在内筒向上流、在外筒向下流构成循环，充分实现流化。流化床内"填料 + 生物膜"表面传质非常好。

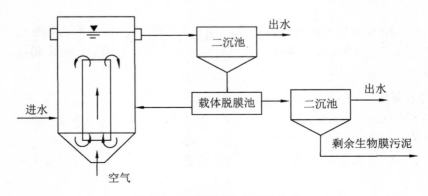

图 8-26　外置沉淀生物流化床

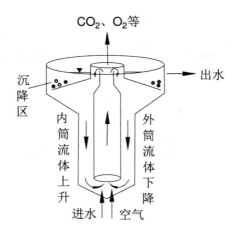

图 8 - 27　内置沉淀生物流化床

2. 两相生物流化床

其特点是充氧过程与流化过程分开，并完全依靠水流使填料流化。在流化床外设充氧设备和脱膜设备，在流化床内只有液、固两相，如图 8 - 28 所示。

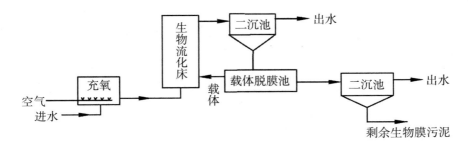

图 8 - 28　两相生物流化床构造

3. 生物流化床的特点

生物流化床将活性污泥法和流动生物膜法的优点有机结合在一起，是目前最先进的好氧生物处理法之一。

（1）高 BOD_5 容积负荷。

填料比表面积大，高浓度的微生物量（$40 \sim 50 g \cdot L^{-1}$）。流化态创造了良好的传质条件。膜更新快，生物流化床的生物膜厚度为 $100 \sim 200 \mu m$，活性高。流化床的生化反应速率快，对良好可生化性的废水，BOD_5 容积负荷可达 $6 \sim 10 kg\ BOD_5 \cdot m^{-3} \cdot d^{-1}$。

（2）较强的抵抗冲击负荷的能力，不存在污泥膨胀。

（3）占地面积小，节省投资。

（4）以曝气为动力，利用内外筒的密度差形成真正的流化，无死角，无须专门的流化设备。特别适用于中、高浓度工业废水的处理，处理效率高，有着广阔的使用空间。

缺点：流化状态需稳定控制。填料逐渐磨损变小，在原来的流化条件下填料会流失。

4. 流化床的进水要求

①进水 COD 浓度小于 1 000mg · L^{-1}。

②反硝化进水碳源 BOD_5/总氮≥4.0。

③注意硝化区的碱度要求。

④如果除磷，要求碳源 BOD_5/总磷≥17.0。

⑤处理水量小于 10 000m^3 · d^{-1}。每台最大处理能力为 2 500m^3 · d^{-1}。

⑥进水 SS≤200mg · L^{-1}。

8.7　生物膜法的运行和管理

1. "挂膜"与驯化

"挂膜"指在一定的运行条件下在某反应器的载体上培养出性质比较稳定的生物膜的过程。当温度适宜时，一般污水的实验室"挂膜"历时约一周。第 5 章图 5 - 8 描述了生物膜的生长过程。

有毒物质的工业废水，在生物膜反应器正常运行前，有一个让微生物适应新环境、迅速繁殖壮大、稳定的阶段，称为"驯化—挂膜"阶段。

"驯化—挂膜"有两种方式，一种是从其他工厂废水站或城市污水厂取来活性污泥或生物膜碎屑（都取自二次沉淀池），然后逐渐增加工业废水比例，进行驯化、挂膜。另一种是已经驯化培养出针对这种废水的特殊菌种，一开始就是工业废水进行挂膜。处理工业废水的挂膜时间可能比较长，比如两周甚至更长，实际工程挂膜时间更长。

完成挂膜的判断：在水量和水质、负荷等运行参数稳定时，出水水质也基本稳定。

2. 运行管理

生物膜反应器的运行管理有其共同之处，如保持微生物生长的良好环境，稳定水量水质、营养需要、防止超负荷、均匀布水等。同时也有很多不同的地方，如曝气生物滤池的反冲洗、生物流化床载体流失和补充等。除生物流化床外，其他生物膜反应器都要预防滤料堵塞现象。对于传统生物滤池，良好的通风、防止冬季滤池内温度降低过多也很重要。

习题

1. 试根据生物膜结构分析生物膜法水的净化过程，并画出传质图。

2. 简述水力负荷和滤料的空隙率对生物滤池设计、运行的实际意义，并用公式表示它们之间的关系。

3. 低负荷生物滤池、高负荷生物滤池和塔式生物滤池由哪几部分组成？简述它们的功能和应满足的要求。

4. 生物滤池什么条件下需要出水回流，回流的目的是什么？回流时相应的水力负荷、去除有机物滤料容积负荷、有机物去除率如何计算？

5. 塔式生物滤池和生物转盘提高处理效率的关键何在？

6. 影响生物转盘的处理效率的因素中有一个转速，请比较氧化沟的曝气转盘和生物转盘在转速上有何不同，为什么？

7. 传统生物滤池的共同之处是什么？

8. 叙述生物膜在滤料上的形成过程。

9. 比较生物膜与活性污泥在微生物组成上的相同之处和不同之处。

10. 生物膜法与活性污泥法不同，不太讲有机污泥负荷（当然这里应该是有机生物膜负荷），而代之以有机容积（滤料）负荷。其实有机生物膜负荷一样重要，如果要讨论有机生物膜负荷，哪些因素与这个负荷有关？生物转盘的有机负荷概念又有何不同？生物流化床呢？

11. 尽管生物膜有丰富的丝状菌，但是与活性污泥很不一样，脱落下来的生物膜沉降性能好，为什么？

12. 各种生物膜法对进水水质有何要求？需要什么相应措施？

13. 由低负荷生物滤池发展到高负荷生物滤池有一个相当有趣的历史，从这个故事可得到什么启迪？

14. 交替式运行二级串联的高负荷生物滤池有什么好处？

15. 选用高负荷生物滤池法处理污水，水量 $Q = 5\ 200\text{m}^3 \cdot \text{d}^{-1}$，原水 BOD_5 为 $300\text{mg} \cdot \text{L}^{-1}$，初次沉淀池 BOD_5 去除率为 30%，要求生物滤池的进水 BOD_5 为 $150\text{mg} \cdot \text{L}^{-1}$，出水 BOD_5 为 $30\text{mg} \cdot \text{L}^{-1}$，去除 BOD_5 滤料容积负荷 $L_v = 1.2\text{kg}\ BOD_5 \cdot \text{m}^{-3} \cdot \text{d}^{-1}$。试确定该滤池容积、回流比、表面水力负荷。

16. 一个生物转盘处理厂出水不达标，如果请你对该生物转盘处理厂进行改造，进水水质和水量不变，要在原有的基础上进行改进，你准备做哪些调查？测定哪些运行参数来着手你的工作？

17. 生物转盘在中水量和小水量城镇污水处理中被比较广泛地采用，这有何原因？

18. 与传统生物滤池相比，是由于什么改变而引起淹没式生物滤池的 BOD_5 负荷可高达 $5 \sim 6\text{kg}\ BOD_5 \cdot \text{m}^{-3} \cdot \text{d}^{-1}$、进水 COD 浓度允许达到 $1\ 000 \sim 1\ 500\text{mg} \cdot \text{L}^{-1}$ 而不会产生滤池厌氧现象和不需要反冲洗？

19. 曝气生物滤池是一种成功的、被广泛应用的生物膜法，它对滤料有何要求？为什么这么要求？与快速过滤的滤料比较，为什么有这些不同？

20. 为什么曝气生物滤池进水中的 SS 不要太高？作为曝气生物滤池的去除进水中 SS 预处理的方法有哪些？

21. 为什么单独利用曝气生物滤池的生物作用就可以达到很好的脱氮效果，但是除磷不能达到排放标准？要达到好的除磷效果需采取什么化学方法来强化除磷？

22. 现在为什么绝大多数曝气生物滤池都采用上向流式曝气生物滤池结构？

23. 上向流式曝气生物滤池有两种流程：Biostyr 和 Bioform，请比较其构筑物和滤料？

24. 成功的生物流化床为什么有很高的有机物容积负荷？后来发现原来处理效果稳定的生物流化床，虽然进水水质水量并没有明显变化，但在长期运行后处理效果有下降的趋势？你分析一下从哪些方面可以找到原因？你有什么指导性建议？

25. 解释在同一淹没式生物滤池或曝气生物滤池中发生同步硝化反硝化的原因。

26. 已知某一级反应起始基质浓度为 $220mg \cdot L^{-1}$，$2h$ 后的基质浓度为 $20mg \cdot L^{-1}$，求其反应速度系数 k 与反应后 $1h$ 的基质浓度 S_e。某工业废水水量为 $600m^3 \cdot d^{-1}$，BOD_5 为 $430mg \cdot L^{-1}$，经初沉池后进入塔式生物滤池处理，初沉池对 BOD_5 的去除率为 25%。要求出水 $BOD_5 \leqslant 30mg \cdot L^{-1}$，试计算塔式生物滤池尺寸和回流比。

27. 试比较曝气生物滤池的滤板和滤头在滤池内的位置差异和原因。

28. 试分析生物滤池堵塞的可能原因和措施。

第9章　自然处理法

自然处理法指由自然系统的水、土壤、细菌、高等植物和阳光组成的污水自然净化系统。自然界具有自然净化能力，不过其自净过程比较慢，为了提高自然条件下的去除污染物的能力，需要经人工适当改造形成可控的自然处理系统，需谨防对自然环境造成新的污染。自然处理法包括稳定塘、污水土地处理和湿地处理系统，要求工业废水所占比例低且难降解和有害物质要少。

9.1　稳定塘

9.1.1　概述

稳定塘又名氧化塘或生物塘。稳定塘对污水的净化过程与自然水体的自净过程相似，是一种利用天然净化能力处理污水的生物法水处理，只有不多的科学修饰，塘内生物量不多，因此有机容积负荷低。稳定塘多用于小型污水处理，应该远离人口密集的城区。截至1990年在美国有2万座稳定塘，90%设在小于1万人的乡镇。

稳定塘的分类：按塘内的微生物类型、供氧方式和功能等划分，常见的有好氧塘、兼性塘、厌氧塘、曝气塘、深度处理塘、水生植物塘、生态塘、完全储存塘。

稳定塘的优缺点如下：

基建投资低、运行管理简单经济、动力消耗低。

综合利用，实现污水资源化，如充分利用污水的水肥资源用于农业灌溉、组成多级食物链的复合生态系统，养殖水生动物和植物。

占地面积大。处理效果受气候影响，如季节、气温、光照、降雨等自然因素都影响稳定塘的处理效果。

设计不当时，可能形成二次污染，如污染地下水、产生臭氧和滋生蚊蝇、悬浮物超标等。

9.1.2　厌氧塘

厌氧塘对有机污染物的降解，与以往的厌氧生物处理相同。

如图9-1所示，厌氧塘水深在3~5m。以甲烷发酵阶段的要求作为控制条件，控制有机污染物的投配率，以保持产酸菌和甲烷菌之间的动态平衡。

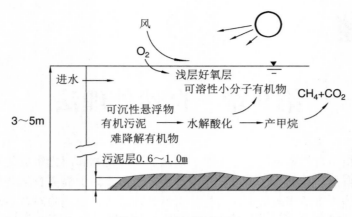

图 9-1　厌氧塘示意图

厌氧塘塘底厌氧菌停留时间比人工厌氧反应器的还要长，与人工厌氧反应器提高微生物的停留时间的机理不同，它是由于进水的有机 SS 沉到塘底，塘底的兼性产酸菌和严格厌氧产甲烷菌进行厌氧消化。在设计时厌氧菌的停留时间比人工厌氧反应器中的厌氧菌要保守，比如 15℃～20℃，乙酸产甲烷菌的停留时间不短于 40d。

应控制塘内的有机酸浓度在 3 000mg·L^{-1}以下，pH 值为 6.5～7.5，硫酸盐浓度应小于 500mg·L^{-1}，对 C、N、P 的营养要求与前面一样。

厌氧塘的表面因光合作用形成好氧层，好氧微生物利用塘底产生的 H_2S、CS_2、乙醛和蛋白质腐化产物进行代谢，减少厌氧塘的臭味。厌氧塘正常运行时，稍有气味，但是当风大或气温波动大时，会引起"翻塘（turn over）"，把塘底厌氧产生的这些挥发性物质散发出来，引起强烈的令人厌恶的气味。

厌氧塘常用有机负荷经验数据进行设计：

①有机负荷设计法有 BOD_5 表面负荷和 BOD_5 容积负荷。我国采用 BOD_5 表面负荷法。处理城市污水的建议负荷值为 20～60g BOD_5·m^{-2}·d^{-1}。对于工业废水，有报道 BOD_5 表面负荷为 12.5～30g BOD_5·m^{-2}·d^{-1}。

②单塘面积不大于 40 000m^2，这主要是为了避免风大时引起的翻塘现象，以免产生很强烈的臭味。

厌氧塘不会单独用于污水处理，而是作为其他生物塘的预处理。厌氧塘宜用于处理高浓度有机废水、城镇污水。

9.1.3　好氧塘

如图 9-2 所示，好氧塘内存在着菌、藻和原生动物的共生系统。塘内的藻类进行光合作用，释放出氧，塘表面的好氧型异养细菌利用水中的氧，通过好氧代谢氧化分解有机污染物并合成细胞，其代谢产物 CO_2 则是藻类光合作用的碳源，见图 9-3。

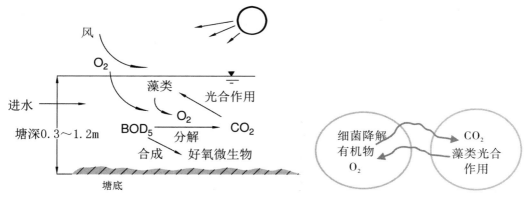

图 9 - 2　好氧塘示意图　　　　图 9 - 3　光合细菌和异养菌的共生关系

塘内菌藻生化反应如下：

细菌降解有机物的合成代谢：

$$有机物 + O_2 + H^+ \longrightarrow CO_2 + H_2O + NH_4{}^+ + C_5H_7O_2N$$

以硝态氮为 N 源的藻类的光合作用：

$$106CO_2 + 16NO_3{}^- + HPO_4{}^{2-} + 122H_2O + 18H^+ \longrightarrow C_{106}H_{263}O_{110}N_{16}P + 138O_2$$
$$3\,550g \qquad\qquad 4\,416g$$

以 $NH_3 - N$ 为 N 源的藻类光合作用：

$$106CO_2 + 65H_2O + 16NH_3 + H_3PO_4 === C_{106}H_{181}O_{45}N_{16}P + 118O_2$$
$$2\,428g \qquad\qquad 3\,776g$$

从上式可计算生产 1g 光合细菌产生的氧气分别是：$3\,776/2\,428 = 1.555g\ O_2 \cdot g^{-1}$ 或 $4\,416/3\,550 = 1.244gO_2 \cdot g^{-1}$。

藻类光合作用使塘水的溶解氧和 pH 值出现昼夜变化。白天，藻类光合作用使 CO_2 降低，pH 值上升；夜间，藻类停止光合作用，细菌降解有机物的代谢没有停止，CO_2 累积，pH 值下降。

菌类主要生存在水深 0.5m 的上层，每毫升水中菌类细胞个数为 $1 \times 10^8 \sim 5 \times 10^9$ 个。原生动物和后生动物的种属数与个体数，均比活性污泥法和生物膜法的少。

藻类的种类和数量与自然条件、塘的负荷有关。

好氧塘工艺设计的主要尺寸的经验值如下：

①好氧塘多采用矩形，表面的长宽比为 3∶1 ~ 4∶1，一般以塘深 1/2 处的面积作为标准计算塘面。塘堤的超高为 0.6 ~ 1.0m。单塘面积不宜大于 40 000m²；

②塘深 0.3 ~ 1.2m；

③好氧塘的座数一般不少于 3 座，规模很小时不少于 2 座。

好氧塘发臭是其失败的一种表现，原因是菌藻的共生关系失衡。藻类光合作用释放的氧气不能满足异养菌降解有机物的需要，何况光合作用的强度还昼夜分明、阴晴迥异。再就是当地的日照时间和强度。因此好氧塘特别需要控制有机物的负荷，使之与光合作用形成一个相对协调的平衡。

对于光合自养菌，每生产1mg生物体需要能量23.5J，或者说每焦耳能量可生产0.042 6mg光合细菌。如果某个地区夏天阳光灿烂，到达地面的能量为20 000kJ·m^{-2}·d^{-1}，则根据研究，高效好氧塘的阳光利用率可达3%～5%，那么光合细菌的生长速率（每日每平方米繁殖的光合细菌克数）：

$$光合细菌生长速率 = \frac{J}{m^2 \times d} \times 0.042\ 6mg/J$$

$$= \frac{3\% \times 20\ 000kJ}{m^2 \times d} \times 0.042\ 6mg/J$$

$$= 25.6\ (g \cdot m^{-2} \cdot d^{-1})$$

再计算产氧速率：

$$产氧速率 = 25.6g \cdot m^{-2} \cdot d^{-1} \times 1.555g\ O_2 \cdot g^{-1}$$

$$= 36.81\ (g\ O_2 \cdot m^{-2} \cdot d^{-1})$$

如果按塘深1m计，则产氧速率可表示为：36.81g O$_2$·m^{-3}·d^{-1}。假设光合作用的产氧被异养菌全部用于降解有机物，去除的BOD也就是36.81g BOD$_5$·m^{-3}·d^{-1}。这相当于有机容积负荷理论值，这个值比生物膜和活性污泥的数值要小得多。

如果有一个地方日照不强，冬天到达地面的能量只有5 000kJ·m^{-2}·d^{-1}，阳光利用率假设为1.5%，那么光合细菌的生长速率（每日每平方米繁殖的光合细菌克数）是：

$$光合细菌生长速率 = \frac{1.5\% \times 5\ 000kJ}{m^2 \times d} \times 0.042\ 6mg/J$$

$$= 3.195\ (g \cdot m^{-2} \cdot d^{-1})$$

再计算氧气生成速率：

$$产氧速率 = 3.195g \cdot m^{-2} \cdot d^{-1} \times 1.555g\ O_2 \cdot g^{-1}$$

$$= 4.968\ (g\ O_2 \cdot m^{-2} \cdot d^{-1})$$

同上可得该地区冬季好氧塘去除BOD的理论值为4.968g O$_2$·m^{-3}·d^{-1}。由于好氧塘的有机容积负荷最高边界值非常小，因此在设计时要非常小心，否则很容易引起好氧塘发臭。普通好氧塘的BOD$_5$面积设计负荷值参考范围为4～12g BOD$_5$·m^{-2}·d^{-1}，这个数值很小，其范围已经超出某些地区冬季的最大理论值。

好氧塘的菌藻共生关系失衡的另一个结果是藻生长过度，导致出水带绿和SS浓度比较高，比如普通好氧塘的出水SS达到80～140mg·L^{-1}，因此最后出水需除藻。

9.1.4　兼性塘

兼性塘如图9-4，其有效水深一般为1.0～2.0m。

上层好氧区对有机污染物的净化机理与好氧塘相同。下层兼性区溶解氧浓度较低，异养型兼性细菌，既能利用水中的溶解氧氧化分解有机污染物，也能在无分子氧的条件下，以NO$_3^-$作为电子受体进行无氧代谢。厌氧区无溶解氧和硝态氮，污泥层中的有机质由厌氧微生物进行厌氧分解，未被甲烷化的中间产物进入塘的上、中层，由好氧菌和兼性菌继续进行降解。而CO$_2$、NH$_3$等代谢产物进入好氧层，部分逸出水面，部分参与藻类的光合作用。由于单位面积的生物量增加，单位面积的兼性塘有机负荷也有所提高。

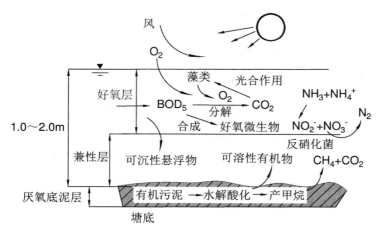

图 9-4 兼性塘示意图

兼性塘的设计一般也采用有机表面负荷法进行计算,可参考我国建立的较完善的兼性塘设计规范。

在这里说两个问题,一是单塘面积应小于 40 000m²,以避免布水不均匀或波浪较大等问题。设计面积要合理,如果设计的面积超出需要的面积太多的话,会诱发光合细菌过度繁殖,出水由于藻类多而呈绿色,出水 SS 浓度相当高。二是对于兼性塘的 BOD_5 表面负荷,考虑的关键因素是冬季的平均温度,比如冬季平均气温在 0℃ ~ 10℃ ,设计的 BOD_5 面积负荷应是 $3 \sim 5g\ BOD_5 \cdot m^{-2} \cdot d^{-1}$ 。

9.1.5 完全混合曝气塘

曝气塘是在塘面上安装有人工曝气设备的稳定塘,有两种类型:完全混合曝气塘和部分混合曝气塘。曝气塘出水的悬浮固体浓度较高,排放前需设置沉淀池,或在塘中分割出静水区用于沉淀。

曝气塘的水力停留时间为 $3 \sim 10d$,有效水深为 $2 \sim 6m$ 。

9.1.6 稳定塘系统工艺流程的其他问题

稳定塘处理系统的组成:预处理、稳定塘、后处理设施。

(1) 稳定塘进水的预处理。

为防止稳定塘内污泥淤积,污水进入稳定塘前应先去除水中的悬浮物质。按需要设置格栅、普通沉砂池和沉淀池。原污水中的悬浮固体浓度小于 $100mg \cdot L^{-1}$ 时,可只设沉砂池,以去除砂质颗粒。原污水中的悬浮固体浓度大于 $100mg \cdot L^{-1}$ 时,需考虑设置沉淀池。

(2) 稳定塘塘体设计细节。

稳定塘应设在居民区下风向 200m 以外,以防止塘散发臭气影响居民生活。

为防止浪的冲刷,塘的衬砌应在设计水位上下各 0.5m 以上。若需防止雨水冲刷时,塘的衬砌应做到堤顶。衬砌方法有干砌块石、浆砌块石和混凝土板等。

在有冰冻的地区，背阴面的衬砌应注意防冻。若筑堤土为黏土时，冬季会因毛细作用吸水而冻胀，因此，在结冰水位以上位置换用非黏性土。

稳定塘的渗漏可能污染地下水源；若塘体出水再考虑回用，则塘体渗漏会造成水资源损失，因此，塘体防渗是十分重要的。防渗方法有素土夯实、沥青防渗衬面、膨胀土防渗衬面和塑料薄膜防渗衬面等。

进出口的形式对稳定塘的处理效果有较大影响，设计时应注意配水、集水均匀，避免短流、沟流及混合死区。主要措施为采用多点进水和出水；进口、出口之间的直线距离尽可能大；进口、出口的方向避开当地主导风向。

9.2　污水土地处理

污水土地处理是在农田灌溉的基础上，运用人工调控，利用土壤、微生物、植物组成的生态系统净化污水中污染物的处理方法。正常运行的系统出水水质可达到二级或三级处理效果。

土地处理技术有五种类型：慢速渗滤、快速渗滤、地表漫流、湿地和地下渗滤系统。土地处理系统由污水预处理设施、污水调节和储存设施、污水的输送、布水及控制系统、土地净化田、净化出水的收集和利用系统组成。

土地处理的特点是占地大、建设投资少、运行简单、运行费少，这适用于分散村落。美国分散的农村家庭最常用的最典型的污水就地处理系统是化粪池/地下渗滤处理系统。随着生态技术的发展和应用，又发展了以化粪池或沉淀池为预处理的潜流人工湿地系统。2002年，全美有1/4家庭的生活污水处理使用了就地处理系统。

9.2.1　土地处理系统的净化机理

污水土地处理系统的净化机理十分复杂，它包含了物理过滤、物理吸附、物理沉积、物理化学吸附、化学反应和化学沉淀、微生物对有机物的降解、植物吸收等过程。因此，污水在土地处理系统中的净化是一个综合净化过程。

（1）BOD的去除。

BOD大部分是在土壤表层土中去除的。土壤中含有大量的种类繁多的异养型微生物，它们能对被过滤、截留在土壤颗粒空隙间的悬浮有机物和溶解有机物进行生物降解，并合成微生物新细胞。

当污水处理的BOD负荷超过土壤微生物分解BOD的生物氧化能力时，会引起厌氧状态或土壤堵塞。

（2）磷和氮的去除。

在土地处理中，磷主要是通过植物吸收、化学反应和沉淀（与土壤中的钙、铝、铁等离子形成难溶的磷酸盐）、物理吸附和沉淀（土壤中的黏土矿物对磷酸盐的吸附和沉积）、物理化学吸附（离子交换、络合吸附）等方式被去除。其去除效果受土壤结构、阴离子交换容量、铁铝氧化物和植物对磷的吸收等因素的影响。

氮主要是通过植物吸收、微生物脱氮、挥发、渗出（氨在碱性条件下逸出、硝酸盐的渗出）等方式被去除。

（3）悬浮物质的去除。

通过作物和土壤颗粒间的空隙截留过滤去除污水中的悬浮物质。若悬浮物的浓度太高、颗粒太大，会引起土壤堵塞。

（4）病原体的去除。

污水经土壤处理后，水中大部分的病菌和病毒可被去除。其去除率与选用的土地处理系统工艺有关，其中地表漫流的去除率较低。

（5）重金属的去除。

重金属主要是通过离子交换吸附、与腐殖质生成螯合物被固定、生成难溶性化合物等途径被去除的。

9.2.2　土地处理基本工艺简介

1. 慢速渗滤系统

慢速渗滤系统如图 9 - 5 所示，适用于渗水性能中等的沙壤土或黏壤土、蒸发量小、气候润湿的地区，土壤渗透系数 $\geqslant 0.15\text{m} \cdot \text{h}^{-1}$，土层厚度大于 0.6m。慢速渗滤系统的污水表面水力负荷较低，净化效率高，出水水质好。污水主要由植物吸收和渗入地下水，设计要求没有出水。慢速渗滤系统有农业型和森林型两种。

图 9 - 5　慢速渗滤系统

2. 快速渗滤系统

快速渗滤系统如图 9 - 6 所示。它是一种高效、低耗、经济的污水处理与再生方法，适用于渗透性能良好的土壤，如砂土、砾石性砂土、沙质土等，土壤渗透系数 $\geqslant 5.0\text{m} \cdot \text{h}^{-1}$，土层厚度大于 1.5m。污水流经快速渗滤表面后很快下渗进入地下，并最终进入地下水层。灌水与休灌反复循环进行，使滤田表面土壤处于厌氧—好氧交替运行状态，依靠土壤微生物对被土壤截留的溶解性和悬浮有机物进行分解，使污水得以净化。快速渗滤法的主要目的是补给地下水和废水再生回用。进入快速渗滤系统的污水应进行适当预处理，预防堵塞，保持需要的渗透速率。

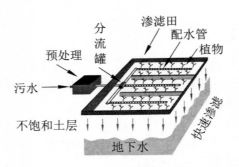

图 9-6　快速渗滤系统

3. 地表漫流系统

地表漫流系统适用于渗透性慢的黏土或亚黏土，土壤渗透系数 $\leq 0.5\mathrm{m \cdot h^{-1}}$，土层厚度大于 0.3m，地面的最佳坡度为 2%~8%。如图 9-7 所示，污水以喷灌法或漫灌法有控制地在地面上均匀地漫流，配水主要流向设在坡脚的集水渠，在流动过程中少量废水被植物摄取、蒸发和渗入地下。地面上种牧草或其他作物供微生物栖息并防止土壤流失，尾水收集后可回用或排放。

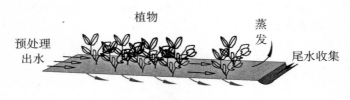

图 9-7　地表漫流系统

4. 地下渗滤系统

地下渗滤系统适用于沙壤土或黏壤土，土壤渗透系数 0.15~0.5m·h^{-1}。这种处理系统的布水通过埋设在地面下约 0.5m 处的布水管来完成，不影响地面景观，适合分散式污水处理，如度假村、乡镇农村分散住户。

各种处理方法最终水的去向见表 9-1。

表 9-1　各种处理方法最终水的去向和主要去向

类型	各种去向	主要去向
慢速渗滤	下渗、直接蒸发、植物表面蒸腾和植物吸收	下渗、植物吸收
快速渗滤	下渗、直接蒸发、植物表面蒸腾和吸收	下渗
地表漫流	径流、下渗、直接蒸发、植物表面蒸腾和吸收	径流
地下渗滤	下渗、直接蒸发、植物表面蒸腾和吸收	下渗

9.2.3　土地处理基本工艺设计

合理设计表面水力负荷除了要考虑取值外，还要考虑排水量、自然条件下的蒸发量和降水量。显然必须保证土壤渗透速率远大于表面水力负荷，为了保证合理的土壤渗透速率就必须加强预处理预防渗滤田堵塞。

表 9 - 2　土地处理设计参数

类型	表面水力负荷（$cm^3 \cdot cm^{-2} \cdot d^{-1}$）	BOD_5面积负荷（$kg\ BOD_5 \cdot m^{-2} \cdot d^{-1}$）
慢速渗滤	1.2 ~ 1.5	0.04 ~ 0.2
快速渗滤	6 ~ 125	0.8 ~ 4.0
地表漫流	3 ~ 21	0.2 ~ 0.75
地下渗滤	0.2 ~ 4.0	0.5 ~ 2.0

视频链接

9.3　湿地处理系统

天然湿地，被称为"地球之肾"，与森林、海洋并列为全球三大生态系统类型。1992年中国加入世界性的《湿地公约》，《湿地公约》给出的湿地定义为：各种形式的涨潮或低潮的水深不超过 6m 的水域，如天然或人工、长久或暂时性的沼泽地，泥炭地或水域地带，静止或流动的淡水、半咸水、咸水体。

人工湿地（Artificial or Constructed Wetland）指模拟天然湿地系统结构和功能而建造的，由水池或沟槽、底面铺设的防渗漏隔水层、一定厚度的填料和水生植物构成的生态系统。当水通过系统时，其中的污染物质和营养物质被系统（湿泥、根须、微生物、植物甚至动物）的物理、化学、生物三重协同作用净化。人工湿地去除的污染物类型多样，包括 N、P、SS、有机物、微量元素、病原体等。可作为二级处理或二级污水处理厂出水的深度处理。

人工湿地如果做得好的话还可成为美丽的人为景观，如图 9 - 8 所示。

图 9 - 8　人工湿地可成为美丽的人为景观

9.3.1　人工湿地流程

按照污水流动方式人工湿地可分为垂直潜流人工湿地、水平潜流人工湿地和表面流流人工湿地。

1. 垂直潜流（Vertical Subsurface Flow）人工湿地

垂直潜流有两种：下向垂直潜流和上向垂直潜流，下向垂直潜流指污水从位于人工湿地的填料顶部的进水管均匀进入向下垂直流向填料床底部的集水管并排出（如图9-9）。上向垂直潜流指污水从人工湿地底部均匀进入向上垂直流向填料床上部的集水管并排出。垂直潜流人工湿地内可设置通气管，同人工湿地底部的排水管相连接，并且与排水管道管径相同。

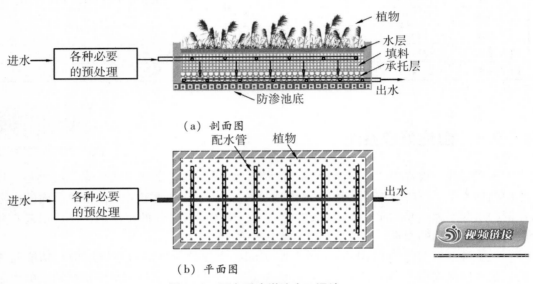

（a）剖面图

（b）平面图

图9-9　下向垂直潜流人工湿地

2. 水平潜流（Horizontal Subsurface Flow）人工湿地

填料粒径在水平潜流人工湿地中水平方向上的变化是大→小→大，如图9-10所示。水平潜流意指污水从人工湿地池体的填料侧面均匀进入，水平流经人工湿地填料至池尾端经过穿孔墙至集水槽流出。水平潜流人工湿地可采用穿孔墙（如图9-10、图9-11所示）、并联管道或穿孔管等布水方式。

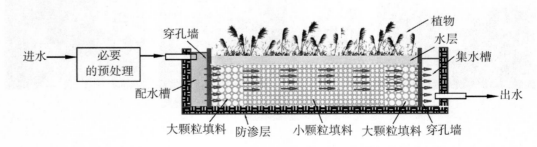

图9-10　水平潜流人工湿地剖面图

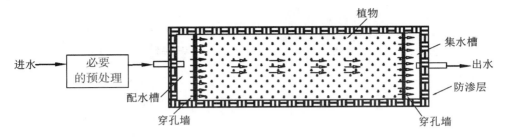

图9-11　水平潜流人工湿地平面图

3. 表面流（Surface Flow）人工湿地

表面流指污水主要在人工湿地填料之上的水层流动，表面流人工湿地依靠池上部填料、植物根茎的拦截及填料表面和根系上的微生物降解作用来净化水。表面流人工湿地单位面积的有效容积低、负荷低、易堵塞，应用价值低。

9.3.2　水生植物的选择

人工湿地种植的水生植物有浮游植物、挺水植物、沉水植物。

潜流人工湿地可选择芦苇、风车草、蒲草、灯芯草、香蒲、菖蒲、水葱、荸荠、莲、水芹、茭白、千屈菜、水麦冬等挺水植物。其中应用最广的是芦苇。植物一般选取当地或本地区天然湿地中存在的植物，以保证对当地气候环境的适应性，并尽可能地增加湿地系统的生物多样性以提高湿地系统的综合处理能力。这三类人工湿地常用的几种水生植物见图9-12、图9-13、图9-14。

（a）芦苇　　　　　　　（b）风车草　　　　　　　（c）灯芯草

（d）香蒲　　　　　　　（e）菖蒲　　　　　　　（f）水葱

图9-12　挺水植物

283

（a）金鱼藻 　　　　　　　　　　（b）眼子菜

图9-13　沉水植物

（a）睡莲 　　　　　　　　　　（b）浮萍

图9-14　浮游植物

水生植物在人工湿地中的作用有：将景观水中的部分污染物作为自身生长的养料来吸收；将某些有毒物质的重金属富集、转化、分解成无毒物质；根系生长有利于景观水均匀地分布在湿地植物床的过水断面上，向根区输送氧气创造有利于微生物降解有机污染物的良好根区环境；增加或稳定土壤的透水性。

所选植物具备发达的根系，发达的根系既可以增加表面积，又可分泌较多的根系分泌物，可为微生物提供适宜的环境。植物的根系有利于固定处理床表面，保持植物与微生物旺盛的生命力，有利于保持人工湿地生态系统的稳定性。另外所选植物的地上部分生物量要大，大生物量可以增加湿地吸收同化去除碳、氮、磷等营养物的能力。

人工湿地植物的选择要考虑经济和观赏价值，能够融入园林设计理念。

9.3.3　设计

表面流人工湿地的应用价值低，下面只介绍潜流人工湿地的设计问题。

（1）几何尺寸。

规则潜流人工湿地几何尺寸，应符合表9-3所列要求。

表9-3　规则潜流人工湿地几何尺寸

类型	面积（m²）	长宽比	单元长（m）	水深（m）	坡度（%）
水平潜流	800	3:1~5:1	20~50	0.4~1.6	0.5~1
垂直潜流	1 500	1:1~3:1			

（2）负荷设计参数。

人工湿地面积应根据 COD 或 BOD$_5$ 以及其他污染物的表面负荷确定，同时应满足水力负荷的要求。针对二级处理或深度处理的水平潜流人工湿地和垂直潜流人工湿地的设计参数见表 9－4。

表 9－4　水平潜流和垂直潜流人工湿地设计参数

设计参数	水平潜流 二级处理或深度处理	垂直潜流 二级处理或深度处理
COD 表面负荷（g·m^{-2}·d^{-1}）	≤16	≤20
BOD$_5$ 表面负荷（g·m^{-2}·d^{-1}）	8～12	8～12
TN 表面负荷（g·m^{-2}·d^{-1}）	2.5～8	3～10
氨氮表面负荷（g·m^{-2}·d^{-1}）	2～5	2.5～8
总磷表面负荷（g·m^{-2}·d^{-1}）	0.3～0.5	0.3～0.5
水力负荷（L·m^{-2}·d^{-1}）	≤40（二级处理）； ≤200～500（深度处理）	≤80（二级处理）； ≤100～300（深度处理）
停留时间（d）	≥3（二级处理）； ≥0.5（深度处理）	≥2（二级处理）； ≥1（深度处理）

（3）填料。

填料指土壤、砂、砾石、沸石、石灰石、页岩、塑料、陶瓷等。垂直潜流人工湿地的植物宜种植在渗透系数较高的填料上。水平潜流人工湿地的植物应种植在土壤上。选择的填料多偏向于较大粒径的颗粒，原因是水流在粒径较大的填料床内的短路最小，能够形成渠流。由于空隙尺度较大，堵塞现象可有效减少。填料层渗透系数清水试验测定值应介于 $10^{-2}～10^{-1}$ m·s^{-1}。填料初始空隙宜在 0.35～0.4。填料层厚度应大于植物根系所能达到的最深处，一般填料厚度为 0.7～1.0mm。

（4）前处理。

人工湿地前处理设施主要包括格栅、沉砂池、初沉池、调节池等，如有必要，可设置混凝沉淀或二级生物处理工艺。进水水质如表 9－5 所示。

表 9－5　垂直潜流人工湿地的进水水质　　　　单位：mg·L^{-1}

人工湿地类型	BOD$_5$	COD	BOD$_5$/COD	SS	油	DO	NH$_3$－N	TP
水平潜流	≤50	≤200	≮0.3	≤60	≤50	≥1.0	≤25	≤5
垂直潜流	≤80	≤200		≤80	≤50	≥1.0	≤25	≤5

总的来说，人工湿地污水处理系统比较适用于处理水量不大、水质变化不很大、管理水平不高的城镇污水，如我国农村中、小城镇的污水处理。人工湿地作为一种处理污水的

新技术有待于进一步改良，有必要更细致地研究不同地区的特征和运行数据，以便在将来的建设中提供更合理的参数。

优点：①建造和运行费用便宜；②易于维护，技术含量低；③可提供和间接提供效益，如水产、畜产、造纸原料、建材、绿化、野生动物栖息、娱乐和教育。

缺点：①占地面积大；②易受病虫害影响；③生物和水力复杂性加大了对其处理机制、工艺动力学和影响因素认识和理解的难度，设计运行参数不精确，因此常由于设计不当使出水达不到设计要求或不能达标排放，有的人工湿地反而成了污染源。

习题

1. 氧化塘有哪几种形式？简述其适用条件和处理效果，并简述其最主要的设计参数。

2. 简述好氧塘或兼性塘的上层好氧区的 DO 随昼夜变化的规律。

3. 好氧塘出水 SS 浓度为什么会出现超出进水 SS 浓度的情况？

4. 普通好氧塘为什么不常用？在根据有机物好氧塘面积负荷来设计氧化塘面积时，对有机物氧化塘面积负荷设计数值为什么要谨慎？为什么有机物的好氧塘面积负荷很小？

5. 土地处理对土壤有何要求？土地处理法适合处理什么废水？

6. 人工湿地的预处理有哪些？进水水质有什么要求？

7. 人工湿地的哪种水流方式较好？为什么？

8. 列举几种用于人工湿地的挺水植物、沉水植物和浮游植物。

第 10 章　污泥处理和处置

　　在去除水中污染物的过程中会产生大量的污泥，要谨防造成二次污染。污泥的出路是再利用或再处理和最终处置。通过前面第 7 章的计算题可知污泥体积产量约为污水处理流量的 1%，污泥管理及处置费用占到污水处理厂总管理费用的 40%～60%。国家生态环境部等三部委联合颁布的《城镇污水处理厂污泥处理处置及污染防治技术政策》规定城镇污水处理厂新建、改建和扩建时，污泥处理处置设施应与污水处理设施同时规划、同时建设、同时投入运行。

　　污泥处理要达到的目的是"减量化、资源化、无害化和稳定化"。污泥的减量化常指减少污泥中的水分，广义上减量化也包括有机成分的消化。资源化指在符合成本原则下回收利用有用成分。污泥的无害化、稳定化有两层含义，其一指将可分解成分分解成稳定的低污染的化学形态物质或将有毒成分转化成低毒化学物质，其二指将不可分解的有害重金属离子转化为在最终归宿的环境条件下满足环境安全的化学形态。

　　污泥处理可供选择的方案大致有：
　　①生污泥→浓缩→消化→自然干化→最终处置；
　　②生污泥→浓缩→自然干化→堆肥农肥；
　　③生污泥→浓缩→消化→机械脱水→最终处置；
　　④生污泥→浓缩→机械脱水→干燥焚烧→最终处置；
　　⑤生污泥→浓缩→消化→机械脱水→干燥焚烧→最终处置；
　　⑥生污泥→脱水→干燥→回用或焚烧→最终处置。

10.1　污泥的来源和性质指标

前面已经讨论的许多处理过程，如物理沉淀、气浮、混凝、化学沉淀、生物处理法等，都会产生污泥。

10.1.1　污泥的种类

初生污泥指初沉池分离进水中悬浮物 SS 而产生的污泥。
新生污泥是水处理过程中新产生的污泥，包括：
（1）生物性污泥。
在废水生化处理过程中微生物繁殖产生的剩余污泥和剩余污泥处理产生的消化污泥。
（2）化学性污泥。
由化学混凝沉淀、化学沉淀和气浮产生的污泥。

10.1.2　污泥量及其性质指标

1. 污泥重量

从减少污泥处理量来看，产污泥量少的污水处理厂或工艺是更可取的。

（1）初生污泥重量。

主要与进水中 SS 含量、水量和去除率有关。

（2）新生污泥重量。

①化学性污泥重量。

混凝污泥与进水中悬浮物和胶体颗粒含量、混凝剂的用量、水量和去除率有关；化学沉淀污泥与沉淀对象含量、水量、沉淀物的化学式量和去除率有关。

②生物性污泥重量。

剩余的挥发性的生物性污泥量 ΔX_V 和实际的悬浮物固体污泥量 ΔX 的计算公式及相关内容请参见前面第 5 章式（5-22）和第 7 章式（7-40）、式（7-41）以及第 7 章 7.8 节计算题。

2. 污泥体积和含水率

含水的污泥的体积 V_{SS} 与其重量 ΔX 有关系：

$$\Delta X = V_{SS}\rho\ (1-p) \qquad (10-1)$$

式中 p 为含水率；ρ 为污泥比重。由于污泥的含水率很高，没有浓缩的初沉池的污泥含水率为 93% ~ 98%，没有浓缩的生物性污泥含水率为 98.5% ~ 99.5%。初沉池的污泥即使浓缩后其含水率最低也有 90%。因此把污泥比重 ρ 近似为水的比重，则：

$$V_{SS} = \frac{\Delta X}{1-p} \qquad (10-2)$$

污泥体积 V_{SS} 的数值大小取决于污泥含水率和污泥重量 ΔX，因此污泥的减量化包括这两个数值的减小。当污泥重量 ΔX 确定后，污泥体积 V_{SS} 数值就取决于污泥的含水率 p。污泥体积 V_{SS} 数值关系到污泥浓缩、运输、处理、填埋、焚烧。我国城市干污泥排放量 2010年已达到 1 120 万吨，换算成含水率 99% 的污泥，其体积容量约 1.12 亿立方米。含水率 p 的下降会使污泥体积明显减少，比如含水率从 $p_{前}$ 降低为 $p_{后}$，污泥体积由 $V_{SS(前)}$ 减小为 $V_{SS(后)}$，从式（10-2）可以得下式：

$$V_{SS(后)}\ (1-p_{后})\ = V_{SS(前)}\ (1-p_{前})\ = \Delta X \qquad (10-3)$$

将上式变形得：

$$\frac{V_{SS(后)}}{V_{SS(前)}} = \frac{(1-p_{前})}{(1-p_{后})} \qquad (10-4)$$

比如含水率由 99% 降为 97%，污泥体积下降为原来的 1/3：

$$\frac{V_{SS(后)}}{V_{SS(前)}} = \frac{(1-99\%)}{(1-97\%)} = \frac{1}{3} \qquad (10-5)$$

污泥的固体浓度由原来的 1% 增加到 3%。

3. 挥发性固体和可消化性成分

这是污泥可否生化消化的指标。

4. 污泥中的有毒有害物质

污泥的最终归宿要谨防造成二次污染，这也是污泥农用的重要安全指标。

5. 污泥的燃烧热值

这是污泥焚烧最关注的重要指标之一。

6. 污泥的 N、P 含量

对生物性污泥要特别关注其 N、P 含量，这是农用重要指标。在污泥处理时要谨防或减少富含磷的污泥的厌氧释磷。

7. 污泥的脱水性能

这里的脱水是指将污泥（一般是浓缩池浓缩后的污泥）的含水率降到 60%～80%，达到成块状态的过程。以上七种性能指标都是污泥的重要性质，其中污泥脱水性能指标是一个新参数，在后面会专门讨论。

10.2　污泥处理

污泥处理包括污泥浓缩和脱水、稳定化、无害化等。

10.2.1　污泥浓缩

污泥浓缩后可大大减少后续处理设备容量、减少管道成本和污泥的流量等。污泥浓缩方法有重力浓缩法、气浮浓缩法和离心浓缩法。

1. 污泥中的水分及其与污泥脱水的关系

污泥中水的物理和物理化学形态有四种，水的形态与去除污泥中的水的难易程度密切相关。从初沉池、二沉池排出的污泥在进入浓缩池之前，污泥颗粒间的水，一般占 70%，被称作游离水。污泥中的毛细水，约占 20%。吸附水和污泥内部的水，约占 10%。如图 10-1 所示。

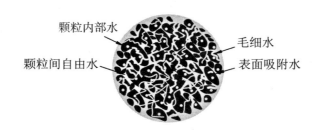

图 10-1　污泥中水的类型

重力浓缩可去除大部分游离水，气浮浓缩可去除大部分游离水和少量吸附水，浓缩污泥或再经消化处理的污泥都不能成块，要将之成块，需要用机械脱水法将游离水完全分离，并去除污泥浓缩不能去除的毛细水。也可直接用离心法分离游离水和大部分毛细水。

2. 重力浓缩

重力浓缩是一种最经济的浓缩法。在可接受的合理技术成本下，初生污泥含水率可浓缩至90%~92%。剩余污泥一般不宜直接单独重力浓缩,与初沉污泥混合后的污泥,浓缩后含水率可从96%~98.5%降至95%以下。对于富磷污泥,在重力浓缩池即使控制浓缩时间也会发生厌氧释磷,浓缩池上部排水需回到生化处理构筑物重新处理,或浓缩池的出水经过混凝沉淀去除水溶性磷。正是由于这些问题,富磷污泥不太适合用重力浓缩法浓缩,有些工厂直接将污泥脱水。

(1)重力浓缩过程和固体通量曲线。

重力浓缩过程是由成层沉降向压缩沉降的过渡,因此研究污泥浓缩的沉降时,对污泥的起始浓度有一个要求,即保证沉降一开始就出现清晰界面。取不同浓度污泥在沉降柱内静置沉降,测定泥水界面的水深 H 与沉降时间 t 之间的 $H \sim t$ 曲线。从 $t = 0$ 作 $H \sim t$ 曲线的切线,该切线的斜率绝对值是 $t = 0$ 时的泥水界面的沉降速度 v。作出沉降速度 v 与实验污泥起始浓度 C 的 $v - C$ 曲线。在沉降过程中有三个沉降区即成层沉降区、过渡区和压缩沉降区,见图 10 - 2。

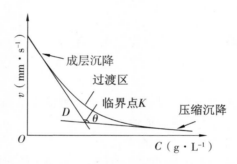

图 10 - 2   界面下降速度与界面处污泥浓度的关系

在成层沉降区,界面匀速下降,浓度变化不大。在过渡区,界面下降速度减缓,浓度逐渐增加。在压缩沉降区,污泥浓缩速度显著下降。那么压缩沉降从什么状态开始呢?这个开始点称作临界点 K。求这个 K 点的方法是作成层沉降区和压缩沉降区的 $v - C$ 曲线的切线,这两条切线相交于 D 点。这两条切线相交的夹角的平分线与 $v - C$ 曲线的交点 K,即是临界点。

(2)最小固体通量法求浓缩池的表面积 A。

在连续流污泥浓缩池中,通过浓缩池的水平截面积 A 的污泥固体通量是基于重力浓缩和底流排泥引起的总固体通量 G_T。固体通量的定义:单位时间通过浓缩池某一断面单位面积的固体重量,单位:$kg \cdot m^{-2} \cdot d^{-1}$。在连续流浓缩池内固体通量由两部分组成:

①污泥静沉引起的固体通量 G_s。

$$G_s = vC \tag{10-6}$$

式中:v——界面沉降速度,$m \cdot h^{-1}$;C——沉降速度 v 时界面处的污泥浓度,$kg \cdot m^{-3}$;

由图 10 - 2 计算固体通量 G_s,$G_s = vC$,作出固体通量 G_s 与污泥浓度 C 的关系曲线,见图 10 - 3。曲线上任意一点与原点的连线的斜率即为该浓度下的沉降速度。

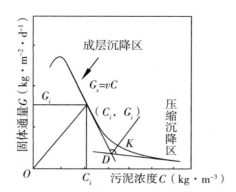

图 10 – 3　污泥浓缩引起的固体通量 G_s 与污泥浓度 C 的关系

②底部排泥引起的固体通量 G_u。

$$G_u = \frac{Q_u C}{A} = uC \qquad (10-7)$$

式中：C——污泥浓度，$kg \cdot m^{-3}$；A——浓缩池的水平面积，m^2；u——由底流排泥引起的污泥移动的速度 Q_u/A，$m \cdot h^{-1}$。

连续流重力浓缩池示意图见图 10 – 4。

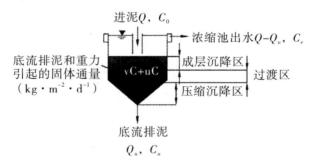

图 10 – 4　连续流重力浓缩池

固体通量法设计浓缩池的表面积 A 的基本原则是输入的固体通量 $G = QC_0/A$，任何时候都不能大于重力浓缩池内重力浓缩和底流排泥引起的总固体通量 G_T 之和。除非有可靠的固体通量经验设计参数，否则需要从试验得到这个设计参数。重力浓缩池内总固体通量 G_T 是变化的，重力浓缩池内总固体通量 G_T 应该取最小值 $G_{T(\min)}$ 才能有效防止污泥进入出水，在这里就是保证图 10 – 4 中的 C_e 比较小。下面运用求极值的数学方法求出最小固体通量 $G_{T(\min)}$ 的状态点，并进行技术含义的延伸。

固体通量 G_T 的表达式为：

$$G_T = G_s + G_u = vC + uC \qquad (10-8)$$

极值点有如下关系：

$$\frac{\mathrm{d}\ (G_T)}{\mathrm{d}C} = \frac{\mathrm{d}\ (G_s)}{\mathrm{d}C} + \frac{\mathrm{d}\ (G_u)}{\mathrm{d}C} = \frac{\mathrm{d}\ (G_s)}{\mathrm{d}C} + u = 0 \qquad (10-9)$$

因此，在固体通量最小值 $G_{T(\min)}$ 点有如下关系：

$$\frac{\mathrm{d}\ (G_s)}{\mathrm{d}C} = -u \qquad (10-10)$$

因此 $G_{T(\min)}$ 的状态点取决于污泥的排泥速度 u。为了保证底流排泥的污泥浓度，底流排泥的流速 u（Q_u/A）不能太大，否则污泥浓缩程度不够。也不宜太小，否则设计的最小固体通量太小，浓缩池的水平面积太大。以临界点 K 点的切线斜率作为排泥的流速是比较合适的。图 10-5 是以临界点 K 点的切线斜率为排泥速度做出的 $G_T \sim C$ 的曲线。K 点的切线与图 10-5 的纵坐标相交于 A 点，通过 K 点作横坐标的平行线相交于 B 点，AB 的数值即为底流排泥引起的固体通量 uC_k。B 点的固体通量数值即为重力引起的固体通量。A 点即为重力浓缩池的最小固体通量。从而得到计算浓缩池水平面积 A 的计算式：

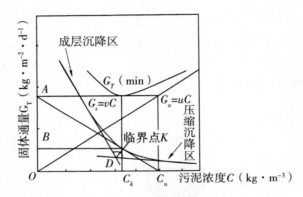

图 10-5　最小总固体通量的状态点

$$A \geqslant \frac{QC_0}{G_{T(\min)}} \qquad (10-11)$$

排泥口污泥的浓度是 K 点切线与横坐标的交点 C_u，有关证明参见本章 PPT 课件。

（3）重力浓缩池。

浓缩池的总高度包括超高、分离液区高度、进泥区高度和压缩区高度，一般在 3.0 ~ 4.0m。浓缩时间从浓缩效果、防止厌氧释磷和厌氧消化产气考虑，不宜大于 24h，也不宜小于 10h。重力浓缩池种类有：

①连续式重力浓缩池。

连续式重力浓缩池常用辐流式浓缩池。刮泥机上装有竖向栅条，刮泥机在移动时（周边线速度一般 2 ~ 20cm·s^{-1}），栅条搅动胶着状态的污泥有助于释放附着在污泥上的厌氧气泡，提高污泥的浓缩效果。进泥方式只有中心进泥，出水只有周边出水。图 10-7 的右上位置是一家污水处理厂辐流式重力浓缩池所在位置。

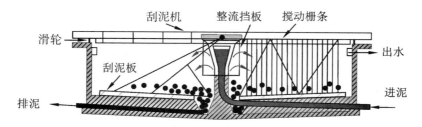

图 10 - 6　辐流式重力浓缩池示意图

图 10 - 7　污水处理厂的重力浓缩池

②间歇式重力浓缩池。

多采用竖流式，在浓缩池纵向的不同高度设上清液排放管。

浓缩池的分离液含有较高浓度的 SS（$200 \sim 300 \text{mg} \cdot \text{L}^{-1}$，甚至更高），也有水溶性的有机物。如果是富磷污泥，由于污泥浓缩时间比二沉池的污泥停留时间长，污泥会发生一定程度的厌氧释磷，分离液含有水溶性磷。

（4）设计例题。

入流污泥流量为 $3\,873 \text{m}^3 \cdot \text{d}^{-1}$，污泥浓度为 $10 \text{g} \cdot \text{L}^{-1}$，重力浓缩固体通量 G_s 和总固体通量 G_T 曲线如图 10 - 8 所示。求排泥流速为 $1.01 \text{m} \cdot \text{d}^{-1}$ 时，重力浓缩池的水平截面积 A、底流排泥流量 Q_u。

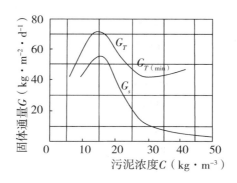

图 10 - 8　重力浓缩固体通量和总固体通量曲线

解：在图 10 – 8 中，作最小总固体通量 $G_{T(min)}$ 的水平切线，与纵坐标相交于 a 点，a 点数值约为 $42\text{kg} \cdot \text{m}^{-2} \cdot \text{d}^{-1}$，见图 10 – 9。由下式计算重力浓缩池的水平截面积 A：

$$A = \frac{QC_0}{G_{T(min)}} = \frac{3\,873 \times 10}{42} = 922 \quad (\text{m}^2) \tag{10 – 12}$$

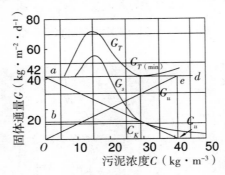

图 10 – 9　设计作图

由 a 点作 G_s 的切线与横坐标相交于 $41.6\text{kg} \cdot \text{m}^{-3}$ 处，并作该点的垂线与切线 ad 相交于 e 点，连接原点与 e 点，该直线的斜率即为排泥流速 $1.01\text{m} \cdot \text{d}^{-1}$，由截面积 922m^2 可求出 Q_u 为 $931\text{m}^3 \cdot \text{d}^{-1}$。把浓缩前后的污泥比重看作 $1\text{kg} \cdot \text{L}^{-1}$，由式（10 – 11）计算得到浓缩后的污泥流量为浓缩前的污泥流量的 24%：

$$\frac{Q_u}{Q} = \frac{(1 - p_{前})}{(1 - p_{后})} = \frac{931\text{m}^3/\text{d}}{3\,873\text{m}^3/\text{d}} = 0.24$$

如果没有设计固体通量的试验数据，在有充分依据时可参考经验设计参数，如二沉池的剩余污泥的重力浓缩固体通量设计参数在 $20 \sim 30\text{kg} \cdot \text{m}^{-2} \cdot \text{d}^{-1}$。

3. 加压溶气气浮浓缩污泥法

适用于污泥颗粒比重接近于 1、重力浓缩效果不好的污泥。污泥的气浮浓缩有回流加压溶气气浮浓缩和涡凹气浮浓缩，原理与用气浮法去除水中的 SS 基本相同，但目的不同。气浮浓缩不仅将颗粒间的水分离出来，而且在气泡与污泥颗粒黏附的过程中将污泥表面的部分附着水变为游离水。气浮浓缩效果比重力浓缩效果好，能够将含水率 99.5% 的活性污泥浓缩到 94% ~96%。运行费比重力浓缩法高。浓缩富磷生物性污泥时不会发生厌氧释磷。

达到一定浓缩效果和出水 SS 浓度的操作条件，在需要时由实验求得，这些条件是加压溶气压力、污泥面积负荷、表面水力负荷、回流比、气固比 A/S。

不加混凝剂进行污泥浓缩时，有依据地选择设计参数，A/S 取 $0.01 \sim 0.04$，表面水力负荷取 $40 \sim 80\text{m}^3 \cdot \text{m}^{-2} \cdot \text{d}^{-1}$。对生物膜法二沉池的剩余污泥，气浮浓缩的污泥面积负荷取 $50 \sim 120\text{kg SS} \cdot \text{m}^{-2} \cdot \text{d}^{-1}$。对活性污泥系统二沉池的剩余污泥，气浮浓缩的污泥面积负荷分别取 $50 \sim 100\text{kg SS} \cdot \text{m}^{-2} \cdot \text{d}^{-1}$。回流比 40% ~70%，加压溶气罐压力 $0.3 \sim 0.5\text{MPa}$。

投加占污泥干重 2% ~3% 的混凝剂可改进气浮浓缩效果，污泥面积负荷可提高50% ~100%，浮渣固含率可提高 1%。

4. 机械浓缩法

前面介绍的重力浓缩法虽然有诸多的优点，但是目前城市污水处理都要求除磷，生物除磷是普遍采用的工艺，处理系统排出的富磷污泥用重力浓缩法的最大缺点是它在浓缩池底部易于发生厌氧释磷，进入浓缩池上部的分离液。分离液如果直接回到水处理系统就增加了处理系统的除磷负荷，等于这部分磷没有去除。因此停留时间短、不会出现厌氧释磷的机械浓缩法，如离心浓缩法，有比较好的优势。离心分离基本原理在第 2 章 2.4 节已经讨论过，在污泥浓缩时，质量为 m 的污泥颗粒受到的离心力 F 为：

$$F = m\omega^2 r = 4\pi^2 mrn^2 \qquad (10-13)$$

式中：ω——污泥颗粒在离心机中旋转时的角速度，$\omega = 2\pi n$；n 为污泥颗粒旋转时单位时间的旋转次数，$r \cdot min^{-1}$（这里的 r 指旋转次数），数值上等于离心机转筒的旋转速度 n；r——最大值为离心机的转筒的半径，m。

在第 2 章 2.4，已经讨论过当离心力 F 和层流条件下的黏滞阻力 F_D 两者相等时，得到颗粒的匀速运动速度 u_s 的公式（2-47）：

$$u_s = \frac{d^2 (\rho_S - \rho_L) \omega^2 r}{18\mu} = \frac{2\pi^2 d^2 (\rho_S - \rho_L) n^2 r}{9\mu}$$

结合污泥浓缩分析这两个公式，可知：①离心浓缩适用于湿污泥颗粒与液相的密度差（$\rho_s - \rho_L$）比较大的场合；②如果两者密度相差不大，则需要预浓缩或混凝处理，增加污泥颗粒的密度和尺度，而且污泥经过混凝处理后黏度系数 μ 一般也会下降，都能提高浓缩效果；③离心机的转筒半径一般为 0.5m，因此从离心设备提高污泥颗粒的离心力主要靠提高转筒的转速 n，一般转筒转速在 1 000 ~ 3 000r·min⁻¹。

含固率为 0.5% 的活性污泥离心浓缩后至少可达到 5%，在密封的离心机内浓缩臭气大大减少，用于污泥浓缩的离心机有转鼓式、转盘式和篮式。

10.2.2　污泥消化

污泥的稳定化指减少污泥中臭气、有机物一定程度的消化以及杀灭污泥中的病原微生物。有毒的化学性污泥的稳定化包括将有毒成分转化为无毒或低毒物质，或保证环境安全的固定化。

污泥有机成分的稳定方法有厌氧消化、好氧消化、药剂氧化。在这里介绍污泥的主要稳定方法——厌氧消化和好氧消化。

1. 污泥的厌氧消化

污泥采用园林绿化和农用处置方式时鼓励用厌氧消化。

（1）污泥的厌氧消化机理。

厌氧消化是剩余污泥处理的常用手段，厌氧消化率要不小于40%。富磷污泥厌氧消化过程会释放大量的磷，为此，可考虑先将消化液进行混凝沉淀除磷，然后回流。

污泥厌氧消化指生物性污泥在无氧的条件下，由兼性菌和专性厌氧菌将污泥中可生物降解的有机物分解成 CO_2 和 CH_4（俗称沼气），使污泥得以稳定，故厌氧消化又称污泥生物稳定。

污泥厌氧消化与前面介绍的水中有机物的厌氧消化的基本过程和原理基本一样。污泥固体细胞分解和胞内生物大分子水解为小分子，是厌氧消化的限速步骤，提高厌氧消化效率的主要途径之一是促进污泥细胞的破裂，增强其生物可降解性。这一点与前面的废水厌氧处理的限速步骤不同，尽管如此，消化条件还是要以产甲烷菌的生存繁殖条件为准。

（2）厌氧消化池池型和工艺流程。

厌氧消化池池型有圆柱形和蛋（或卵）形。如图 10 - 10 所示，蛋形消化池因形似鸡蛋而得名。后面会结合厌氧消化的影响因素讨论蛋形消化池的优点，现在设计的大中型消化池都采用这种池形，池高远大于池径，有 1/3 埋于地下。

图 10 - 10　蛋形消化池

圆柱形消化池的构造：集气罩、池盖、池体、下锥体。尺寸要求：池径一般为 6 ~ 35m，池总的高度与池径之比为 0.8 ~ 1.0。池底、池盖倾角为 15° ~ 20°。

消化池附属设备：污泥投配、排泥、沼气排出、收集与储气设备、搅拌设备、加温设备。

①传统消化池。

传统消化池不加热、不搅拌，见图 10 - 11 （a）。池内有分层现象。浮泥层、污泥水层和惰性污泥层的消化作用不大，其消化作用主要发生在有生熟污泥混合作用的进泥区这部分池容积。

②高速消化池。

高速消化池与传统消化池最大的区别是前者有搅拌和加热，见图 10 - 11 （b）。搅拌克服了传统消化池的缺点，使生、熟污泥在全池充分混合，避免污泥结块，减少浮渣和沉渣，池内温度和酸碱性比较均匀，容积利用率较高，加速消化气释放。高速消化池有圆柱形和蛋形。

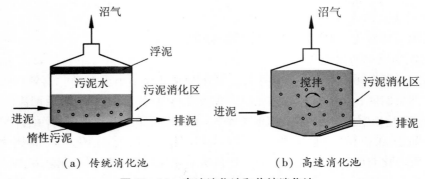

（a）传统消化池　　　　　　　（b）高速消化池

图 10 - 11　高速消化池和传统消化池

③厌氧接触消化池。

如图 10-12 所示，厌氧接触消化池是在高速消化池后接一个沉淀池，与图 6-2 厌氧接触法流程有相近之处。从消化池出来的污泥混有沼气，如果直接进入沉淀池，会存在安全隐患，因此脱气很有必要。

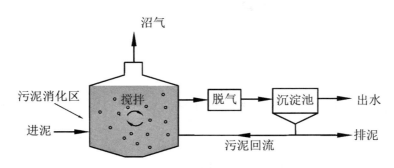

图 10-12 厌氧接触消化池

污泥的停留时间是由污泥消化速度和消化程度决定的。

（3）影响因素。

①温度影响。

根据甲烷菌对温度影响的适应性，中温甲烷菌消化，温度应维持在 35℃±2℃；高温甲烷菌消化，温度应维持在 55℃±2℃。实际运行时每天温度波动不超过 1℃。在这里之所以注明温度上下波动是因为：如果在原来的温度下能够稳定产气，当温度发生波动时，产气量也会发生变化，当温度下降 5℃时，会停止产气，因此维持温度的稳定非常关键，一般多采用中温消化。生污泥温度较低，消化时需加热，加热方法有蒸气加热、盘管加热。

②消化时间和负荷。

假设固体在污泥中的体积比很小，污泥的消化时间为 $\theta_s = V_{有效}/Q$。与消化时间密切相关的一个参数是污泥投配率 p，其定义是每日投加新鲜的污泥体积即污泥流量占消化池有效容积的百分率。显然 p 的倒数是消化时间，中温消化适宜 $p = 4\% \sim 8\%$，中温消化的 θ_s 典型值在 20~25d。高温消化的 θ_s 典型值在 10~15d。

厌氧消化的挥发性固体容积负荷 $L_{VSS} = QC_0/V_{有效} = C_0/\theta_s$，高温消化池的 L_{VSS} 一般范围在 $1.6 \sim 3.2\mathrm{kg\ VSS \cdot m^{-3} \cdot d^{-1}}$。中温消化池的 L_{VSS} 一般范围在 $0.6 \sim 1.5\mathrm{kg\ VSS \cdot m^{-3} \cdot d^{-1}}$。

根据 θ_s 和 L_{VSS} 计算得到消化池的容积，取其大者作为设计值。

③搅拌和混合。

搅拌能提高消化效果和池的容积利用率。搅拌方法有：a. 泵循环水力搅拌法；b. 加压消化气循环曝气法；c. 机械搅拌法。

蛋形消化池内的流体混合状态比圆柱形内的更好。混合能量消耗比圆柱形的少。没有死角。容积利用率高。

④池面浮泥结壳。

传统消化池池面存在较多浮泥，圆柱形高速消化池搅拌虽能有效减少浮泥，但还是有浮泥。池内温度较高，池面浮泥脱水引起的结壳对运行不利。在池面增设喷水装置可有效阻止结壳。

蛋形消化池由于混合效果好，池面面积较小，通过良好的混合就可有效预防结壳。

⑤C/N 比。

污泥中 C/N 比应以（10~20）：1 为宜。

⑥有毒物质

有抑制作用的主要有重金属离子、S^{2-} 等。

a. 重金属离子的抑制作用：与酶结合产生变性物质，酶变性，如：$R-SH+M^+ \longrightarrow R-SM+H^+$ 使酶变性。

b. S^{2-} 的抑制作用

在厌氧条件下如果污泥中有硫酸盐，会被还原为 H_2S。它与重金属形成沉淀，减弱重金属离子的危害。若 S^{2-} 浓度过高，产生 H_2S，会有抑制作用。

⑦酸碱度、pH 值和消化液的缓冲作用。

由厌氧消化过程可知：第一、二阶段产物为酸，pH 值下降。若第一、二阶段反应速度超过产甲烷速度，有机酸积累，pH 值下降，影响甲烷菌的生活环境。不过由于控制步骤在第一阶段，因此第二阶段和第三阶段的协调性矛盾没有水处理的厌氧消化那么突出。污泥消化中产生的氨氮与 CO_2 形成的 NH_4HCO_3 有缓冲作用，消化液 NH_4HCO_3 浓度在2 000 $mg \cdot L^{-1}$以上，保证缓冲作用发挥。

⑧产气量和消化气收集。

产气量可按照厌氧消化的有关公式计算或通过实验测定。有资料报道，单位重量的可挥发性有机物的产气量为 0.75~1.12$m^3 \cdot$（kg VSS）$^{-1}$。

消化池必须密封不漏气，保证空气不进入到池内，保证池内严格的厌氧环境，也保证沼气不泄露，严防爆炸。并及时收集沼气。特别是排泥时引起池内负压，容易漏进空气，为此技术上有两个方法：固定盖消化池，需增设储气罐来调节池内气量和气压或采用可移动盖消化池，自动调节池内气压。

⑨消化气利用。

沼气的主要成分是 CH_4（60%~70%）和 CO_2（25%~35%），其次还有少量 H_2O、H_2S、NH_3、H_2 等。需进行沼气去湿、脱硫、脱二氧化碳处理。1m^3沼气的热值相当于 1kg 煤。需要对厌氧消化系统进行热平衡计算。

（4）污泥厌氧消化的预处理。

生物处理法的污泥本身主要成分是微生物，必须破坏污泥中微生物的细胞壁、细胞膜，将细胞液释放出来，才能作为厌氧菌的基质。因此这一步是提高生物性污泥的厌氧消化速度的关键。污泥厌氧消化预处理方法有几种，在这里简要介绍下面两种。

①高温高压热水解。

浓缩后的污泥再进一步脱水可得到高固含量的污泥，固含量15%~20%的污泥在高温高压（150℃~180℃，6~10MPa）下进行热水解和闪蒸，细胞壁和细胞膜被破坏，细胞液从细胞中释放出来。细胞成分被分解成容易厌氧消化的小分子。基本工艺见图 10 – 13，热水解的压力（一般在 10MPa）比闪蒸池的压力（一般在 1～3MPa）大得多，污泥从热水解池进入闪蒸池，发生闪蒸，产生蒸汽。蒸汽和水解池的高温水解液都进入到预热池与进泥混合、加热。用污泥泵从闪蒸池中把污泥送入厌氧消化池。经过这样预处理的污泥厌氧消化率、产气量显著提高。

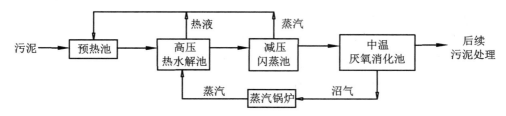

图 10 – 13　高压热水解预处理基本工艺

②超声波预处理。

一般采用的超声波频率范围在 20～40kHz，当超声波能量足够高时，就会产生"超声空化"现象，指存在于液体中的微小气泡（空化核）在超声场的作用下振动、生长并不断聚集声场能量，当能量达到某个阈值时，空化气泡急剧崩溃闭合的过程。空化气泡的寿命约 0.1μs，它在急剧崩溃时可释放出巨大的能量，并产生速度约为 110m·s^{-1}、有强大冲击力的微射流。空化气泡在急剧崩溃的瞬间产生局部高温高压（5 000K，1 800MPa）。这些强大的冲击波、剪切力产生高温热分解、自由基反应，使细胞破裂、胞内大分子溶出并被分解。

2. 污泥的好氧消化

传统好氧消化池的构造及设备与传统活性污泥法的相似。传统污泥好氧消化工艺主要通过曝气使微生物在进入内源呼吸期后进行自身氧化，从而使污泥减量。该工艺设计和运行简单、易于操作、基建费用低，但是运行成本高、消化率低、受气温影响较大、对病原菌的灭活能力较弱、污泥停留时间很长（>10d）。温度维持在 55℃～60℃。好氧消化率也要求达到 40%。

自动升温好氧消化或高温好氧消化（ATAD）因其较高的灭菌能力而受到重视。该工艺利用活性污泥微生物自身氧化分解释放出的热量［14.63J·（g COD）$^{-1}$］来提高好氧消化反应器的温度。

10.3　污泥的脱水和调理

这里的脱水指将污泥的含水率降到 60%～80%，同时污泥成块的过程。脱水的方法有过滤和离心分离。

10.3.1　污泥过滤脱水

污泥过滤的推动力是在过滤介质一侧施加外力（如加压）或在出水一侧减压或在两侧挤压，使污泥中的水与固体物质分离。

污泥中的水存在不同的物理和物理化学形态，脱水性能不同，特别是占比约20%的比较难脱水的毛细管水。这里的过滤对象是污泥，与水的过滤很不同，很容易在过滤介质上形成泥饼，过滤阻力增加很快。

1. 滤饼过滤

在前面第2章物理处理法和第4章物理化学处理法曾经讨论过过滤，这里污泥过滤的过滤介质是滤布。由于污泥浓度较高，污泥过滤做不到错流过滤，只能是死端过滤，当然实际脱水中并不是在同一过滤介质区域中进行连续的死端过滤，详见后面的脱水工艺。如图 10 – 14 所示，当滤布进泥一侧的压力 p_1 大于滤液一侧的压力 p_2 时，滤液通过滤布。粒径比滤布孔隙大的颗粒被滤布截留，在滤布表面形成滤饼。比滤布孔隙小的颗粒，开始有少数颗粒通过孔隙，但是随着过滤进行，只要颗粒尺寸适当，会迅速在孔隙内发生"架桥"，也形成滤饼，如图 10 – 15 所示。此后滤饼成为比滤布更有效的过滤介质，出水变得澄清。这种现象称作滤饼过滤。

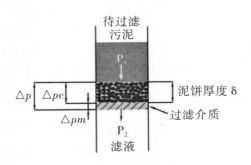

图 10 – 14　滤布上的滤饼

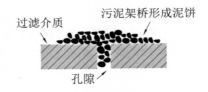

图 10 – 15　滤布孔隙内小颗粒的架桥

下面讨论评价污泥脱水性能的指标。

2. 过滤脱水性能的评价指标

污泥脱水性能的评价参数是设计和改进污泥脱水性能的需要，这个参数是从单位时间单位面积从污泥脱去的滤液的体积即脱水速度的阻力因素衍生出来的。

（1）脱水速度[*]。

用滤饼中的毛细管流来模拟滤饼过滤速度是合适的。水在滤饼中毛细管内以层流流过，单根毛细管内单位时间过滤的滤液体积 dV_1/dt（$cm^3 \cdot s^{-1}$），可用哈根—泊肃叶（Hagen-Poiseuille）方程表示：

$$\frac{dV_1}{dt} = \frac{\Delta p_c}{32\mu l/d^2} \qquad (10-14)$$

式中：Δp_c——滤饼内的压差，Pa，见图 10-14；μ——流体动力黏度，Pa·s；l——滤饼中毛细管平均长度，m；d——毛细管直径，m。

设图 10-14 中过滤面积为 A，设单位滤饼过滤面积上有 n 条毛细管，则单位时间过滤的滤液体积 dV/dt（$cm^3 \cdot s^{-1}$）可表达为：

$$\frac{dV}{dt} = \frac{\Delta p_c}{32\mu l/d^2} nA \qquad (10-15)$$

改写上式得到单位时间单位过滤面积上脱水体积 dV/Adt：

$$\frac{dV}{Adt} = \frac{\Delta p_c}{32\mu l/d^2} n = \frac{\Delta p_c}{32\mu l/nd^2} = \frac{\Delta p_c}{\mu R}$$

$$= \frac{滤饼中的推动力}{流体阻力因子 \mu \times 滤饼阻力因子 R} \qquad (10-16)$$

Δp_c——滤饼过滤的推动力，Pa；μ——衡量滤液阻力因子的流体动力黏度；R——除滤液阻力因子 μ 之外的其他项都归为滤饼阻力因子，$32l/nd^2$，单位是 m^{-1}。

滤液流过滤饼后进入过滤介质，过滤介质中水的流量与滤饼中的流量是相等的。过滤介质中毛细管内流量也可用类似于式（10-16）的式子表示为：

$$\frac{dV}{Adt} = \frac{\Delta p_m}{32\mu l_m/d_m^2} n_m = \frac{\Delta p_m}{32\mu l_m/n_m d_m^2} = \frac{\Delta p_m}{\mu R_m}$$

$$= \frac{过滤介质中的推动力}{流体阻力因子 \mu \times 过滤介质阻力因子 R_m} \qquad (10-17)$$

式中：Δp_m——过滤介质内的压差，过滤介质中过滤的推动力，Pa；μ——衡量滤液阻力因子的流体动力黏度，Pa·s；l_m——过滤介质中毛细管平均长度，m；d_m——过滤介质中毛细管直径，m；n_m——单位过滤介质面积上的毛细管数。

总压差 $\Delta p = \Delta p_c + \Delta p_m$，变换式（10-16）和式（10-17）即可得下式：

$$\frac{dV}{Adt} = \frac{\Delta p}{\mu (R + R_m)}$$

$$= \frac{过滤中的推动力}{滤液阻力因子 \mu \times 滤饼和过滤介质的阻力因子 (R + R_m)} \qquad (10-18)$$

式中：Δp——过滤中的压差，Pa。

（2）污泥脱水性能的比阻抗值 r。

我们知道，随着过滤的进行，滤饼厚度不断增加，因此滤饼中毛细管平均长度 l 不断增大。假设毛细管的数量 n 和直径 d 不会随滤饼增厚而改变，据此假设毛细管平均长度 l 与单位滤饼面积上颗粒物重量 ω 成正比：

$$l = \alpha\omega \qquad (10-19)$$

α 是一个与污泥性质、毛细管构造有关的参数。脱水过程中过滤面积 A 上颗粒物重量是过滤 t 时间时滤液体积 V 与单位滤液在脱水介质上形成的净污泥量 c 的乘积，因此 ω 可表示为：

$$\omega = \frac{cV}{A} \qquad (10-20)$$

根据式（10-19）和式（10-20）重写式（10-16）中的 R 表达式：

$$R = \frac{32l}{nd^2} = \frac{32\alpha}{nd^2} \times \frac{cV}{A} = r\frac{cV}{A} \qquad (10-21)$$

式（10-21）中：cV/A 不是描述污泥中毛细管的性质参数；r——滤饼中毛细管对过滤所产生的阻力，反映了污泥的脱水性能。其中：

$$r = \frac{32\alpha}{nd^2} \qquad (10-22)$$

从上式看到毛细管的数量越多、毛细管的尺度越大，污泥对过滤产生的阻力越小。这就是著名的污泥脱水比阻抗值 r，简称比阻 r（Specific Resistance），单位 $m \cdot kg^{-1}$。1kg 重力等于 9.81N，将这个单位变换如下：

$$1m \cdot kg^{-1} = 1m/10^3 g \times 9.81m \times s^{-2} = \frac{s^2/g}{9.81 \times 10^3} \qquad (10-23)$$

因此 $1s^2 \cdot g^{-1} = 9.81 \times 10^3 m \cdot kg^{-1}$。

将式（10-21）代入式（10-18）得到下式：

$$\frac{dV}{dt} = \frac{\Delta p}{\mu (rcV + R_m A)} A^2 \qquad (10-24)$$

在恒压下脱水，对上式积分：

$$\int_0^V \mu (rcV + R_m A) \, dV = \int_0^t \Delta p A^2 dt \qquad (10-25)$$

得到：

$$\mu rcV^2 + 2R_m AV = 2\Delta p A^2 t \qquad (10-26)$$

改写上式得：

$$t/V = \frac{\mu rc}{2A^2 \Delta p} V + \frac{R_m}{A\Delta p} \qquad (10-27)$$

t/V 对 V 作图得到直线，由斜率和截距可分别求得污泥比阻抗值 r 和过滤介质阻力因子 R_m。测定污泥比阻抗值 r 的装置见图 10-16，如图所示漏斗中的污泥上部受到大气常压，下部是滤液收集和真空系统，维持稳定的真空度，实现稳定的脱水推动力。一般认为比阻抗值 r 数值为 $10^9 \sim 10^{10} s^2 \cdot g^{-1}$ 的污泥为难过滤；r 数值为 $(0.5 \sim 0.9) \times 10^9 s^2 \cdot g^{-1}$ 的污泥为中等难过滤；r 数值小于 $0.4 \times 10^9 s^2 \cdot g^{-1}$ 的污泥属于易过滤。厌氧消化稳定后的污泥主要成分是腐殖质，在第 4 章 4.1 吸附处理法中曾经指出腐殖质含有大量的极性基团，表面是强亲水性的，很难脱水。初生污泥较易脱水。活性污泥都处于难脱水或中等难脱水的污泥范围。

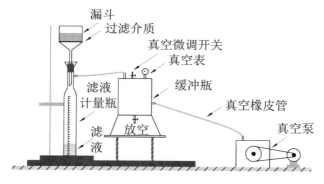

图 10 - 16　污泥比阻抗值 r 的测定装置

如果污泥是可压缩的，其比阻抗值 r 与压力有关：

$$r = r_0 p^s \tag{10-28}$$

随着压力增加，毛细管孔径逐渐缩小，毛细管附加压力越大，要将更细的毛细管中的水脱去，越困难，比阻抗值增大。

（3）毛细吸水时间[*]。

毛细吸水时间（Capillary Sunction Time，CST）是 Gale 和 Baskeville 在 1967 年提出来的，以毛细吸水时间替代污泥比阻抗值评价污泥的脱水性能，以简化测定过程。CST 的定义是从污泥渗出的水在吸水滤纸上扩散一定距离所需要的时间，这个距离一般是 1.0cm，见图 10 - 17。结合图来看，决定毛细吸水时间的因素是吸水滤纸的毛细管径和分布、单位周长上的毛细管数量、吸水滤纸的毛细性质的均匀性、污泥中的水渗入吸水滤纸的阻力、污泥中水相的黏度系数和 pH 值、温度、圆柱筒内的污泥的水头压力等。

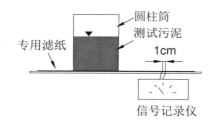

图 10 - 17　毛细吸水时间测定示意图

CST 纯粹是一种经验发明，缺少毛细吸水时间与污泥脱水性能相关性的理论证明，而且 CST 衡量污泥脱水性能缺乏敏感性，在低 CST（低于 15s）的情况下受滤纸阻力的影响较大，产生误差大。这时评价污泥脱水性能的分辨性差。要研究毛细吸水时间与污泥中的水渗入吸水滤纸毛细管的阻力的关系，就必须将其他因子标准化。目前全世界或全国没有测定毛细吸水时间用的吸水滤纸的统一标准，质量也参差不齐。因此不同厂家的毛细吸水测定仪测定的数值可比性不强。因此毛细吸水时间与现场脱水的实际结果拟合性较差也就不足为奇。CST 操作简单，使用方便，用于评价调理剂的调理性能相当有效，目前已经有测定 CST 的仪器。污泥比阻抗值测定虽然有些缺点，但是它的理论证明和物理含义清晰，在实际应用中它比 CST 更有应用价值。总之，用污泥比阻抗值衡量污泥脱水性能比用毛细吸水时间更合理。

3. 污泥的过滤脱水工艺和设备

污泥脱水主要脱去毛细管内和部分表面附着的水，要求含水率从 96% 降到 60% ~80%。

（1）带式压滤机脱水。

其原理是在过滤介质两面挤压而脱水，适用于各种污泥。带式压滤机有不同种类，图 10 – 18 所示是其中一种。调理后的污泥送入上下两组转动的压滤布，在带式压滤机脱水前部主要是在轻微的挤压下重力脱水，在带式压滤机脱水后部在滚轴的挤压和滤布的拉伸下将污泥中的水挤出，得到含水率在 80% ~82% 的泥块。滤布运动到压滤机上部和下部进行洗涤以充分恢复滤布的过滤能力。这种脱水工艺动力消耗少，药剂费占主要。滤布由于一直受到磨损和拉伸，一旦破损就会出现漏泥，影响稳定运行，特别是如果污泥中混有砂类颗粒物更容易磨损滤布。

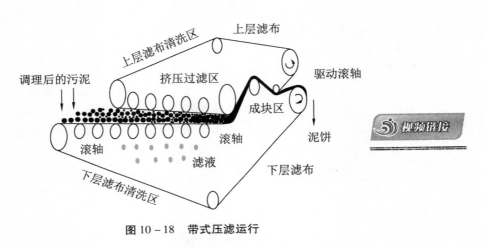

图 10 – 18　带式压滤运行

带式压滤机脱水效果与污泥调理效果、进泥面积负荷（$m^3 \cdot m^{-2} \cdot h^{-1}$）和污泥含固率、滤布、压力、滤布运动速度和滤布长度、带式压滤机构造有关。

（2）板框压滤机。

板框压滤适用于各种污泥，可将污泥含水率降到 65% ~75%。如图 10 – 19 所示，板框两侧的滤板上刻有沟槽和透水孔，每个板框两侧的滤板覆有滤布。用污泥泵将污泥从板框上部的小孔泵入板框内，然后在压紧装置挤压下将污泥中的水挤压出来，滤出的水沿滤板上的沟槽和孔道排出。板框压滤机最主要的压滤参数之一是单位时间单位面积的产泥量，单位为 $kg \cdot m^{-2} \cdot h^{-1}$，这个参数与调理后污泥的脱水性能、压滤压力、滤布、污泥浓度、压滤时间等有关。

图 10 - 19　板框压滤机

10.3.2　污泥离心脱水

污泥离心脱水的原理在第 2 章 2.4 节已讨论过。污泥离心脱水和污泥离心浓缩的不同之处在于：进泥的含固量不同，离心浓缩的进泥含固率低于离心脱水的进泥含固率，离心浓缩分离的水主要是颗粒间的水，而离心脱水分离毛细水。各种污泥离心脱水后的含固率有所不同，离心脱水可将污泥含水率降到 65% ~ 80%，初沉污泥最容易脱水。

从第 2 章式（2 - 43）可知离心力与重力之比的分离因子 $P_r = 2Dn^2$（D 为离心场的最大直径，n 为污泥颗粒在离心场中单位时间的旋转次数，$r \cdot s^{-1}$），根据分离因子 P_r 大小，离心脱水的设备有中低转速离心机之分，低速离心机 P_r 在 1 000 ~ 1 500，中速离心机 P_r 在 1 500 ~ 3 000。如图 10 - 20 是几何形状为转筒式的污泥离心脱水机。这种离心机的基本构造有三部分，即可转动的传送机鼓体（转筒）、螺旋传送机和空心转轴，污泥从空心转轴进入，污泥在高速旋转的转筒和稍低转速的螺旋传送机的带动下进行离心运动和分离，脱水后的污泥由螺旋传送机推送排出，分离液从另外一端排出。

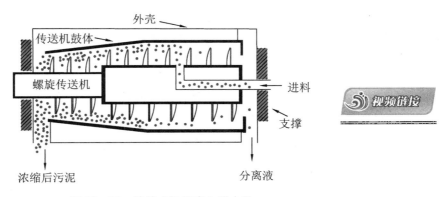

图 10 - 20　转筒式污泥离心脱水机

10.3.3　污泥调理

除初沉污泥可直接脱水外，其他污泥在脱水前有必要提高脱水性能。改善污泥脱水性能的操作称作污泥调理（Sludge Conditioning），污泥调理有加药调理法和物理调理法。

1. 加药调理法

混凝剂一般也是改进污泥脱水性能的调理剂,如普通铁盐、铝盐、聚合铝、聚合铁、有机高分子絮凝剂等。

根据污泥中含固量计算调理剂的投加量。以污泥比阻抗值 r 或毛细吸水时间 CST 作为评价调理剂的依据,影响因素有调理时间、pH 值、调理剂及其投加量、温度。加药调理改善脱水性能的原理有四点:一是使颗粒变大,部分吸附态水成为游离态水。由于颗粒变大,游离态水的空间尺度更大。二是由于颗粒变大,过滤过程中的毛细管尺度会增大。三是颗粒在过滤介质的毛细孔的架桥堵塞也减弱。四是调理剂不但对污泥有调理作用,对污泥中水里的胶体颗粒和其他成份也有混凝作用,使污泥中的水的黏度系数 μ 下降。

从上面的解释和离心原理可以理解,一般来说加药使污泥比阻抗值 r 或毛细吸水时间 CST 下降也能改善以离心力为推动力的脱水性能。

投加调理剂会增加污泥量,尽量减少调理剂的投加量很重要,一般投加量为含固量的百分之几。

2. 物理调理法

污泥物理调理法有 160℃ ~ 200℃ 高温加热、冷冻或加惰性助剂、淘洗。高温加热法气味大、设备易腐蚀。高温加热法和人工冷冻法成本高。均难采用。淘洗法是用处理后的出水与污泥混合,漂去细小的污泥,留下较大颗粒的污泥来提高污泥脱水效果。淘洗水需回到处理系统重新处理。

10.4 污泥的最终处置

目前污泥的主要处置方式有土地利用、填埋、建筑材料综合利用和焚烧。

10.4.1 卫生填埋

国内污泥卫生填埋是与城市垃圾混合填埋,国外偶见污泥单独填埋案例。污泥卫生填埋操作相对简单、投资费用较小、处理费用较低、适应性强。但是其侵占土地严重,如果防渗技术不够,将导致潜在的土壤和地下水污染。垃圾渗滤液难处理,即使填埋场停止填埋多年,仍然需要处理垃圾渗滤液。

大中城市适合垃圾填埋的场地也越来越少。虽然在我国垃圾填埋还是普遍采用的污泥处理方式,但是该处理技术标准要求越来越高,如德国从 2000 年起,要求填埋污泥的有机物含量小于 5%。1992 年欧盟成员国大约 40% 的污泥采用填埋方式处置,近年来污泥填埋处置所占比例越来越小,例如英国污泥填埋比例由 1980 年的 27% 下降到 2005 年的 6%。许多国家和地区甚至坚决反对新建填埋场。美国主要的污泥处置方法是循环利用,而污泥填埋的比例正逐步下降,美国许多地区甚至已经禁止污泥土地填埋。据美国环保局估计,今后几十年内美国 6 500 个填埋场将有 5 000 个被关闭。近年来,随着污泥土地利用标准要求的提高(如多环芳烃和重金属等的最高限量),许多国家,如德国、意大利、丹麦等污泥农用的比例也在不断降低。当然随着当今世界生产方式和生活方式的绿色转型,城市污水处理厂的污泥的有害成分含量有下降趋势,这又为污泥土地利用提供了现实可能。

10.4.2　土地利用

污泥在土地利用前必须进行厌氧消化、好氧消化等稳定化、无害化处理。污泥土地利用有多种方式,如农用、林业、园林绿化和土壤改良等,用于农田、果园或牧草地等应满足城镇污水处理厂污泥处置农用泥质 CJ/T309—2009 关于物理性质、污染物安全性、卫生学和营养等方面的标准,污染物安全性标准见下表。土地利用需要控制单位时间单位面积施用的污泥量,并需要进行全过程风险管理和控制。

CJ/T309—2009 **中的污染物安全性标准**

控制项目	最高允许限制 (每千克干污泥含有的控制污染物的毫克数)	
	A 级污泥	B 级污泥
Cd_T	3	15
Hg_T	3	15
Pb_T	300	1 000
Cr_T	500	1 000
As_T	30	75
Ni_T	100	200
Zn_T	1 500	3 000
Cu_T	500	1 500
矿物油类	500	3 000
苯并 [a] 芘	2	3
多环芳烃	5	6

注:下标"T"指该重金属总值。

10.4.3　污泥焚烧

发达国家污泥焚烧的比例非常高。以焚烧为核心的处理方法是最彻底的处理方法,这是因为焚烧法与其他方法相比具有突出的优点:

①焚烧可以使剩余污泥的体积减少到最小,因而最终需要处置的物质很少,焚烧灰可制成有用的产品,是相对比较安全的污泥处置方式。

②焚烧处理污泥处理速度快,不需要长期储存。

③污泥可就地焚烧,不需要长距离运输。

④可以回收能量,用于污泥自身的干化或发电、供热,相应降低污泥处理成本。

⑤能够使有机物全部燃尽,杀死病原体。

污泥焚烧处置虽然一次性投资高,但由于它具有其他工艺不可替代的优点,特别是在污泥的减量化、无害化、节约土地资源和节能等方面,因此成为污泥最终的解决方法。

自 1962 年德国率先建议并开始运行欧洲第一座污泥焚烧厂以来，焚烧的污泥量大幅度增加。目前德国共有 39 家污泥焚烧厂。在日本，污泥焚烧处理已经占污泥处理总量的 60% 以上，现在日本规模较大的污水处理厂都采用焚烧法处理污泥。2005 年欧盟采用焚烧处理方式污泥的比例提高到了 38%。

污泥焚烧最大的问题是可能产生废气的二次污染。具体工艺本书不再叙述。

习题

1. 许多单元处理法都会产生污泥，从混凝剂来看，怎么减少混凝污泥的体积容量和重量？从化学沉淀剂来看，怎么减少化学沉淀污泥的体积容量和重量？生物性污泥量与哪些因素相关？

2. 解释污泥的减量化、稳定化、无害化和资源化的含义。

3. 湿污泥的固液分离是减少湿污泥容积的重要手段，湿污泥的固液分离分为污泥浓缩和污泥脱水，污泥重力浓缩、气浮浓缩和离心浓缩分离什么形态的水？板框压滤脱水、带式压滤脱水和离心脱水分别分离什么形态的水？

4. 试阐述按图 10−5 所示的作图法求得污泥重力浓缩池中最小总固体通量数值的方法的合理性。

5. 请解释污泥重力浓缩法为什么不太适用于浓缩生物法除磷系统的二沉池排出的剩余污泥？对这种污泥该如何浓缩？关于这个问题可扫码阅读相关资料。

6. 水处理各种气浮法是否都适用于污泥浓缩？

7. 请解释搅拌在污泥厌氧消化中的重要作用。试解释污泥蛋形厌氧消化池相对于圆柱形厌氧消化池有何优点。

8. 污泥厌氧消化的控制步骤在污泥的水解酸化，预处理上是怎么提高污泥厌氧消化速度的？

9. 请说明污泥厌氧消化中的污泥停留时间和悬浮生长生物法水处理系统中的污泥停留时间有何不同？污泥厌氧消化中的污泥停留时间是怎么确定的？

10. 请解释为什么用滤饼中的毛细管流来模拟滤饼过滤速度是合适的，并说明用污泥比阻抗值作为衡量污泥脱水性能参数的科学性。

11. 污泥比阻抗值是在以压力为推动力的情况下测定的污泥脱水性能参数，为什么一定程度上也可用于衡量污泥离心脱水性能？

12. 请分析污泥卫生填埋的前景。

13. 污泥的脱水性能分为难过滤、中等难过滤、易过滤，依据是什么？

14. 衡量污泥过滤性能的参数污泥比阻抗值 r 有哪两个单位，如何换算？

第 11 章　水污染控制工程设计

11.1　设计资料

11.1.1　设计基本资料

设计基本资料包括设计项目和内容；项目的社会现状和规范发展背景，自然背景和环境，人文背景；执行的处理标准。

调查城市污水处理厂或废水处理厂的进水水量和水质。对于企业要前移了解企业性质、生产产品、规模、生产工艺、原料、生产季节变化，要了解企业发展规划和技术的可能变化。了解环境影响评价报告对废水处理的要求。不管是已投产还是待建项目都需要对类似的企业进行调查。

11.1.2　自然资料

自然资料包括以下几方面：

（1）气象条件是水处理厂所需要的重要设计依据，如风、降雨、气温、湿度、气压、冰雹和降雪、土壤等资料。

（2）地质特点包括厂区范围地质地貌、土质和土壤分层结构、滑坡和塌陷、泥石流、地震历史。

（3）水文条件包括地下水的最高最低水位、水质、地下水流向、地下水利用和保护，水处理厂所在地下水位置。受纳水体的水位与时间分布规律，最高、最低水位和平均水位有关。

11.1.3　设计支撑性资料

设计支撑性资料包括立项批文、项目选址报告、工程概算、施工供水供电条件、项目环境影响报告、当地建设原材料供应等。

生活污水要调查下水管道走向、管道高程、可能的可用土地、周围环境、城区发展规划和人口发展、主导风下风向，排水位于给水下游，留有长远规划用地。工业废水也要进行合理的调查。

11.2 设计原则

（1）科学规划。

结合社区、城市发展和企业发展的长远规划，结合地形地貌，合理预设水处理厂址、规模和用地。

（2）"三同时"原则。

新上企业的废水处理要执行"三同时"原则。

（3）改进工艺，实行清洁生产。

新旧企业都要实行清洁生产，减少废水和污染物排放量。

（4）达到排放水质要求原则。

城市污水处理系统的出水或是满足排放标准排入天然受纳水体或是满足出水回用要求。工业废水可能要分流处理然后合流处理，处理后可能排入城市下水道或排入天然水体，都需要满足排水水质标准。

处理系统中的每个处理单元的出水都要满足后面处理单元对前处理的要求。

11.3 设计书的主体内容

11.3.1 工艺流程选择和设计计算

影响工艺流程选择的要素有：处理程度和排水标准、处理水量水质和变化、土地面积和地形相匹配、造价和运行费用。工艺流程还包括污泥处理处置流程和臭气净化工艺流程。要有全面的技术、经济、社会听证体系。结合当前实际水质，进行必要实验，尤其是工业废水处理。

我们知道城市生活污水水质比较稳定，污水从各个家庭或其他排水口进入城市下水管网再汇集到城市污水处理厂，城市污水处理的基本流程如下图所示。基本组成：格栅、沉砂池、初沉池（对于生物法脱氮除磷工艺流程，为了保证其碳源需要，不设初沉池）、生物处理、二沉池、消毒、污泥消化、污泥脱水。

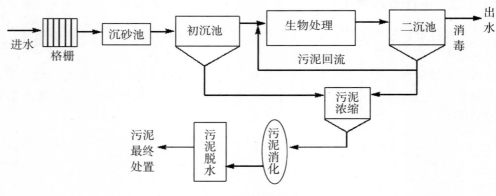

城市污水处理的基本流程

工业废水千差万别，需要针对不同废水选择合理合适的工艺流程系统。有些工业园区将同类型产业集中在同一片区，进行集中处理。不管是同一厂还是同一产业片区的工业废水，处理时需要针对水质考虑是合流或分流。对于含有第一类污染物的废水需要分开处理。合流虽然可以简化处理流程，但是不能增加后续处理难度和破坏处理效果稳定性，否则需先行处理。

工业废水有三种处理方式：直接处理达标排放到受纳水体；经过一定程度处理后达标排入城市污水管道系统与生活污水混合处理。排入城市污水管道系统需遵循污水排入城市下水道水质标准（CJ3082—1999）。是否可以与生活污水混合处理，则要以不增加生活污水处理难度和破坏其处理效果稳定性为原则。

11.3.2 厂区的平面设计和高程设计

1. 厂区的平面设计

厂区的平面设计也是一个综合性问题。将各功能区：管理区、水处理系统以及道路、绿化等合理布置在限定性平面空间内。水处理系统包括工艺流程走向和布置、构筑物和管道、变电站和设施设备区。水处理系统功能区细分为进水区、预处理区、主体处理区、排水区、污泥处理处置区、臭气收集和净化区。管理区位于厂区的上风向。

平面设计方法和要求：

①结合现有面积和需要进行平面面积规划。如果是最初规划，一般都有工程分期建设，应该全盘考虑，近期和长期相结合。有时平面设计受到现有面积和几何构型的限制，这就需要对各功能区进行深入调整。

②工艺流程走向和布置应结合厂区地形地势和高程设计、排水出路、工艺流程和构筑物特点来安排，力求管线最简最短。力求减少管线沿程阻力损耗。

③构筑物、设备房之间间隔合理，留有必要的运输通道和消防通道。

④各种管道，包括水管（污水管道、雨水管道、给水管道、消防水管道）、输气管道、输电管道、通信管道，合理布置、路程最短、不互相干扰、便于检修。

⑤厂区绿化面积一般不小于总面积的30%。

⑥画出规范平面布置图，比例一般采用1：500～1：1 000。

2. 处理系统高程设计

处理系统高程指构筑物（顶、底及其水面和进出水口）、泵站、管道的标高的竖向布置。处理工程总高程设计和要求非常重要，这涉及水处理的水流是否顺畅、运行费用、各单元进出水的工艺要求和构筑物的构造。水处理厂水力计算通常以水厂出水的接纳水体的最高水位为起点，逆水处理流程向前倒推计算从进水到出水总的高程变化。进水区由水泵提升到一定高程，以使处理后的水在洪水季节也能够自流排放。当然如果最高水位在全年的时间占比比较低，这样设计计算会造成常年大部分时间内富余水头的浪费。高程设计的方法和要求有：

①除特殊处理单元或回流水或回流污泥需用泵再提升输送，一般整个水处理系统水流基本上是自流。为了达到自流所要求的势能，应结合地势地形合理设计第一次提升进水到设计高程要求。

②提升高程设计应以实际最大高程为依据，需要对水流路径所有水头需要和水头损失进行计算，取最大水头要求并留有一定余地。设计计算构筑物合理埋深。水力计算在其他课程中有详细说明。

③以最大设计水量进行水力计算。分期建设的要以远期最大设计水量为依据，预留水头。

④尽量减少污泥提升。

⑤一般不要在工艺中间进行二次提升。

⑥最后出水设计成自流进入受纳水体，不受受纳水体顶托。因此需要有受纳水体最高水位数据。

⑦高程布置和流程、平面布置相结合。

3. 技术经济环境社会分析

设计至少两个工艺流程方案，对不同流程方案从技术必要性、合理性和可靠性，社会发展和经济，环境效益等多方面进行综合分析。

经济分析包括投资费用（包括建筑、设备和土地）、运行费用（包括工艺流程系统的维护维修费用）。不但要比较总费用，还要比较不同方案的处理单位水量、去除单位污染物的费用。

从水环境保护角度、社会发展、居民生活幸福感等方面评价本厂的价值和意义。谨防二次污染。

11.4　水污染控制工程从建造到投产与管理

工程建设过程包括工程施工、工程质量监督、工程安全监督等。工程竣工后即进入工程验收阶段，工程项目建设验收由工程归属单位、设计单位、施工单位、监督单位、安全单位执行。验收内容包括项目全部文书资料、工程设计内容、要求与工程施工对应度，从工程施工和验收的各项规范进行评价，提出整改意见。如果需要，需再次进行工程项目建设验收。有许多水污染控制工程都有施工、验收技术规范，如《城镇污水处理厂工程质量验收规范》（GB50334—2017）等。

项目验收通过后可进行项目的各项设备的测试，达到合格后可试运行。试运行阶段也是各项运行参数调试阶段，以期达到最好的运行效果，并与设计的技术指标、经济指标、质量指标进行对照、评估，并建立该项目的运行管理技术规范。试运行完成后即可进行投产验收，投产验收单位包括项目归属主管单位、项目建设主管单位、环保主管部门等，对该工程质量进行评价。

好的项目必须有高质量的技术人员和配套的严格管理措施。管理措施包括制度管理、技术管理和运行质量管理。管理既要进行厂内管理还要强化外部管理，特别是环保和安全部门对工程的监督管理。运行管理是实现工程长期价值的重要工作。

习题

1. 构筑物的合理埋深可从哪些方面进行分析?

2. 水处理厂水力计算通常以水厂出水的接纳水体的最高水位为起点,逆水处理流程即向前倒推计算从进水到出水总的高程变化。当接纳水体的最高水位在全年的时间占比比较低时,试阐述这样计算高程设计的不足之处。

3. 项目验收和投产验收的内容有哪些?

参考文献

1. 王志魁，刘丽英，刘伟．化工原理［M］．2 版．北京：化学工业出版社，2010.

2. 科瑞谭登，等．水处理原理与设计：原著第三版．水处理技术（一、二）［M］．刘百仓，等译．上海：华东理工大学出版社，2016.

3. 王社平，高俊发．污水处理厂工艺设计手册［M］．2 版．北京：化学工业出版社，2011.

4. 张自杰．排水工程［M］．北京：中国建筑工业出版社，2000.

5. 高廷耀，顾国维，周琪．水污染控制工程［M］．4 版．北京：高等教育出版社，2011.

6. RITTMANN B E & MCCARTY P L. Environmental biotechnology：principles and applications［M］．Boston：McGraw-Hill, 2001.

7. 刘明华．混凝剂和混凝技术［M］．北京：化学工业出版社，2011.

8. 胡筱敏．混凝理论与应用［M］．北京：科学出版社，2007.

9. FOLADRI P，等．污水处理厂污泥减量化技术［M］．周玲玲，等译．北京：中国建筑工业出版社，2012.

10. 李永峰，陈红．现代环境工程原理［M］．北京：机械工业出版社，2012.

11. 汤鸿霄，栾兆坤．聚合氯化铝与传统混凝剂的凝聚—絮凝行为差异［J］．环境化学，1997，16（6）.

12. 詹咏，吴文权，王惠民．沉淀池中的异重流运动特性［J］．中国给水排水，2003，19（1）.

13. 徐铜文，黄川徽．离子交换膜的制备与应用技术［M］．北京：化学工业出版社，2008.

14. METCALF，E INC. Wastewater engineering：treatment and reuse（4th edition）［M］．Boston：McGraw-Hill, 2003.

15. JUDD S，JUDD C. The MBR book：principles and applications of membrane bioreactors for water and wastewater treatment（2nd edition）［M］．Singapore：Elsevier Pre Ltd. , 2011.

16. 李慧，左悦，秦许河．膜生物反应器中的膜污染及其调控措施［J］．工业用水与废水，2011，42（1）.

17. 环境保护部．人工湿地污水处理工程技术规范：HJ2005—2010［S］．北京：中国环境科学出版社，2010.

18. 环境保护部．序批式活性污泥法污水处理工程技术规范：HJ577—2010［S］．北京：中国环境科学出版社，2010.

19. 陈林波．废水处理工程设计［M］．北京：中国建筑工业出版社，2014.

20. 庞维海，高乃云，翟君．污水处理厂高程布置优化探讨［J］．给水排水，2008，

34（8）.

21. 国家环境保护总局，国家质量监督检验检疫总局. 地表水环境质量标准：GB3838—2002［S］. 北京：中国环境科学出版社，2002.

22. 国家环境保护总局，国家质量监督检验检疫总局. 污水综合排放标准：GB8978—1996［S］. 北京：中国标准出版社，1996.

23. 国家质量监督检验检疫总局，国家标准化管理委员会. 污水排入城镇下水道水质标准：GB/T31962—2015［S］. 北京：中国标准出版社，2016.

24. 国家环境保护总局，国家质量监督检验检疫总局. 城镇污水处理厂污染物排放标准：GB18918—2002［S］. 北京：中国环境科学出版社，2002.

25. 国家住房和城乡建设部. 城镇污水处理厂污泥处置农用泥质：CJ/T309—2009［S］. 北京：中国环境科学出版社，2009.

26. 国家住房和城乡建设部. 城镇污水处理厂污泥处理稳定标准：CJ/T510—2017［S］. 北京：中国标准出版社，2017.

27. 国家住房和城乡建设部，国家发展和改革委员会. 城镇污水处理厂污泥处理处置技术指南［Z］. 2011.

28. 曹群科. 溶气气浮和涡凹气浮的比较及适用场合［J］. 广州化工，2015，43（2）.

29. 吴雪茜，郭中权，毛维东. 生活污水处理厂污泥浓缩技术研究进展［J］. 能源环境保护，2017，31（6）.

30. 杨培，王淑莹，顾升波，等. 中试 SBR 长期运行中粘性膨胀现象及原因分析［J］. 环境科学学报，2010，30（7）.

31. 杨明，寇相权，王秀蘅. 低温 SMBR 系统中高粘性膨胀的发生与控制［J］. 环境保护科学，2012，38（6）.

32. 端正花，潘留明，陈晓欧，等. 低温下活性污泥膨胀的微生物群落结构研究［J］. 环境科学，2016，37（3）.

33. 郑利祥，周如禄，郭中权. 电镀废水分质处理与回用工程介绍［J］. 中国给水排水，2015，31（2）.

34. 曹海峰. 络合态重金属废水处理技术研究进展［J］. 工业水处理. 2015，35（11）.

35. 徐金兰，王宝泉，王志盈，等. 石灰沉淀—混凝沉淀处理含氟废水的试验［J］. 水处理技术，2003，29（5）.

36. 赵丙良，袁林江，张娜，等. 改良型外循环厌氧反应器处理黑水特性研究［J］. 水处理技术，2011，37（12）.

37. 孟春，郭养浩，石贤爱，等. 水力分级作用对 UASB 反应器中污泥颗粒化的影响［J］. 福州大学学报（自然科学版），1997，25（1）.

38. 黄健平，邵玉敏，宋宏杰，等. 产甲烷改良 UASB 启动试验及最优水力条件研究［J］. 环境科学与技术，2012，35（9）.

39. 吴惠鹏. 关于垃圾渗沥液处理工程中 MBR 系统膜组件选择的探讨［J］. 广东化工，2012，39（7）.

40. 叶林顺. 不同固液两相吸附平衡常数的局限含义及其与吸附位覆盖度 θ 的关系

[J]．环境化学，2010，29（4）.

41．周明俊，于鹏飞，傅金祥，等．混凝气浮－UASB－SBR 耦合工艺处理屠宰废水[J]．水处理技术，2016，42（3）.

42．麦建波，江栋，范远红，等．我国环保新常态下的印染废水提标改造现状与趋势[J]．染整技术，2016，38（2）.

43．李松亚，费学宁，焦秀梅．污泥膨胀关键菌——微丝菌的研究进展[J]．水处理技术，2018，44（3）.

44．R C，Y KUBOTA，A FUJISHIMA. Effect of copperions on the formation of hydrogen peroxide from photocatalytie titanium dioxicle particles[J]．Journal of catalysis，2003，219.

45．张辰，王国华，谭学军．城镇污水厂污泥厌氧消化工程设计建设[M]．北京：化学工业出版社，2014.